国家科学技术学术著作出版基金资助出版

并联机器人视觉技术及应用

孔令富　张世辉　赵立强　窦燕　著

机 械 工 业 出 版 社

本书详细讨论了适合于并联机器人的新型视觉装置及其在应用过程中涉及的相关理论和技术问题。主要内容涉及并联机器人双目主动视觉监测平台装置的机械设计、电气控制设计、运动学模型、标定体系、正视观测模式与视觉跟踪及有关软件系统等。在此基础上，以并联机器人完成汉字雕刻为背景，给出了视觉并联雕刻机器人在刀具定位、刀具位姿与运动参数分析、刀具检测等方面的具体应用。书中还结合结构光和并联机器人技术介绍了并联机器人结构光视觉系统的设计方案、数据获取、多视点点云数据自动配准方法及在三维重构领域的应用。

本书汇聚了作者近年来在智能并联机器人领域关于视觉技术的前沿研究成果，可作为自动化、机械工程、计算机等学科高年级本科生、研究生的选修教材，也可作为高等院校相关专业的教师、研究工作者及工程技术人员的参考书。

图书在版编目(CIP)数据

并联机器人视觉技术及应用/孔令富等著. —北京：机械工业出版社，2012.7(2018.4重印)
国家科学技术学术著作出版基金资助出版
ISBN 978-7-111-38789-3

Ⅰ.①并… Ⅱ.①孔… Ⅲ.①机械人视觉—研究 Ⅳ.TP242.6

中国版本图书馆CIP数据核字(2012)第126641号

机械工业出版社(北京市百万庄大街22号 邮政编码100037)
策划编辑：高 倩 责任编辑：高 倩 韩 静
版式设计：纪 敬 责任校对：张 媛
封面设计：鞠 杨 责任印制：李 飞
北京机工印刷厂印刷
2018年4月第1版第3次印刷
169mm×239mm · 11.5印张 · 218千字
2 501—3 000册
标准书号：ISBN 978-7-111-38789-3
定价：39.00元

凡购本书，如有缺页、倒页、脱页，由本社发行部调换

电话服务	网络服务
社服务中心：(010) 88361066	教材网：http://www.cmpedu.com
销售一部：(010) 68326294	机工官网：http://www.cmpbook.com
销售二部：(010) 88379649	机工官博：http://weibo.com/cmp1952
读者购书热线：(010) 88379203	**封面无防伪标均为盗版**

前　言

作为串联机器人的对偶机构，并联机器人具有刚度大、精度高、位置误差不累积等特点，已成为机器人领域的研究热点。目前，并联机器人在航空、航天、海底作业、制造、辅助医疗和微机电系统等领域有着广泛而重要的应用。

虽然针对并联机器人的理论研究和实际应用均已取得了大量成果，但在并联机器人的机构学、运动学、动力学、运动控制、路径规划、智能化及实际应用方面仍存在一些挑战性的课题。为了充分发挥并联机器人的优点，克服并联机器人目前的“盲”工作现状，提高其智能性并扩大其应用范围，我们开展了并联机器人视觉技术及应用方面的研究。首先，需要设计新型的并联机器人视觉装置模型；其次，必须解决该装置的机械结构、电气控制、标定方案、视觉运动理论等关键问题；再次，为了检验所研制的并联机器人新型视觉装置的可用性，还需要以合适的应用领域为背景，开展相关实验验证工作。

本书正是针对上述问题展开论述，全书内容共分11章。第1章为绪论；第2章至第8章论述并联机器人双目主动视觉监测平台的设计、实现及应用中涉及的相关理论和技术；第9章至第11章论述并联机器人结构光视觉系统的组成、标定、数据获取、点云配准及实际应用。

本书是孔令富教授领导的课题组近年来在并联机器人视觉技术领域的最新研究成果。在书稿即将完成之际，作者特别感谢哈尔滨工业大学蔡鹤皋院士，感谢燕山大学黄真教授和课题组的其他成员，正是他们的大力帮助和支持才使本书顺利完成。还要感谢国家高技术发展研究计划（863）项目和河北省自然科学基金对该研究的资助。最后，感谢国家科学技术学术著作出版基金的资助及机械工业出版社对本书出版的支持。

由于并联机器人视觉技术涉及多学科的交叉，加上作者时间和水平有限，书中内容存在缺点、错误和不足在所难免，敬请广大读者、朋友和各方面专家不吝赐教，给予批评指正。

2012年1月于燕山大学

目　录

第1章　绪　论

1.1　并联机器人

并联机器人是机器人研究领域的一个重要分支。它可以严格定义为：动平台和定平台通过至少两个独立的运动链相连接，机构具有两个或两个以上自由度，且以并联方式驱动的一种闭环机构[1]。并联机器人具有刚度大、精度高、承载能力强、动力性能好、易于反馈控制等优点。作为串联机器人的对偶机构，其理论和应用研究得到了日益广泛的关注，已成为机器人研究领域不可缺少的组成部分[2]。

1.1.1　并联机器人的特点

并联机器人与传统的串联机器人在机构学、运动学、动力学等方面都有很大的不同，其中某些方面形成对偶关系。下面是在与串联机器人比较的基础上得到的并联机器人的主要特点。

1）并联机器人驱动装置可以安放在基座或接近基座的位置，故其运动部件的质量和惯量可以大大减小，因此动态性能好，可以实现高速运动，而串联机器人在其运动部件中有驱动元件，不可避免地增大了运动部件的质量和惯量。

2）并联机器人一般可以实现基座驱动器的良好密封，故可以工作在诸如高温、辐射、潮湿、太空和水下等恶劣的环境中，而串联机器人很难实现驱动器的良好密封。

3）并联机器人运动学反解容易而正解相当复杂，串联机器人正解容易且唯一而反解复杂且可能多值，故在工作空间中进行并联机器人的位置控制较容易，而在串联机器人中确定末端操作器的位置相对较容易。

4）并联机器人由于不存在驱动器累积误差，其位置精度较高，而串联机器人由于存在驱动器累积误差，位置精度相对较差。

5）并联机器人的运动平台通过几个运动链以并联方式与基座相连接，因此承载能力强、刚性好、结构紧凑，而串联机器人是由各个杆以悬臂梁形式串联组成，刚性较差，有时为了提高刚性，必须加大各个杆件的尺寸，使得机构质量和惯量都增大，动力学性能下降。

6）并联机器人机构通常采用对称式结构，故具有较好的各向同性。

7）并联机器人具有运动学奇异和力奇异，在奇异点处，机器人可能失去约束度，即获得额外的自由度，而串联机器人只有运动学奇异，在奇异点处只能失去自由度。

8）工作空间小、可操作性差是并联机器人的缺点，而串联机器人的工作空间很大，可操作性好。

1.1.2　并联机器人的历史及应用

并联机构的出现可以追溯到1931年，图1-1是Gwinnett[3]在其专利中提出的一种基于球面并联机构的娱乐装置。1940年，Pollard[4]在其专利中提出了一种空间作业并联机构，用于汽车的喷漆，如图1-2所示。

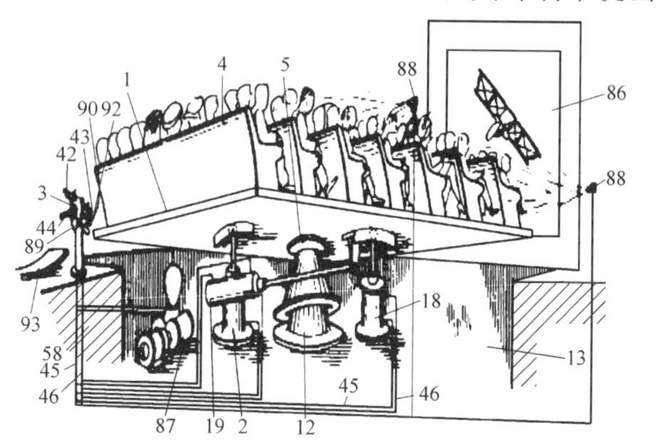

图1-1　并联娱乐装置

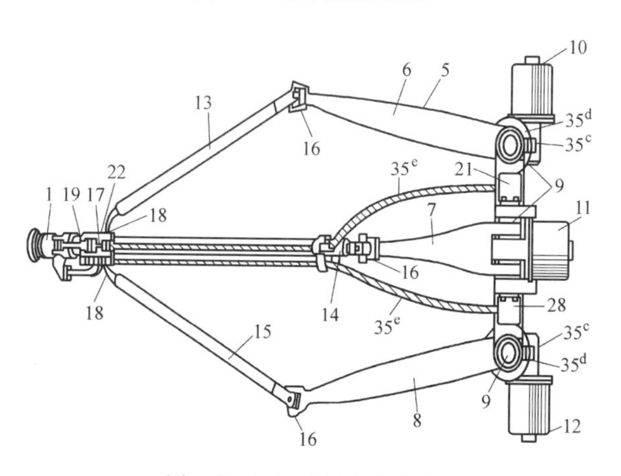

图1-2　Pollard的并联机构

图1-3所示为Gough[5]在1962年发明的一种基于并联机构的六自由度轮胎检测装置。三年后，Stewart[6]首次对Gough发明的这种机构进行了机构学意义上的研究，并将其推广应用为飞行模拟器的运动产生装置，如图1-4所示。这种机构也是目前应用最广的并联机构，被称为Gough-Stewart机构或Stewart机构。从结构上看，Stewart机构的动平台通过六个相同的独立分支与定平台相连接，每个分支中含有一个连接动平台的球铰、一个移动副和一个连接定平台的球铰，为避免绕两个球铰中心连线的自转运动，通常也用一个万向铰来代替其中一个球铰。

1978年，Hunt[7]首次提出把六自由度并联机构作为机器人操作器，由此拉开了并联机器人研究的序幕，但在随后的近十年里，并联机器人的研究似乎停滞不前。直到20世纪80年代末90年代初，并联机器人才再度引起领域界的广泛关注，成为国际研究的热点。

图1-3　Gough并联机构

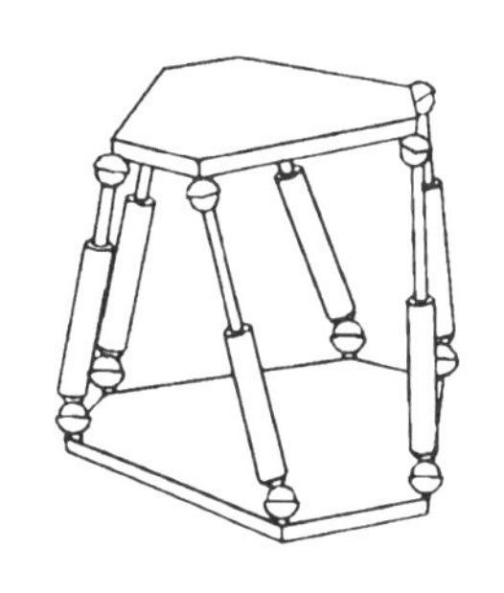

图1-4　Stewart并联机构

在国内，黄真教授等人于1990年研制出我国第一台六自由度并联机器人样机（见图1-5），1994年研制出一台柔性铰链并联式六自由度机器人误差补偿器（见图1-6），1997年与孔令富教授、方跃法教授合作出版了我国第一部关于并联机器人理论及技术的专著等[1]。

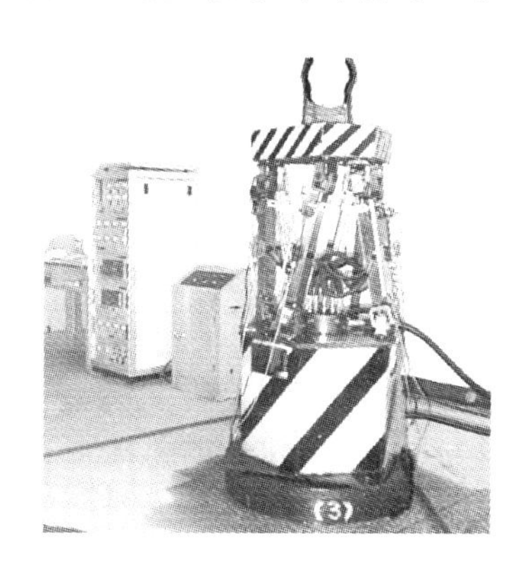

图1-5　燕山大学的并联机器人

图1-6　具有弹性球铰的并联误差补偿器

目前并联机器人在航空、航天、海底作业、机电工业、微机电系统和辅助医疗等方面都有十分重要的应用。根据并联机器人的特点，其在高刚度、高精度或者大载荷而无需很大工作空间的如下领域已得到广泛应用，且应用领域还在不断拓展。

1）运动模拟器。

2）精确定位调整装置。

3）装配作业。

4）与串联机器人结合组成串并联机器人。

5）机械加工。

6）采掘工程。

7）空间技术。

8）海洋工程。

9）娱乐装置。

10）医学和生物工程。

1.2 机器视觉

机器视觉系统是指通过机器视觉产品将被摄取目标转换成图像信号，传送给专用的图像处理系统，根据像素分布、亮度和颜色等信息，转变成数字化信号；图像系统对这些信号进行各种运算来抽取目标的特征，进而根据判别的结果来控制现场设备的动作。

机器视觉技术融合视觉传感技术、图像理解技术、模式识别技术以及计算机控制技术，用机器代替人眼来做测量和判断，是实现系统智能化、自动化、信息化的先进技术。机器视觉系统的应用，能大大提高设备使用效率、精度及可靠性。

20 世纪 70 年代中期到 80 年代初期，Marr[8] 首次提出了较为完善的计算机视觉理论框架，也称为视觉计算理论。视觉计算理论对机器视觉的发展产生了巨大影响，并最终形成了这一领域的主导思想。Marr 的视觉计算理论立足于计算机科学，系统地概括了心理物理学、神经生理学、临床神经病理学等方面取得的重要成果。随着数字图像的高分辨率采集技术、识别技术的发展，机器视觉已成为认知环境信息的主要技术，并且已成功应用于各类监测、环境识别、导航控制、人机界面等领域，其核心思想是从数字图像中恢复物体的三维形状[9]。

1.2.1 主动视觉

早期的视觉系统多为被动视觉系统，视觉传感器相对工作空间是静止的，Marr 的理论起着主导作用，它强调了计算理论的重要性，希望能够精确地获得外部世界的三维结构。这种视觉处理方式，其优点在于机构实现容易、模型简单，但局限性也十分明显。一方面，对观测角度和观测区域有很强的限制，无法保证最佳观测角度和观测模式，影响观测精度；另一方面，观测空间易出现视线遮挡，对障碍避让、目标跟踪等功能实现有很强的限制，影响系统的灵活性。

1985 年 Bajcsy[10] 相对于被动视觉提出了主动视觉的概念，其数据获取特性和参数可以由场景解释系统部分或全部动态地控制，因而在提高系统的精度和灵活性方面有着本质的优越性。主动视觉系统正越来越受到广大研究人员的关注，许多实验室建立了主动视觉系统的实验装置，并研究了相关的计算理论与算法。

K. Pahlavan[11]等人开发的KTH机器头是第一个可以为视觉任务提供合理性能和精度的主动视觉系统。它的两个摄像机均有两个自由度的独立定向能力，整个系统绑定在一个2自由度的颈项上，可以实现平转和倾斜，运动性能远远超过人眼。美国Vanderbilt大学研制的CATCH头眼系统[12]表明，多目系统为立体三维重建时对应点匹配提供了有利条件。此后，类似的双目主动视觉结构受到了国内外学者的极大关注，他们设计了各种构型的样机。同时，在主动视觉理论方面也取得了一些进展：D. H. Ballard[13]研究了仿人主动视觉系统构造和跟踪算法；Y. Nakabo等人[14]模仿生物视觉行为研究了头眼协调系统的高速仿生控制方法；M. Okutomi等人[15]建立了变基线主动视觉系统多图像对间的立体匹配方法；T. S. Huang[16]提出了通过相关特征点估计刚体运动和结构的算法；S. D. Blostein[17]研究了主动立体视觉定位的精度问题；J. Batista[18]、X. Roca[19]、A. Dankers[20]、C. Brown[21]、E. Rivlin等人[22]研究了双目主动视觉中聚焦、凝视、扫视、追踪等仿生视觉行为的理论模型，讨论了双目视觉系统下的最佳观测模式，为精确观测、三维还原、双目协调等技术奠定了基础；N. J. Cowan等人[23]建立了双目主动视域下的导航函数，用于对环境中障碍物的检测，提出了障碍物避让的伺服策略；M. Asada等人[24]利用双目自适应视觉伺服实现了独立移动目标的视觉跟踪；A. Hauck等人[25]模仿人接近和抓取物体的过程，利用手眼系统实现了串联机器人的导航和抓取实验；C. Tomasi等人[26]研究了基于目标点检测的视觉跟踪方法；J. A. Piepmeier等人[27]将模型预测控制（MPC）引入视觉系统控制，提出了基于MPC的跟踪策略；T. Bandyopadhyay等人[28]研究了在有障碍物环境下障碍间跟踪3D靶的运动规划问题。主动视觉机构和相关的理论不断发展，极大地促进了主动视觉系统在监控、机器人等领域的应用。

在国内，主动视觉技术也逐渐得到了应用。如浙江大学机械系[29]完全利用透视成像原理，采用双目立体视觉方法实现了对多自由度机械装置的动态、精确位姿检测，仅需从两幅对应图像中抽取必要的特征点的三维坐标即可，信息量少，处理速度快，尤其适用于动态情况；华中科技大学李明富等人[30]提出一种基于双目视差和主动轮廓的机器人手眼协调技术，该方法利用主动轮廓的思想动态地逼近和跟踪机器人及目标物体的外部轮廓，通过控制双目视差趋零来实现机器人靠近目标和抓取物体；中科院自动化所吴福朝等人[31]提出了一种新的基于主动视觉系统的摄像机自定标方法；哈工大[32]采用异构双目活动视觉系统实现了全自主足球机器人导航，将一个固定摄像机和一个可以水平旋转的摄像机，分别安装在机器人的顶部和中下部，可以同时监视不同方位的视点，体现出比人类视觉优越的一面。

由上可见，主动视觉技术与机器人技术的结合，在机器人运动准确性、智能性提高方面的优势已经凸显出来。但纵观主动立体视觉现有的理论和技术水平，仍有一些理论问题亟待解决：

（1）视觉系统平台及运动控制问题　双目主动立体视觉系统的运动机构设计及运动控制驱动器设计中需要考虑两方面的问题：一方面是如何使视觉系统的每一个自由度的运动具有运动平稳、低噪声、可控性强、定位精度高等特点，另一方面还需要考虑整个运动控制系统的性价比。

（2）视觉分析问题　视觉分析是视觉系统的核心问题，尤其是在运动目标检测、识别与跟踪方面还有待进一步的研究，问题主要集中在简化视觉计算模型，降低计算复杂性，达到实时性、准确性要求等问题上。

（3）双目协调控制问题　同被动视觉系统相比，主动视觉系统的优势在于通过运动控制单元可以协调两摄像机的姿态，但如何实现像人眼那样自主协调双目，在满足视觉计算模型的约束的同时，获得最佳的观测角度和观测模式，实现视觉分析与运动控制的一致，这是主动视觉的另一个核心问题。

1.2.2 主动视觉机构构型

双目主动视觉系统根据双目间的基线可调性分为基线固定和基线可调两种类型。基线固定的双目主动视觉机构主要以仿灵长类动物双目视觉系统为主，尽可能匹配人类视觉系统的特征。从双目可以灵活调整出发，研究人员试图将摄像机安装在一些导轨上，以实现在一定区域内多方位、多视角观测目标，从而构成基线可调的双目主动视觉系统。典型的结构如图1-7所示。其中，图1-7a所示为Gosselin等人[33-35]研制的双目主动视觉灵巧眼ASP（Agile Stereo Pair），这是一个双目可在直线导轨上精确移动的视觉机构，其基线长度可以调整，但基线仅限于在直线方向上平移。实验表明，动态基线调整特性的采用没有明显的精度损失，反而可以调整两个光轴间夹角，获得好的观测效果，有利于实现高速定位和光滑跟踪等视觉行为。图1-7b所示为中国科学院自动化研究所赵晓光等人[36-38]建立的一种双目立体视觉监控装置（专利号为200420077838.5），两台摄像机安装在相互垂直的导轨上，系统的基线不仅长度可调，而且位置和方向也在一定的范围内可调，但视角可调范围有限。图1-7c所示为燕山大学的孔令富[39-41]教授提出的基于圆形导轨（下面简称圆轨）的双目主动视觉机构，承载摄像机的装置有3个自由度，其中2个自由度用于调整摄像机的姿态，1个自由度用于控制摄像机在圆轨上滑动，调整两摄像机的位置。该视觉机构的基线不仅长度、位置、方向均可调，而且在环域内具有360°全视角。因此，基线可调的双目主动视觉机构打破了基线固定的仿人眼的双目配置，是一种超生物体的机器视觉新构型。

有别于图1-7a、b所示的两种视觉机构，图1-7c所示的这种基于圆轨的基

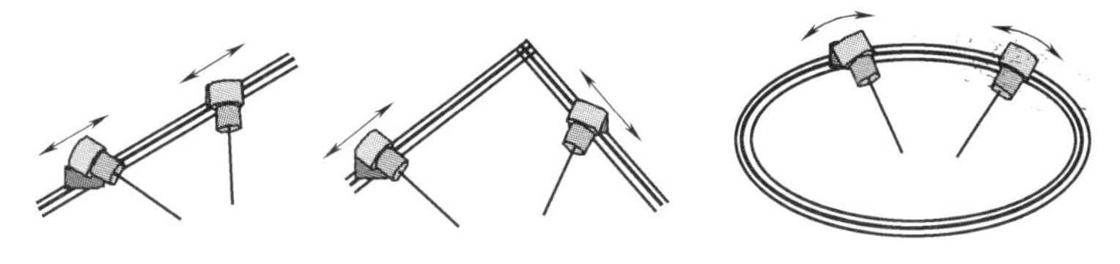

a)双目主动视觉灵巧眼　b)双目立体视觉监控装置　c)基于圆形导轨的双目主动视觉机构

图1-7 基线可调的双目主动视觉系统示意图

线可调视觉机构具有以下特点：

1）两摄像机在圆轨上独立可调，引起基线长度和位置的变化，动态形成双目立体视觉结构，一方面保证摄像机的视域覆盖整个监视区域，另一方面增加观测角度调节的灵活性，实现工作空间的全视角监测。

2）通过协调摄像机的位姿，能满足最佳观测模式的正视、合适的光轴间夹角等要求，有利于提高监测精度。

3）增加对空间目标及环境的适应性，便于处理视觉遮挡、障碍避让、运动跟踪等深入应用。

可见，图1-7c所示的基于圆轨的视觉机构涵盖并极大地扩展了图1-7a、b所示的两种结构的视觉行为能力，可以看成是基线可调双目主动视觉系统最具代表性的解释模型。因此，对这种机构模型的视觉分析、双目协调控制和视觉行为理论的研究，对各种构型的基线可调视觉系统都有代表性和示范性。

1.3 并联机器人视觉技术

1.3.1 并联机器人的视觉需求

研究具有人类视觉、力觉、听觉、触觉、滑动觉、接近觉等各种感觉，特别是具有智能性的机器人，既具有普遍意义和广阔的应用前景，也是人类研究机器人的最终目标。随着并联机器人应用领域的扩展，对其性能等各方面指标的要求也越来越高。事实上，在并联机器人进一步实用化和商业化的进程中还存在若干有待解决的问题：

（1）关于机构精度、机器人运动精度的标定问题　首先，并联机构的杆件和铰链的制造、装配以及校准（如铰链中心点的准确几何位置）误差，会对整机呈现非线性影响；其次，机器人在不同位姿承受不同方向的载荷，也会对机器人运动精度产生影响；再者，控制中的非线性误差也会影响并联机器人末端执行器的定位精度。如何降低这些误差对执行器定位精度的影响是一个关键的技术问题。

（2）机器人“盲”工作状态问题　即并联机器人在规划好的轨迹上按指定的方式工作，但对其末端执行器的实际位姿和操作对象的状态、工作环境中其他对象的存在和变化缺乏主动的认知能力。就如同盲人在其已知的环境下能够不出错的工作，但当环境中的对象发生变化时，就无法正常工作了。因此要提高机器人对环境的认知能力。

上述问题的解决势必要对并联机器人运动副、末端执行器，操作对象的空间位姿等进行观测。除了传统的通过专用传感器的方法外，一个很有前景的研究方法就是通过视觉技术对机器人的运动机构、工作环境进行观测，运用视觉计算理论求解出观测目标的空间位姿，从而实现并联机器人的运动标定、视觉伺服，提高对环境的认知能力，进而提高机器人的运动规划和控制的智能性。

1.3.2　几种典型的并联机器人视觉系统

目前，由于并联机器人视觉技术的研究处于初创阶段，所以，多数情况下，并联机器人处于“盲”工作状态。鉴于此，一些学者针对并联机器人的机构特点提出了其视觉系统解决方案。

P. Renaud 等人[42-46]提出了用单摄像机对 H4 并联机构进行标定的方法，如图 1-8 所示。他们将一台 CCD 摄像机固定于并联机构的基座上，观察并联机构的腿和连接末端执行器的活动平台，通过观察推断末端执行器的位姿来实现标定。

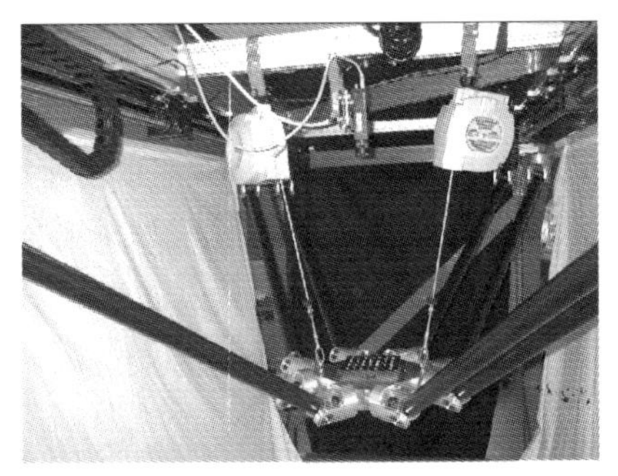

图 1-8　P. Renaud 设计的 H4 并联机构单摄像机视觉监测机构

但这种标定方法有其自身的缺点，首先，由一台摄像机构成的视觉系统，无法通过一幅监测图像获得深度信息，必须通过连续两幅以上的图像才能确定，这样在两幅图像的采样周期内由于运动将引起目标点的定位误差；其次，该方法虽然可以间接得到末端执行器的空间位姿，但无法获得工作空间的环境信息，限制了视觉信息的深入应用。

N. Andreff 等人[47-49]利用单摄像机对 Gough-Stewart 并联机器人腿部运动图像的变化作为反馈信息，设计了基于图像 Jacobian 矩阵的伺服控制器，如图 1-9 所示。但这种方法由于视觉系统过于简单，并且仍然局限于对腿而不是对末端执行器和工作空间的观察，无法实现跟踪、避障等操作。

另一类并联机构视觉方案是由 ABB 公司为其 IRB 340 FlexPicker 并联机构设计的视觉监测机构[50]，用于搬运和装配机器人的视觉监测和导航，如图 1-10 所示。这类监测机构的特点在于：双摄像机固定安装在并联机构的支链（腿）上，由此可以观察并联机构的工作空间；典型的手眼系统。它的视觉机构存在如下问题：摄像机随支链（腿）运动；该方法未给出动态标定的方法，摄像机的位姿难以确定。

总体来看，前述并联机器人的视觉系统大都采取被动视觉或基于串联机构的手眼系统来提供视觉信息，观测范围仅限于部分工作空间，存在视觉遮挡和视觉盲区，难以实现对操作部件的精确定位和视觉跟踪等功能。要克服目前并联机器人视觉系统的瓶颈，必须从视觉系统的主动性和与并联机构相协调上寻求突破。

图 1-9 N. Andreff 设计的并联机构腿部视觉监测机构

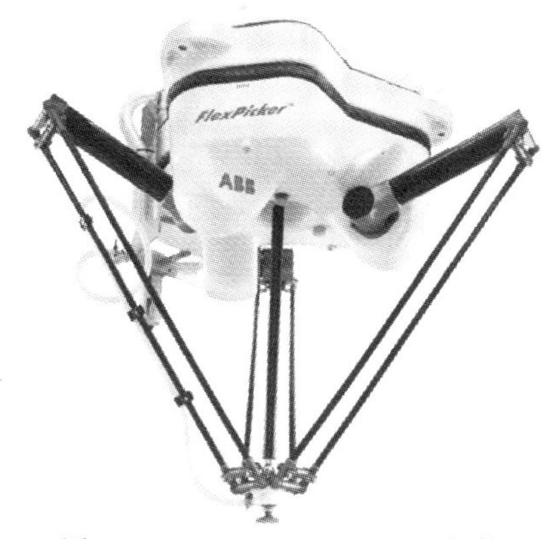

图 1-10 IRB 340 FlexPicker 加装在腿部的视觉监测机构

1.3.3 并联机器人双目主动视觉监测平台

针对并联机器人的机构多链并行性和工作空间局部性的特点，从克服视觉遮挡和灵活改变观测视角的着眼点出发，在基于圆形导轨的双目主动视觉机构构型的基础上，本书提出了两种并联机器人双目主动视觉监测平台的全新设计方案。

如图 1-11 所示，方案 1 为独立于并联机器人的双目主动视觉监测平台设计。视觉监测平台为圆轨上的双链结构，圆轨圆域中心区为并联机器人工作空间。各支链由圆轨小车、丝杠、云台、摄像机构成一个串联机构。两支链摄像机在机构的驱动下可以灵活调整观测的视角，动态形成双目立体观测模式，获得全面的机器人运动和加工状态的图像信息，实现对目标的监测。

如图 1-12 所示，方案 2 为连于并联机器人活动平台的双目主动视觉监测平台设计。将圆形导轨固连于活动平台，两个滑块可沿导轨移动，云台安装在滑块上，摄像机置于云台上。通过滑块的移动和云台的平转和俯仰调整摄像机的位置和姿态，实现对并联机器人操作部件和加工目标的同步监测。

两方案的共同特征：均采用圆轨结构上的双链结构，两支链独立控制，动

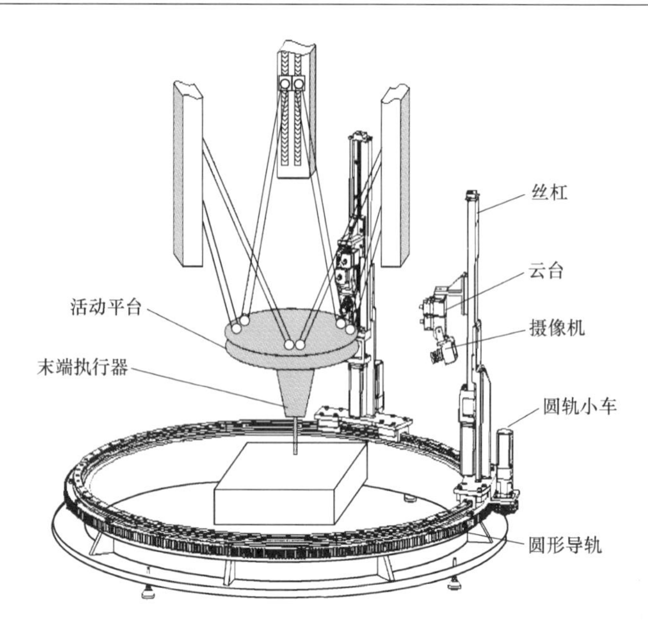

图 1-11 独立于并联机器人的双目主动视觉监测平台设计

态形成变基线双目主动观测模式；两方案摄像机视域均可以覆盖整个机器人工作空间；容易实现工作空间的多角度较大范围观察、视觉跟踪等操作；当摄像机位置确定后，两摄像机均有两个转动自由度，可以模仿人的双目主动视觉能力。

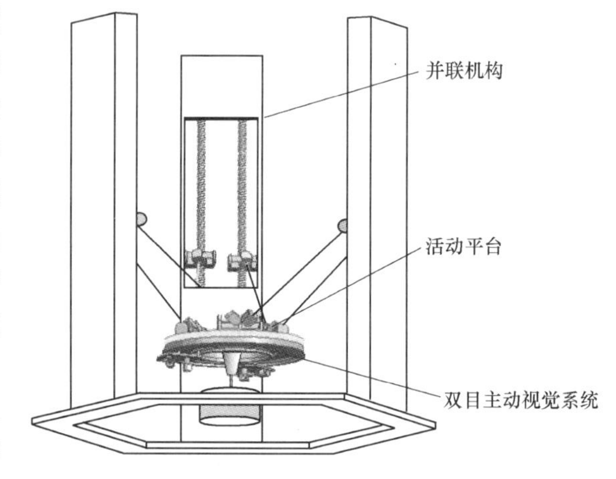

图 1-12 连于并联机器人活动平台的双目主动视觉监测平台设计

两方案的区别：方案 1 中视觉监测平台独立于机器人操作机构，两系统不耦合，机器人误差不影响视觉系统误差，即两系统误差不相关，仿生学方式为一个头眼系统；方案 2 中视觉平台连于并联机器人活动平台，具有随机器人活动平台运动的特性，仿生学方式为一个手眼系统。

两种方案均为基于圆轨的基线可调双目主动视觉系统。它作为一种新型模型，在继承现有理论的基础上，还面临着系统灵活性所带来的一些新的理论问题：

（1）快速图像分析问题　由于基线调整会带来视角变化，造成摄像机图像画面变换频繁，因此需要更快速的分析背景、目标、障碍等的图像分析方法。

（2）视觉运动分析问题 视觉机构需根据感知目标的运动状态来调整基线以达到观测目的。但由于基线实时调整，加大了目标运动分析的复杂性和难度，因此，还有待进一步研究基线可调下视觉运动分析模型，重点集中在简化计算模型，降低复杂性。

（3）双目协调控制问题 视觉系统“主动性”体现在根据视觉感知计算视觉系统的当前状态，在满足系统运动约束、视觉模型约束和目标约束的条件下，获得达到最佳的观测角度和观测模式的摄像机控制参数。基线可调的主动视觉系统同基线固定系统相比，除摄像机姿态控制参数外，还有基线调整的控制参数，特别地，实现一个视觉行为可能有多种可行方案，需要实时优化。因此，双目协调机制的建立和模型求解是一个重要的理论问题。

（4）基本视觉行为问题 基线可调双目主动视觉系统是一种超生物体的视觉机构。自然界中仅有变色龙具有类似的双目独立控制的、基线可调的视觉机构，但其基线调节范围非常有限。这种双目在圆轨上大范围可调的视觉系统已超出生物体视觉调整的范围和行为能力，因此，扩展仿生学视觉行为，研究基线可调主动视觉系统的基本视觉行为是实现视觉活动的关键理论。

1.3.4 并联机器人结构光视觉系统

为了克服并联机器人不具有智能性特别是目前处于“盲”工作状态的现状，从研究自身具有视觉功能的并联机器人的角度出发，本书设计并构建了并联机器人结构光视觉系统，该系统主要由并联机器人、摄像机、投影仪、计算机等几部分组成，如图1-13所示。投影仪和摄像机固定于并联机器人的上方，视觉目标固连于并联机器人动平台上。

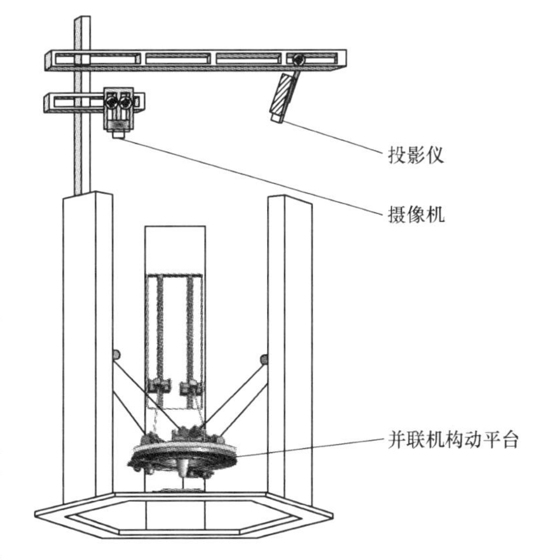

图1-13 并联机器人结构光视觉系统示意图

该系统需要解决如下问题：

（1）工作流程、系统建模问题 确定系统的工作方式，建立系统的数学模型。

（2）摄像机及结构光标定问题 研究并联机器人结构光视觉系统中基于并联机器人运动信息的摄像机和结构光标定技术，确定结构光编码方案，建立物和像点间的对应关系，为点云数据的采集做准备。

（3）数据采集、多视点点云自动配准问题　依据系统中并联机器人的位姿信息，研究多视点点云数据自动配准算法。

（4）应用问题　以三维重构为背景，研究并联机器人结构光视觉系统的实际应用。

1.4 本书主要内容

针对并联机器人视觉技术的研究现状，在国家“863”高技术研究发展计划等课题的资助下，从外围监测和自身功能出发，我们研制出了1.3.3节中介绍的并联机器人双目主动视觉监测平台和1.3.4节中介绍的并联机器人结构光视觉系统，并对相关理论、技术及应用进行了深入研究。本书正是对我们相关研究成果的提炼、汇总，编辑出版以飨读者。

全书分为11章。第1章为绪论。第2章至第8章论述并联机器人双目主动视觉监测平台的设计、实现及应用中涉及的相关理论和技术。第9章至第11章论述并联机器人结构光视觉系统的组成、标定、数据获取、点云配准及实际应用。详细内容安排如下。

第1章绪论介绍了并联机器人的特点、应用、视觉需求及解决方案。第2章给出了并联机器人双目主动视觉监测平台的总体设计方案，并对方案进行了分析和验证。第3章介绍了并联机器人双目主动视觉监测平台样机的总体控制方案、主要设备的选型及样机各部分伺服运动控制的详细设计与实现。第4章建立了并联机器人双目主动视觉监测平台的运动学模型。第5章给出了并联机器人双目主动视觉监测平台的标定体系，并对机构参数、控制当量和加工精度进行了测定。第6章着重对并联机器人双目主动视觉监测平台的正视观测模式与视觉跟踪技术进行了研究。第7章介绍了并联机器人双目主动视觉监测平台系统软件的设计与开发方案。第8章在给出视觉并联机器人汉字雕刻系统总体结构、硬件设计和软件功能的基础上，以汉字雕刻加工为背景，基于视觉技术对刀具定位、检测及运动分析等技术进行了研究。第9章在介绍研究并联机器人结构光视觉系统背景和意义的基础上，描述了系统的工作原理并建立了系统模型。第10章详细论述了并联机器人结构光视觉系统的标定方案及数据获取方法。第11章介绍了并联机器人结构光视觉系统中基于并联机构的多视点点云数据自动配准方法及在三维重构领域的实际应用。

第2章　并联机器人双目主动视觉监测平台样机设计与分析

针对1.3.3节提出的两种并联机器人双目主动视觉监测平台设计方案，本章采用虚拟样机技术对视觉监测平台进行整体设计、建模及仿真分析，以验证设计的合理性。由于独立于并联机器人和连于并联机器人活动平台的两种设计方案具有结构上的相似性，本章以独立于并联机器人的双目主动视觉监测平台样机设计为例，介绍样机设计与分析方法。本书后续内容均基于该种监测平台展开论述。

2.1　样机总体设计方案

从目前并联机器人视觉监测平台的研究来看，大都采取被动视觉或基于串联机构的手眼系统来提供视觉信息，观测范围仅限于部分工作空间，存在视觉遮挡和视觉盲区，难以实现对操作部件的精确定位和视觉跟踪等。因此，根据并联机器人的结构并行性特点和所监测的工作空间范围，设计具有灵活主动双目结构，实现全空间、多视角、具有视觉避让能力的新型视觉监测平台意义重大。根据工作性质，样机的机构必须满足如下要求：

1）监测平台中间必须有足够的空间能放置被监测设备，如并联机器人本体机。

2）监测摄像机能够独立地做多自由度运动。

3）承载摄像机的滑座能独立做圆周运动，以改变观测方位。

4）各部件运动精度要高。

根据以上要求，本书提出了独立于并联机器人的双目主动视觉监测平台机构方案，如图2-1所示。

（1）方案结构　底座为圆环形的齿圈，上面安装弧形导轨。立柱安装在下滑块上，立柱结构为引动器，它的上滑块能上下运动，同时又与里面的滚珠丝杠构成螺旋副，每个立柱上都有两个电动机，电动机1装有齿轮，与齿圈啮合，电动机2连接丝杠，每个上滑块上安装有云台和摄像机。

（2）运动原理　齿圈底座上安装弧形导轨，滑座安装在导轨的滑块上，下面的电动机带动小齿轮旋转，通过与大齿轮啮合，驱动滑座沿着导轨运动。滑座上面为引动器，上面的电动机带动引动器的螺杆旋转，上滑块与螺杆构成螺

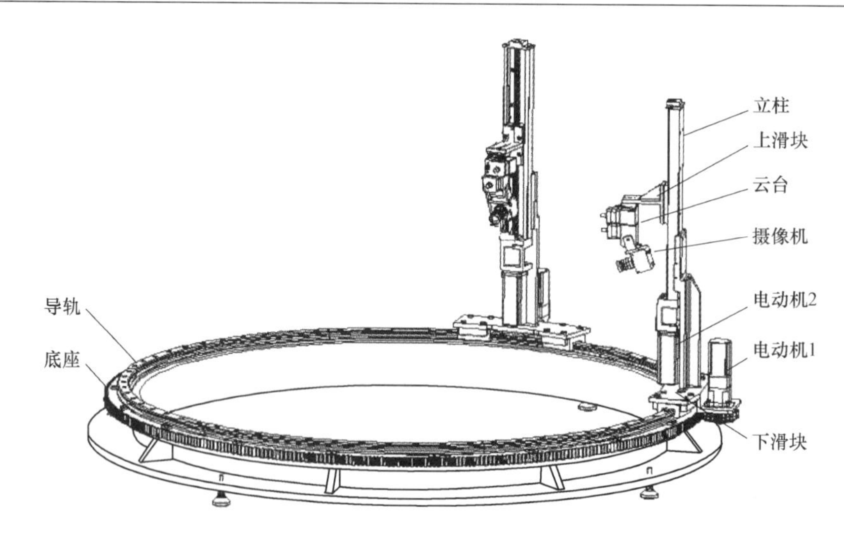

图 2-1　独立于并联机器人的双目主动视觉监测平台

旋副，这样上滑块就能上下运动。上滑块上安装云台和摄像机，从而对内部的设备进行监测。

该视觉监测平台的每个分支为 4 自由度串联结构，具有以下特点：

1）两摄像机在圆轨上独立可调，引起基线长度和位置的变化，动态形成双目立体视觉结构，一方面可保证摄像机视域覆盖整个监测区域，另一方面提高了观测角度调节的灵活性，可实现对工作空间的全视角监测。

2）通过协调控制摄像机的位姿，能满足最佳观测模式的监测要求，有利于提高监测精度。

3）提高对空间目标及环境的适应性，便于解决视觉遮挡、障碍避让、运动跟踪等应用问题。

2.2　样机分析与设计

2.2.1　几何模型创建

视觉监测平台作为一种高精密机械，其零部件的外形结构、尺寸设计对该平台的整体性能有直接的影响。通过建立视觉监测平台样机的参数化三维几何模型，形成在 CAD 虚拟环境中可放大、旋转的“虚拟部件”，实现虚拟样机的可视化。创建的视觉监测平台装配体模型如图 2-2 所示。

定义刚体：根据设计意图，指定参与机构运动仿真的装配树中哪些零部件是运动的，哪些零部件是静止的。将不同的运动部件定义为不同的刚体，同时定义大齿圈底座作为其他刚体运动的参考基准，以装配模型中的 4 个蹄脚代表

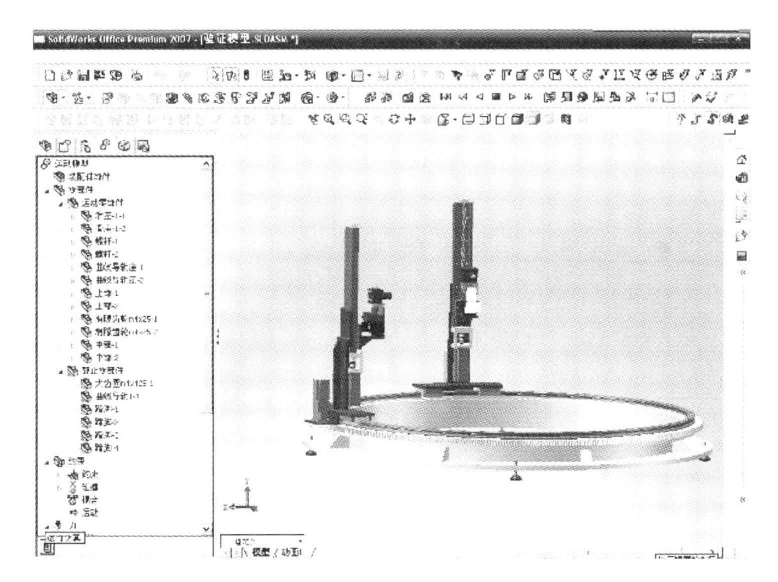

图2-2　视觉监测平台装配体模型

地基。由于两个立柱组成的运动单元完全相同，在工作中虽然需要协调运动，但每个运动单元的工作性质一样。样机中定义的刚体如表2-1所示。

表2-1　样机刚体组成

刚体类型	刚体名称
静止零部件	大齿圈、蹄脚、曲线导轨
运动零部件	滑座、曲线导轨座、引动器、滚珠丝杠、消隙齿轮、云台座、云台中部、云台上部

2.2.2　定义约束和运动

几何模型建成后，需要给零件施加约束和驱动。

创建约束副：根据部件间的运动关系，定义刚体间的约束副。在视觉监测平台每个运动支链中有4种运动，即由电动机1驱动小齿轮旋转形成的支链活动底座的周转运动、电动机2带动丝杠旋转形成的云台托板的上下移动、云台中部的旋转运动、云台上部的俯仰运动。根据运动要求，可以将所有的运动副定义在配合位置。添加的运动约束副如表2-2所示。

表2-2　运动约束副

运动副类型	存在约束的刚体对	
旋转副	小齿轮	旋转伺服电动机（电动机1）
螺旋副	丝杠	升降伺服电动机（电动机2）
螺旋副	丝杠	滑块
旋转副	云台中部	云台下部
旋转副	云台上部	云台中部

添加驱动：通过定义机构遵循一定的规律进行运动，可以约束机构的某些自由度。小齿轮的旋转为活动底座提供了周转运动的动力，故在小齿轮和电动机 1 间的旋转副上面添加驱动。滑块的升降使摄像机获得上下的运动，而滑块的升降运动通过电动机 2 驱动滚珠丝杠来实现，故在丝杠和电动机 2 间形成的旋转副上添加驱动。云台主要由上部、中部、下部三部分组成，形成了两个旋转副，在每个旋转副上面都添加驱动，需要注意的是，云台因为驱动器的特性，不能同时做出旋转和俯仰的动作，它的驱动是顺序性的，这一点在设定运动变量的时候要注意，时间上不能重叠。添加的运动学驱动如表 2-3 所示。

表 2-3 运动学驱动

运动副类型	添加运动学驱动的刚体对	
旋转副	小齿轮	旋转伺服电动机（电动机 1）
旋转副	丝杠	升降伺服电动机（电动机 2）
旋转副	云台中部	云台下部
旋转副	云台上部	云台中部

运动学驱动以时间函数的形式确定刚体间平动的运动学方程。各个驱动元件的运动规律都是先加速，再匀速，后减速，以阶跃函数来模拟各驱动副的运动。

2.2.3 虚拟样机仿真分析

视觉监测平台运行仿真前需要先进行仿真设置，仿真终止时间为 12s，仿真步数为 1506 帧。仿真结束后，播放仿真动画，通过显示 1506 帧画面可以看到视觉平台的一个工作循环：

1）小齿轮旋转驱动活动底座沿着圆形导轨运动一定角度，同时丝杠旋转，使摄像机由引动器的底部上升一段距离，小齿轮和丝杠停止运动，云台带动摄像机俯仰一定角度。

2）图像采集。

3）小齿轮和丝杠再次旋转，使摄像机到达圆形导轨的一个新位置，云台开始旋转一定角度，小齿轮和丝杠停止运动，云台调整俯仰角度以适合新位置。

4）再次图像采集。

5）小齿轮、丝杠运动，回到初始位置，云台旋转复位。

6）云台俯仰角度复位，一个工作循环完成。

提取 4 帧典型的工况画面，如图 2-3 所示。

图 2-4 为仿真中支链小齿轮的角速度变化曲线，可以看到，对小齿轮输入的速度曲线是连续光滑的，是理想的运动控制函数，前两次向上凸的曲线表示小齿轮正转了两段时间，而后面向下凹的曲线表明了小齿轮反转复位的过程，这一段的加速度绝对值比较大，是一个快速复位的过程，这一特征通过角速度幅

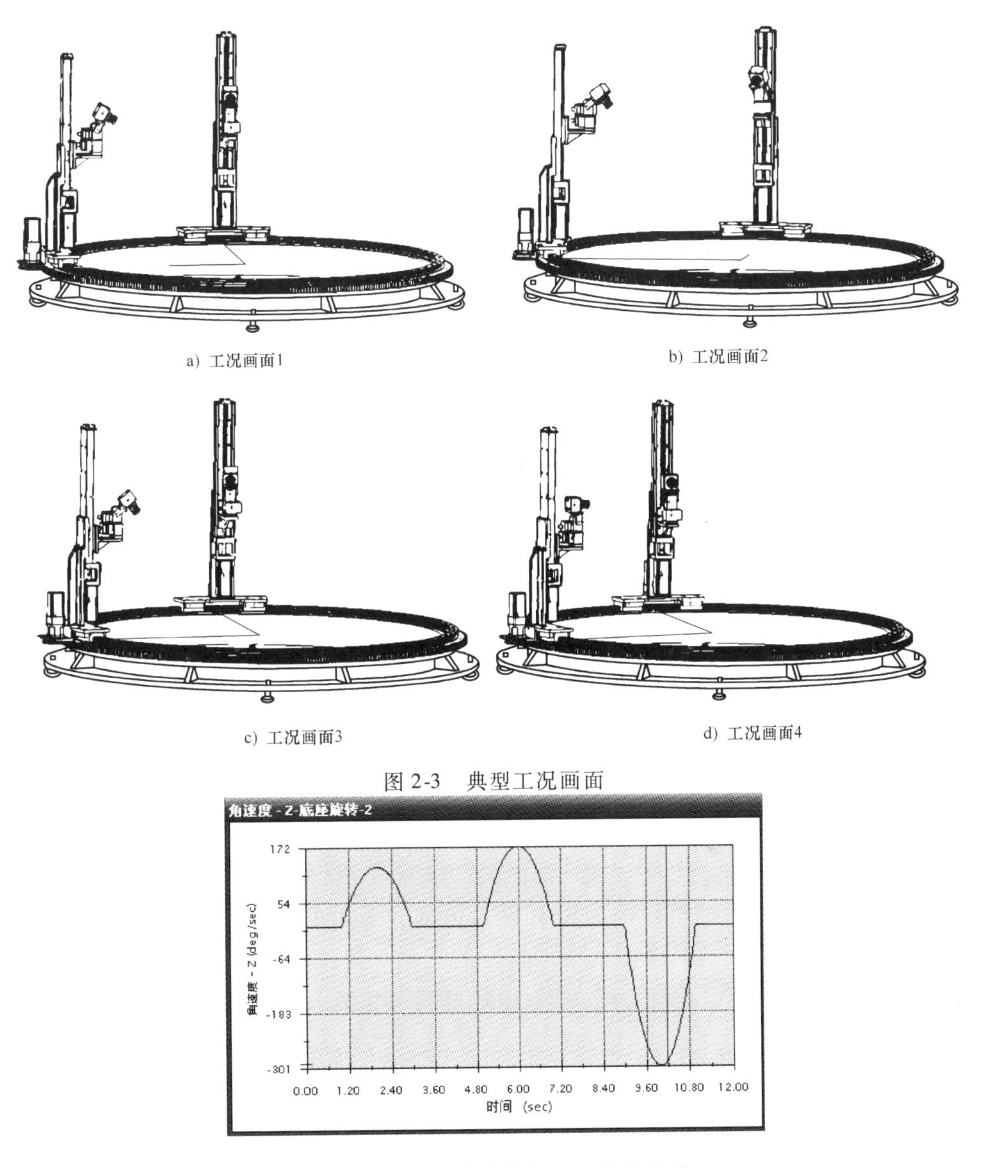

a) 工况画面1　　b) 工况画面2

c) 工况画面3　　d) 工况画面4

图 2-3　典型工况画面

图 2-4　支链小齿轮的角速度变化曲线

值曲线表达尤为直观。

图 2-5 为支链小齿轮的角加速度变化曲线，可以看到，在每次旋转运动过程中它的角加速度曲线并不是像输入的角速度那样光滑，每个运动阶段都有轻微的波动，每次微小的波动在基础面上都是一次冲击震动，由于在二阶曲线中反映出来，可视为柔性冲击，同时，可以推算出，在一阶速度曲线中肯定有微小的震动。由工作情况分析可知，此时是小齿轮与齿圈底座进行的啮合，每个齿和齿之间存在着微小的啮合间隙，这样运动起来必然会产生振动和噪声，这也

是工程中所有齿轮啮合传动中面临的问题。这种现象在高速运转时尤为明显，也在很大程度上影响了机器性能的发挥。

图 2-6 为支链小齿轮的反力矩幅值变化曲线，可以看到，由于齿侧间隙的影响，小齿轮的反力矩幅值同样会出现阶跃现象。

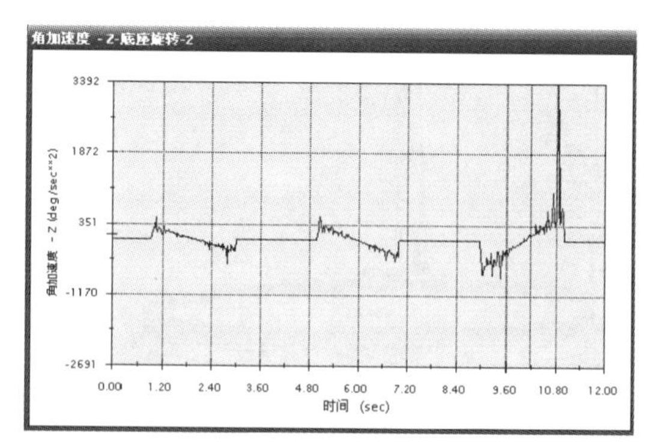

图 2-5 支链小齿轮的角加速度变化曲线

图 2-7 为升降伺服电动机的反力矩幅值变化曲线，与小齿轮

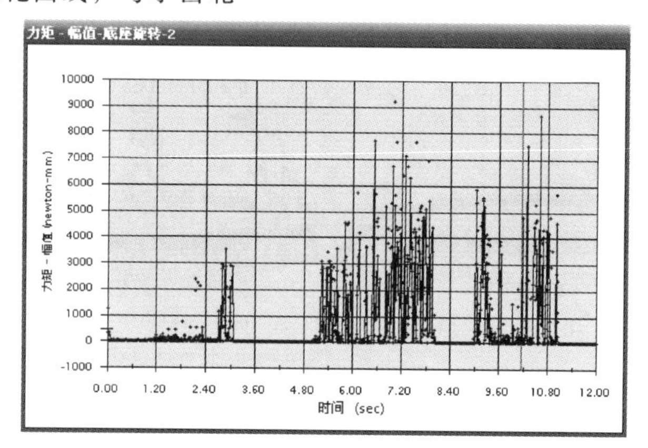

图 2-6 支链小齿轮的反力矩幅值变化曲线

反力矩曲线相比较为平整，因为没有齿轮传动，采用的是丝杠螺母组成的螺旋副，如果将滑动摩擦的低副换成滚珠丝杠的高副，则其波动将会明显减轻。

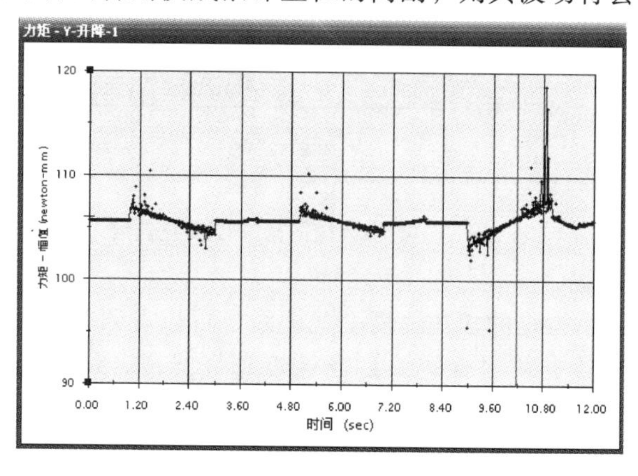

图 2-7 升降伺服电动机的反力矩幅值变化曲线

2.2.4　样机有限元分析

因为视觉监测平台在工作过程中各个零部件受力并不大，所以不会威胁到零件的强度，但视觉监测平台作为精密测量机械，必须考虑各种力引起的变形，为以后的平台标定提供可靠的数据，故以引动器、云台托板、滑座、活动底座和螺杆等构成的 FEA（Finite Element Analysis）装配体为例进行变形、强度和应变的校核。进行视觉监测平台的强度计算，首先要分析视觉平台的结构和工作过程，找出视觉平台各部件受力最不利的位置与工况作为计算的依据，在受力分析的基础上进行挠度和强度校核。通过分析视觉平台的工作位置可知，当云台托板处于靠上位置、视觉平台进行工作时，FEA 装配体的变形最大，所以将云台托板靠上的位置作为计算位置。

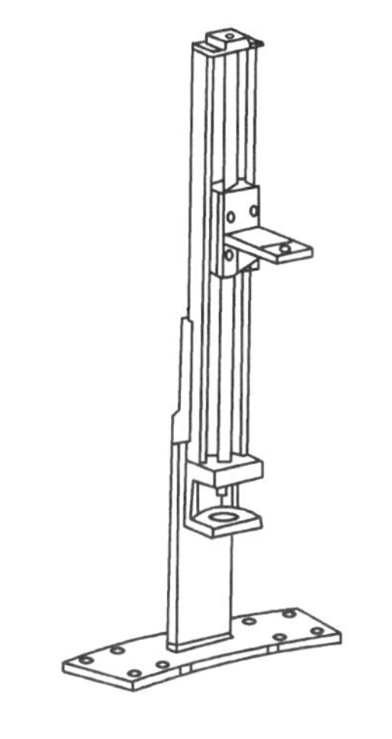

图 2-8　FEA 装配体模型

经过简化模型，采用由引动器、云台托板、活动底座、螺杆、滑座和引动器壳组成的装配体，得出的 FEA 装配体模型如图 2-8 所示。

对 FEA 装配体进行网格化（见图 2-9），会自动生成三项彩色云图，分别为：Von Mises 彩色应力云图（见图 2-10）、彩色位移云图（见图 2-11）、彩色应变云图（见图 2-12）。

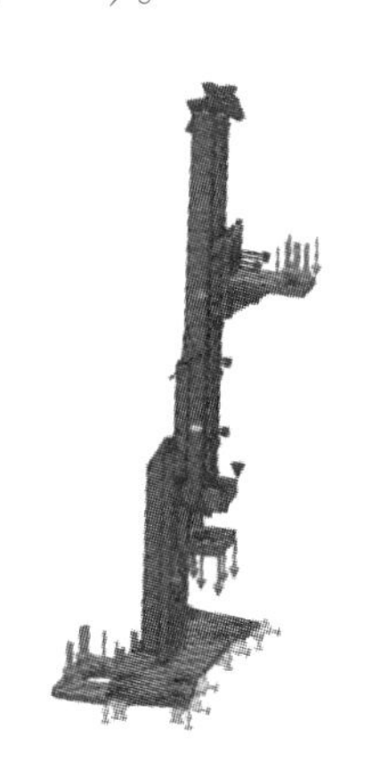

图 2-9　生成网格

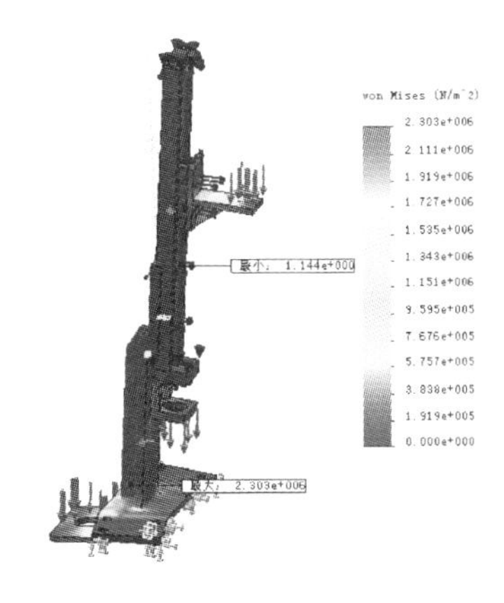

图 2-10　Von Mises 彩色应力云图

通过以上结果可知，应力和应变在安全范围内，应用最大 Von Mises 应力准则，选用工程上常用的普通碳钢为参考依据，屈服应力 σ_s 为 2.20594×10^8 N/m^2，强度极限 σ_b 为 3.99826×10^8 N/m^2，可以得知模型中的最大 Von Mises 应力

为 $2.303\times10^{8}\mathrm{N/m^{2}}$。由此数据最后得出的最大 Von Mises 应力准则下的安全系数为 39.6565，完全满足需要。

由彩色位移云图得出最大位移量为 0.01058 mm，此值为周转运动伺服电动机安装法兰边缘的变形，在模型中虽然数值是最大的，但不是敏感位置，人们关心的是云台托板的变形量，因此，需要使用探测功能找出所要的数据。通过测量，云台边缘数据如图 2-13 和图 2-14 所示。

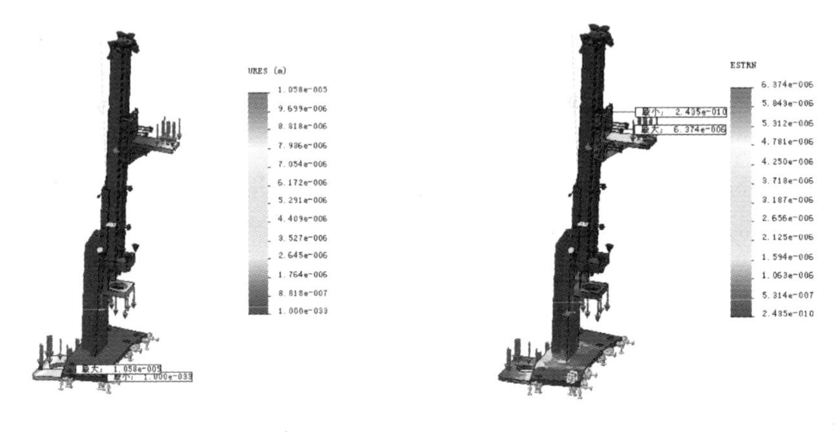

图 2-11 彩色位移云图 图 2-12 彩色应变云图

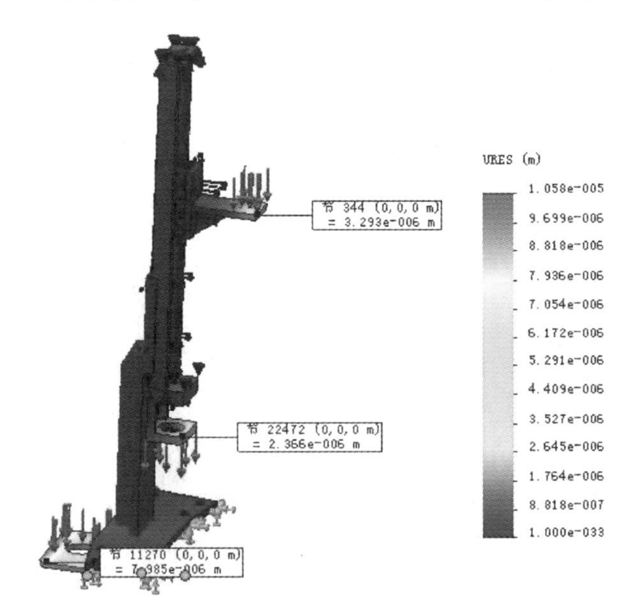

图 2-13 探测结果

由探测结果可知，云台托板的最大变形位移为 0.0033mm，沿云台托板纵向呈非线性变化。

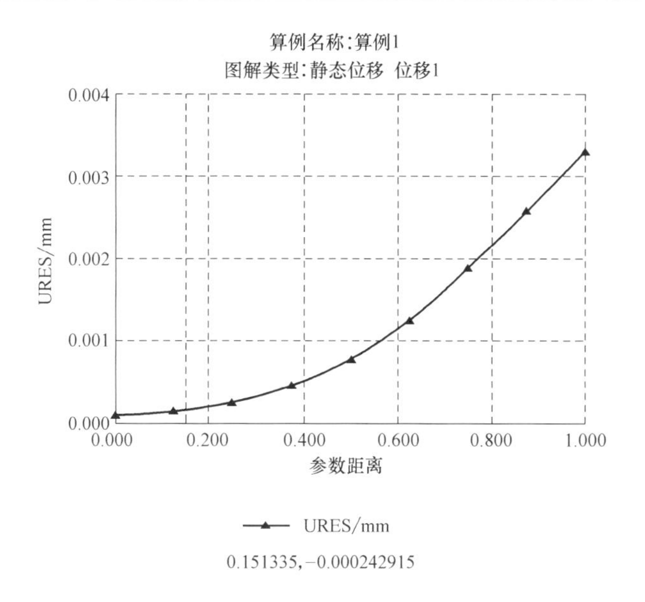

图 2-14 静态位移图解

2.3 样机加工装配

在完成样机的CAD设计、虚拟样机分析、有限元分析之后，即可进行并联机器人双目主动视觉监测平台零部件的加工与样机的装配工作。该平台采用了许多新型构件，保证了样机的强度、刚度和可靠性。加工装配后的样机如图2-15所示。

图 2-15 并联机器人双目主动视觉监测平台样机照片

第3章　并联机器人双目主动视觉监测平台样机控制系统设计

本章介绍并联机器人双目主动视觉监测平台样机的总体控制方案、主要设备的选型及样机各部分伺服运动控制的设计与实现。

3.1　样机控制方案设计及主要设备选型

3.1.1　控制方案设计

双目主动视觉监测平台是集光学、机械、电子、控制、通信等技术于一体的高集成的精密一体化装置。被控设备包括伺服电动机、步进电动机、云台和摄像机。伺服电动机和步进电动机的作用是驱动摄像机达到预定的空间位置，云台驱动摄像机完成位姿变换，摄像机运行到预定的位姿后再进行图像采集。

并联机器人双目主动视觉监测平台为圆轨上的双链结构，两支链具有相同的配置，每支链有四组电动机驱动，分别是圆轨小车电动机、丝杠电动机、云台平转电动机和云台俯仰电动机。从性能和价格两方面综合考虑，圆轨小车、丝杠选用了伺服电动机作为驱动电动机，配备了高精度行星齿轮减速器，四路伺服电动机通过一块运动控制卡连接于主机 PCI 总线。2 自由度云台的平转和俯仰均选用步进电动机，采用串行总线接口与主机连接。两支链摄像机均选用数字摄像机，采用 1394 总线与主机连接。双目主动视觉监测平台控制方案的硬件连接框图如图 3-1 所示。

控制系统的方案采用了基于 PC 的开放式控制方式。用一台工控机（IPC）作为主控计算机完成电动机的位置模式控制、云台控制指令发送和图像采集。该方案硬件结构简单，因而系统硬件可靠性高，系统总体性能较好。而且系统所有资源共用一个工控机平台，因而系统硬件扩充方便。软件设计基于 Windows 平台开发，可以充分利用各种软件资源和开发工具，系统软件设计周期短，很容易实现模块化结构，功能扩充更方便。

3.1.2　主要设备选型

（1）工控机选型　本系统中选用研华公司的 IPC610H 作为主控计算机，以保证高环境适应性、高可靠性、强输入/输出驱动能力的特殊要求。主要技术指

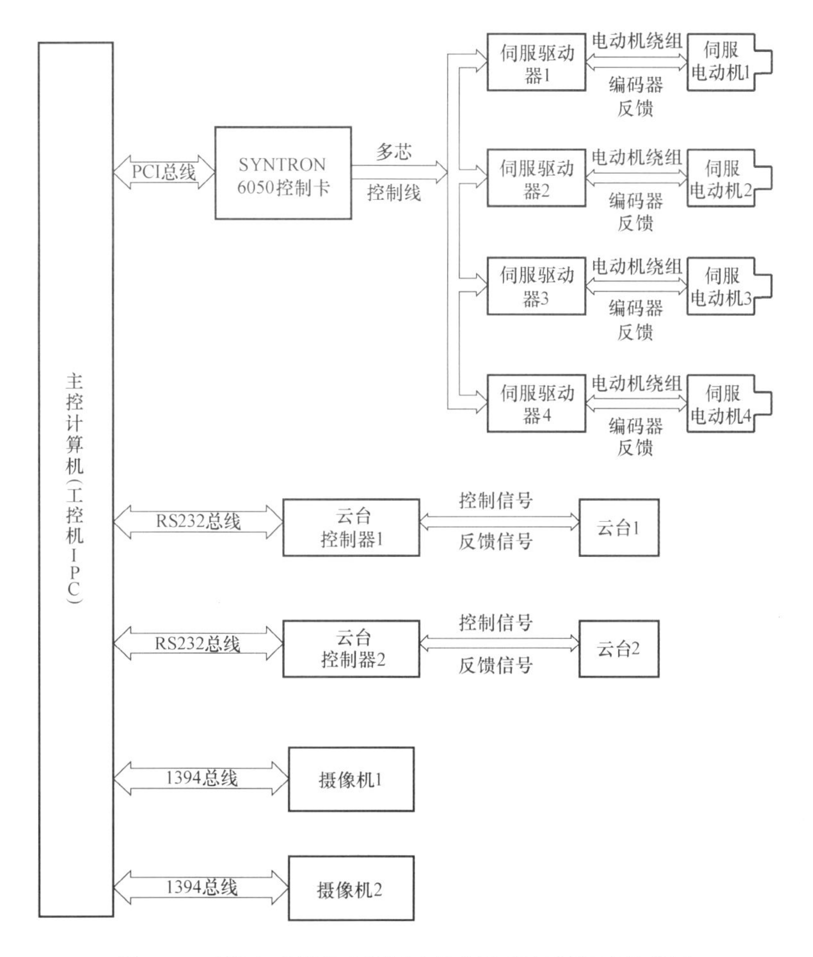

图 3-1　双目主动视觉监测平台控制方案的硬件连接框图

标如下。

底板：研华 PCA-6114P7（7PCI、7ISA）；

CPU：INTEL P4 2. 8GHz；

内存：1GB DDR。

（2）交流伺服电动机选型　交流伺服电动机采用“森创”60CB 系列的 60CB020C 型交流伺服电动机，主要技术指标如下。

额定输出功率：200 W；

额定转矩：0. 64 N · m；

额定转速：3000r/min；

电动机转子惯量：0. 17 kg · cm^2；

编码器：2500 P/R；

负载惯量：负载惯量≤电动机转子惯量×10（倍）。

(3) 交流伺服驱动器选型　交流伺服驱动器采用“森创”GS0020A型伺服驱动器，采用了先进的全数字电动机控制算法，完全以软件方式实现了电流环、速度环、位置环的闭环伺服控制，具备良好的鲁棒性和自适应能力。其产品特性如下：

DSP全数字控制方式，可以实现多种电动机控制算法；

内置电子齿轮控制功能；

具有过电压、泄放回路、过电流、过载、堵转、失速、位置超差等报警功能；

内置回馈能量吸收电路，也可外接放电电阻。

(4) 步进电动机选型　步进电动机采用“森创”56BY型两相混合式步进电动机，主要技术指标如下。

静态相电流：6A；

步距角：1.8°；

保持转矩：2.5N·m；

转动惯量：750g·cm^2。

(5) 步进驱动器选型　步进驱动器采用“森创”SH-20806N型步进电动机细分驱动器，其产品特性如下：

双极恒相流加细分控制模式；

动态寻优电路使性能最优化；

最大64细分的多种细分模式可选；

提供在线细分切换功能；

24～70V直流供电；

过电流、过电压、错相保护。

(6) 云台选型　云台采用华杰友公司的HJYYT205型室内云台，主要技术指标如下：

旋转角度范围：前后俯仰：-36°～36°，水平旋转：-162°～162°；

分辨率：0.0129°±0.00645°；

使用电压：DC12～27V；

最高转速：1000步/s；

接口方式：RS232、RS485。

(7) 摄像机选型　大恒公司的DH-HV1300FC型数字摄像机，产品性能指标如下：

符合IEEE-1394标准；

CMOS彩色数字图像传感器，分辨率：1280×1024（1310720个像素）；

光学尺寸：1/1.8in；

像素尺寸：5.2μm × 5.2μm；
电源：DC + 12V；
图像数据输出格式：Bayer；
像素深度：8 位；
模-数转换精度：10 位。

3.2　样机伺服运动控制系统的研究

3.2.1　电动机控制系统的设计

电动机控制系统采用 PC + 运动控制卡的开放式控制方式，以 PC 作为信息处理平台，运动控制卡以插卡形式嵌入 PC。PC 负责人机交互界面的管理和控制系统的实时监控等方面的工作；运动控制卡完成运动控制的所有细节。主控计算机选用研华公司的 IPC-610H 工控机，运动控制卡采用和利时公司的 SYNTRON 6050 系列 4 轴电动机运动控制卡，控制卡通过 PCI 总线与工控机连接。PC + 运动控制卡的控制方式的连接原理框图如图 3-2 所示。

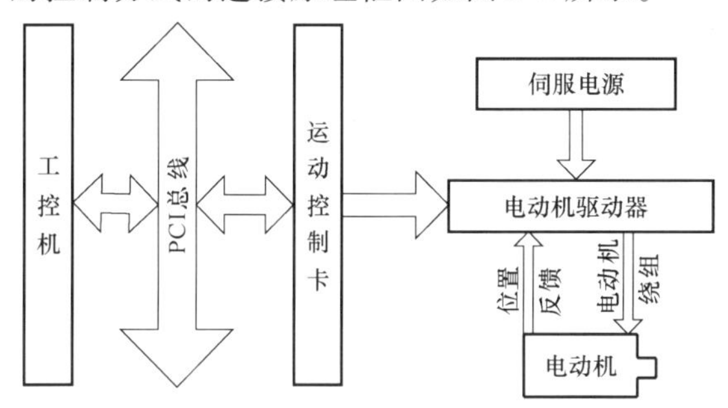

图 3-2　PC + 运动控制卡的控制方式的连接原理框图

3.2.2　FPGA + DSP 的电动机运动控制卡

电动机运动控制卡是一种安装在 PC 中专门用于步进电动机和伺服电动机控制的板卡。它与 PC 构成上下位机型的主从式数字控制系统。电动机运动控制卡以 DSP 芯片作为运动控制器的核心处理器，完成数据处理、控制算法和进行保护中断的处理；FPGA（Field Programmable Gate Array，现场可编程门阵列）芯片作为协处理器完成编码信号的采集与鉴相处理，对脉冲和模拟量进行配置和输出，把 DSP 处理过的控制数据经过内部转换送到外部设备，并管理 DSP 和各种外部设备的接口配置，特别是在多轴控制中，FPGA 内部能做到真正的并行处理。这种预处理或后处理操作可以使 DSP 专注于复杂算法的实现，加快了处理速度。电动机运动控制卡的结构模型如图 3-3 所示。

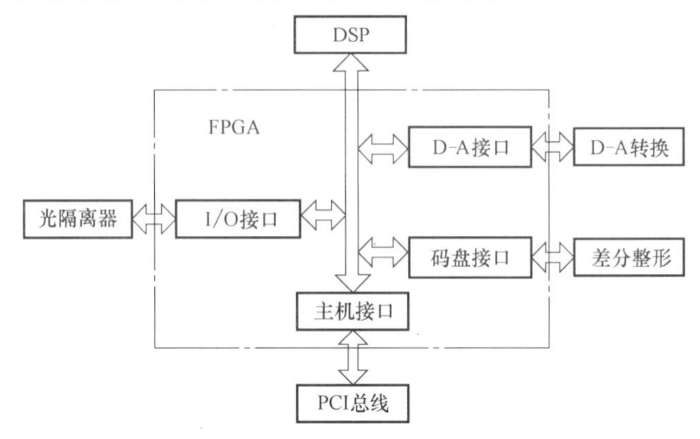

图 3-3　电动机运动控制卡的结构模型

系统中的电动机运动控制卡选用和利时电机公司的 SYNTRON 6050 电机控制卡。该电机控制卡采用 DSP + FPGA 结构。其中，DSP 芯片选用 TI 公司的 TMS320LF/LC2812，是基于 TMS320C28x™ 内核的高性能 32 位定点 DSP，其最重要的任务是完成系统位置、速度控制、插补算法等。此款 DSP 对 C/C + + 语言的支持较好，这样就使用户进行软件开发变得非常容易。FPGA 选用 Altera 公司的 ACEXIK50，其内部包括可配置逻辑模块（Configurable Logic Block，CLB）、输出输入模块（Input Output Block，IOB）和内部连线（Interconnect）三部分。FPGA 作为 DSP 与 PCI 局部总线的枢纽完成命令和参数的传递，以及外围 I/O 模块、键盘输入、D-A 等模块的控制。

SYNTRON 6050 通过端子板展开其硬件连线，主卡与端子板之间用 68 芯电缆连接。图 3-4 所示是 SYNTRON 6050 端子板的接线图。

COM 为外部电源的地（GND），Vin + 接 12 ~ 24V 的外部电源；

CW1、D1、CW2、D2、CW3、D3、CW4、D4 是电动机的控制信号；

IN1 ~ IN20 是 20 个通用 I/O 输入点；

OUT1 ~ OUT8 是 8 个通用 I/O 输出点；

如果用到 20 个通用 I/O 输入点或 8 个通用 I/O 输出点，必须在 COM 与 Vin + 之间外接 12 ~ 24V 电源。

3.2.3　交流伺服电动机运动控制

交流伺服电动机通常都是单相异步电动机，伺服电动机内部的转子是永久磁铁，驱动器控制的 U、V、W 三相电形成电磁场，转子在此磁场的作用下转动，同时电动机自带的编码器将信号反馈给驱动器，驱动器根据反馈值与目标值进行比较，调整转子转动的角度。伺服电动机的运动精度取决于编码器的精

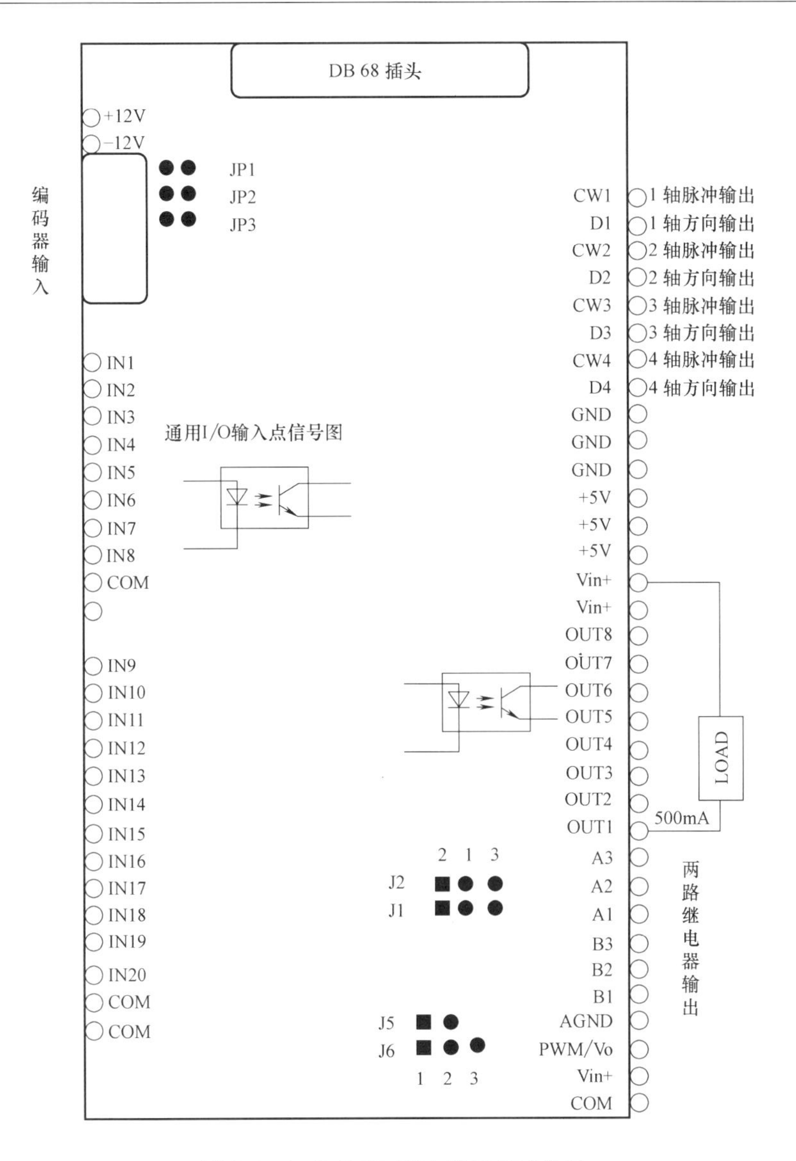

图 3-4　SYNTRON 6050 端子板接线图

度。

1. 交流伺服系统闭环控制策略

数字交流伺服系统由伺服电动机和伺服驱动器组成。数字交流伺服系统的硬件由 DSP 作为信号处理器，用旋转编码器和电流传感器提供反馈信号，智能功率模块 IPM 作为逆变器，经传感器出来的信号经过滤波整形等处理后反馈给 DSP 进行运算，DSP 参考信号和反馈信号进行对比运算，其结果作为控制调节伺服系统的电流环、速度环和位置环的参数，最后输出 PWM 信号，从而实现电动机的伺服闭环控制。伺服系统控制的动态结构框图如图 3-5 所示。

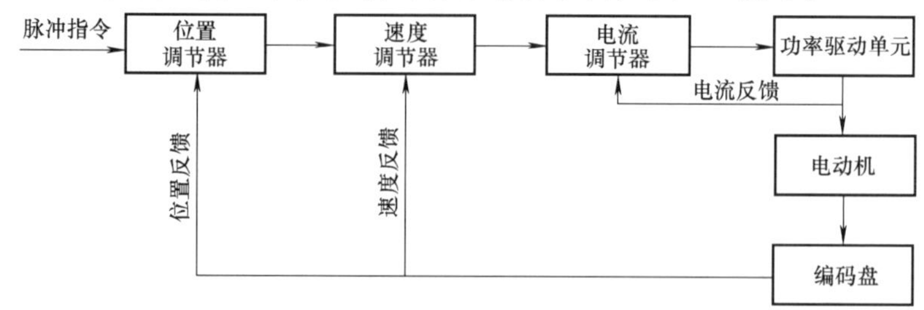

图 3-5　伺服系统控制的动态结构框图

（1）电流调节器设计　电流环是系统内环，主要作用是提高伺服系统的抗干扰性能，提高伺服系统的控制精度和响应速度，限制最大电流，保障驱动器安全运行。交流伺服系统要求电流控制环节具有输出电流谐波分量小、响应速度快等性能。电流环的控制对象包括：PWM 逆变器（包括 PWM 信号形成、延时、隔离驱动及逆变器等环节）、电动机电枢回路、电流采样和滤波电路。考虑到实现的简便以及动态响应的快速性，电流控制一般采用比例调节器。

（2）速度调节器设计　速度控制也是交流伺服控制系统中极为重要的一个环节，其性能指标体现为小的速度脉动率、快的频率响应、宽的调速范围等。如果选择较好的交流永磁同步伺服电动机、分辨率高的光电编码器、零漂误差小的电流检测元件，就可以降低转速不均匀度，实现高性能速度控制。但是在实际系统中，这些条件都是受限制的，这就要求用合适的速度调节器来补偿，以获得所需性能。实际应用的交流伺服系统的速度控制器大多采用 PI 调节器。速度调节器的原理图如图 3-6 所示。

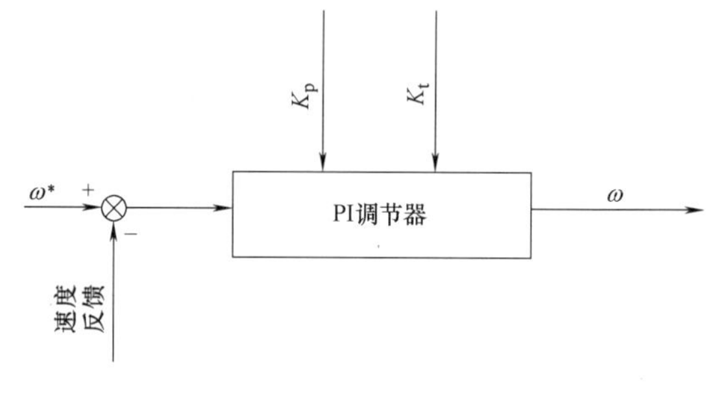

图 3-6　速度调节器

（3）位置调节器设计　位置调节器的原理图如图 3-7 所示。位置指令采用脉冲序列和方向信号相结合的形式，经方向判别后进入偏差计数器。一旦电动机起动，电动机上的光电编码器立即发出与电动机转角成比例的反馈脉冲信号，信号经方向判别和倍频处理后被送至偏差计数器。当电动机未加速至指令速度（给定速度）之前，反馈脉冲信号的频率比指令脉冲信号的频率低，从而使偏差计数器值渐渐增加，电动机加速运转；当电动机速度达到指令速度时，反馈信号与指令信号的脉冲频率相等，计数值处于动态平衡状态，电动机匀速运转；当指令脉冲停止时，仍在旋转中的电动机带动编码器发回的反馈脉冲使计数器中的偏差计数量渐渐减少，其输出的速度指令值随之下降，电动机减速；直到反馈脉冲使计数器减为零，速度指令值也等于零，电动机停止转动，这时电动机转过的空间角度将正好符合全部指令脉冲个数所对应的角位移量。

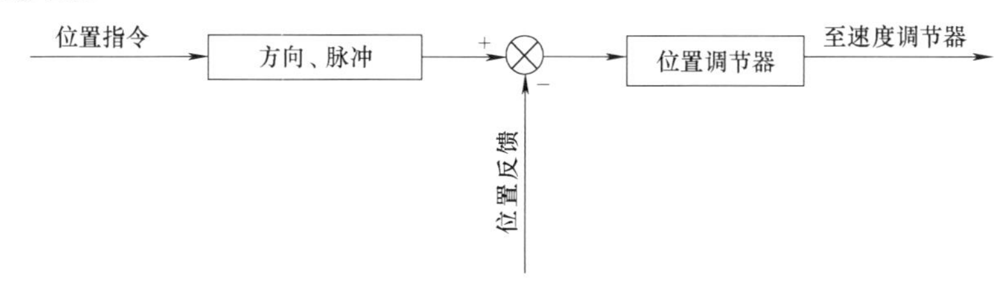

图3-7　位置调节器

位置调节器一般采用常规PI控制算法，在整定调节器的参数时一般要遵循下述原则：比例系数过小时，稳态误差小，动态跟踪误差大，调节缓慢；比例系数过大时，可以减小跟踪误差，但会引起稳态误差增大。积分系数可以减少系统的跟随误差并消除系统的稳态误差，但是会使响应出现过大的超调。

2. 电子齿轮设置

电子齿轮功能是指可以任意地设置每单位指令脉冲对应的电动机的速度和位移量（脉冲当量）的功能。这个期望的设定值即当控制器发出“1”指令时，工件移动的最小单位，叫做1个“指令单位”。

如果电动机轴与负载侧的机械减速比为 n/m，则可由式（3-1）求出电子齿数比的设定值（伺服电动机旋转 m 圈负载轴旋转 n 圈时）：

$$\frac{B}{A}=\frac{\text{编码器脉冲数}\times 4}{\text{负载轴旋转一圈的移动量}}\frac{m}{n} \tag{3-1}$$

电子齿轮设定的一般步骤如下：

1）确认机械传动部分的减速比。

2）确认伺服电动机的编码器脉冲数。

3）确定控制指令的指令单位。

4）确定负载轴旋转一圈所需的指令单位量。

5）根据电子齿数比计算公式计算电子齿数比（B/A）。

6）根据计算出来的电子齿数比设置伺服驱动器的参数。

3. 交流伺服系统增益调整

交流伺服系统增益调整主要包括：

（1）位置环比例增益调整　位置环比例增益主要影响伺服系统的响应。设定值越大，动态响应越快，跟踪误差越小，定位时间越短，但如果设定值过大，就有可能引起振荡。因此，在整机稳定的前提下，设定值应该尽量设定得较大些。位置环比例增益与整机的机械刚性有关。高刚性的连接时，位置环比例增益值可设定得较大，但不能超过机械系统的固有频率，这样可得到较高的动态响应。中刚性和低刚性的连接时，位置环增益的设定值不能太高，否则会产生振荡。

（2）速度环比例增益调整　速度环比例增益决定速度环的响应性，在机械系统不产生振动的范围内，尽可能设定较大值。此外，速度环增益的设定与负载惯量有密切联系。一般来说，负载惯量越大，速度环增益值应设定得越大。

（3）速度环积分增益调整　速度环积分环节的主要作用是使系统对微小的输入有响应。积分时间常数的增加将使定位时间增加，响应将变慢。当负载惯量很大或机械系统刚性较差时，为防止振动，必须加大积分时间常数。

（4）位置模式下增益的调整方法　手动调整伺服增益时，必须在理解伺服单元构成与特性的基础上，逐一地调整各伺服增益。在大多数情况下，如果一个参数出现较大变化，则必须再次调整其他参数。伺服单元由三个反馈系统构成，越是内侧的环，越需要提高其响应性。如果不遵守该原则，则会出现响应性变差或产生振动。

位置模式下增益的调整步骤如下：

第一步：尽可能增加速度环比例增益，直到电动机不出现异常振动和响声为止，且转速平稳；

第二步：尽可能增加速度环积分增益，直到电动机不出现异常振动和响声为止，同时速度的超调/失衡满足负载工作要求，且转速平稳；

第三步：根据实际应用要求，设置合适的电子齿轮比参数和指令平滑滤波系数；

第四步：适当增加位置比例增益系数，以保证负载在系统稳定的情况下具有较好的位置指令跟踪特性，同时保证在电动机停止和运行时均不容易振荡。

4. 交流伺服系统的硬件连接

系统选用了“森创”GS0020A 型伺服驱动器，GS0020A 型伺服驱动器采用美国 TI 公司的 DSP 作为核心控制芯片，集成了先进的全数字电动机控制算法，完全以软件方式实现了电流环、速度环、位置环的闭环伺服控制，具备良好的鲁棒性和自适应能力，适用于需要快速响应的精密转速控制与定位控制的应用系统。电动机运动控制卡、交流伺服电动机和交流伺服驱动器等组成的交流伺服系统的硬件连接电路如图 3-8 所示。

交流伺服电动机控制注意事项有：

1）严禁使用伺服使能信号作为起动、停止电动机旋转的主控信号。

2）伺服使能信号有效前，务必确保电动机是静止的。

3）伺服使能信号有效后至少需要延迟 40ms，才能接受输入指令。

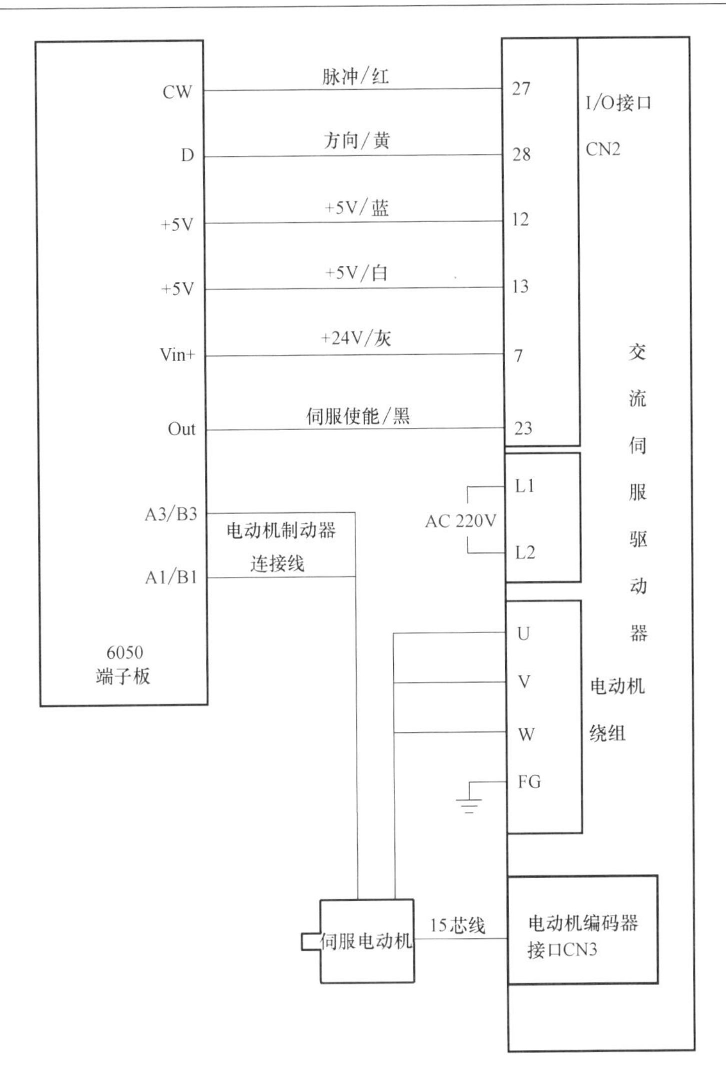

图3-8 交流伺服系统的硬件连接电路

4）不带制动器的伺服电动机：电动机开始运行时，先置伺服使能信号有效，再进行位置模式控制；电动机结束运行时，先在位置模式下停止电动机运动，再置伺服使能信号无效。

5）带制动器的伺服电动机：电动机开始运行时，先置伺服使能信号有效和制动器信号无效，再进行位置模式控制；电动机结束运行时，先在位置模式下停止电动机运动，再置伺服使能信号无效和制动器信号有效。

3.2.4 步进电动机运动控制

步进电动机是将电脉冲信号转变为角位移或线位移的开环控制元件。在非超载的情况下，电动机的转速、停止的位置只取决于脉冲信号的频率和脉冲数，而不受负载变化的影响，即给电动机加一个脉冲信号，电动机则转过一个步距角。这一线性关系的存在，加上步进电动机只有周期性的误差而无累积误差等特点，使得在速度、位置等控制领域用步进电动机来控制非常简单且效果很好。

图 3-9 是双极性驱动两相混合式步进电动机模型，其中 A 相绕组和 B 相绕组分别等间隔分布在对称的 8 个磁极上。由于步进电动机磁路复杂，忽略模型中定子极间的漏磁、永磁体的漏磁回路、径向和轴向轭部磁路的磁阻等影响，对其进行简化。

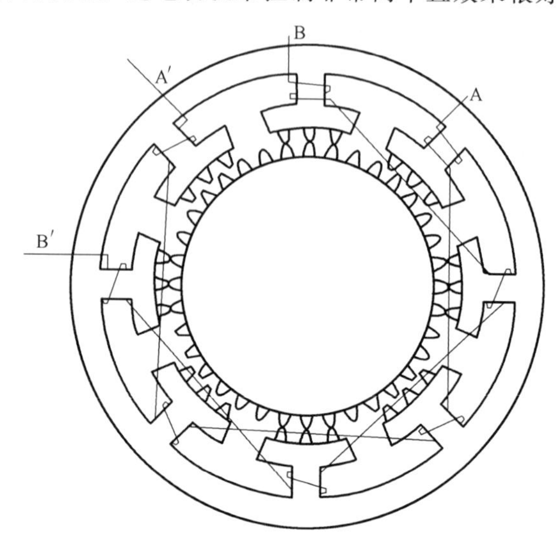

图 3-9 两相混合式步进电动机模型

电动机定子的 8 个磁极中，位于一条直径上的两个相对应磁极的电磁状态完全相同，可以合并，这样电动机的每一端仅有 4 条支路。电动机的磁路模型如图 3-10 所示，图中 F_a、F_b、F_c、F_d 为相应极上的磁动势，它们的值由绕组内的电流值、绕组每极匝数及电流方向决定；Λ_{a1}、Λ_{b1}、Λ_{c1}、Λ_{d1} 为 I 端铁心段相应极的齿层磁导。Λ_{a2}、Λ_{b2}、Λ_{c2}、Λ_{d2} 为 Ⅱ 端铁心段相应极的齿层磁导。Λ_m 为永磁体的内部磁导，F_m 为永磁体的磁动势。

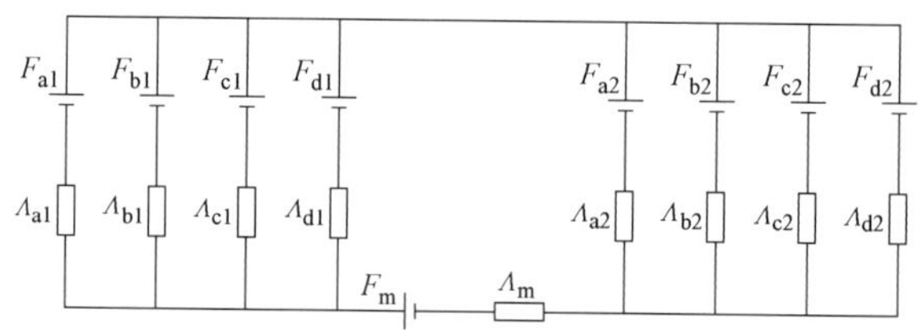

图 3-10 电动机的磁路模型

本系统步进电动机的驱动方式为双极性（bipolar）驱动，驱动电路如图 3-11 所示，它使用 8 个场效应晶体管来驱动两组相位，其中下端 4 个场效应晶体管通常是由微控制器直接驱动，上端场效应晶体管则需要成本较高的上端驱动电路。

1. 步进电动机细分驱动

步进电动机内部合成磁场矢量的幅值决定了电动机转矩的大小，而相邻两合成磁场矢量之间的夹角大小决定了步距角的大小。两相绕组通电电流的幅值是相等的，只是相位相差 90°。绕组电流不是一个方波，而是阶梯波，额定电流

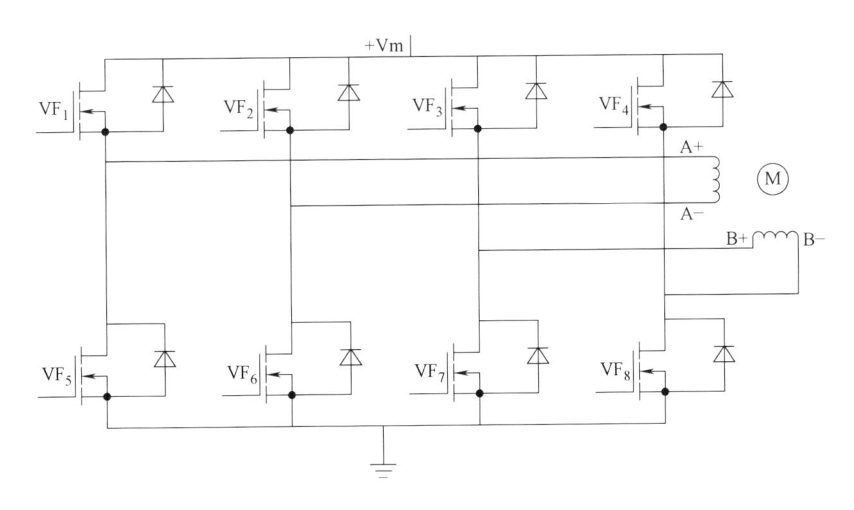

图 3-11 双极性步进电动机驱动电路

是台阶式的投入或切除，电流分成多少个台阶，则转子就以同样的次数转过一个步距角，这种将一个步距角细分成若干步的驱动方法，称为细分驱动。两相步进电动机细分驱动的各相电流状态如图 3-12 所示。

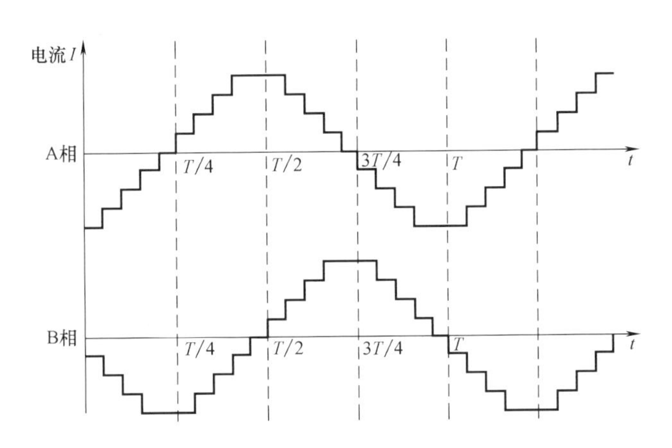

图 3-12 两相步进电动机细分驱动的各相电流状态

2. 步进电动机控制系统硬件连接 步进电动机、步进驱动器和端子板等组成的步进电动机控制系统的硬件连接如图 3-13 所示，在系统接线时，应该遵循功率线和弱电信号线尽量分开的原则，以避免控制信号被干扰。在无法分别布线或有强干扰源存在的情况下，最好使用屏蔽电缆传送控制信号。

3. 云台控制器接口与通信

摄像机安装在 2 自由度数字云台上，云台根据控制器指令做水平摆动和俯

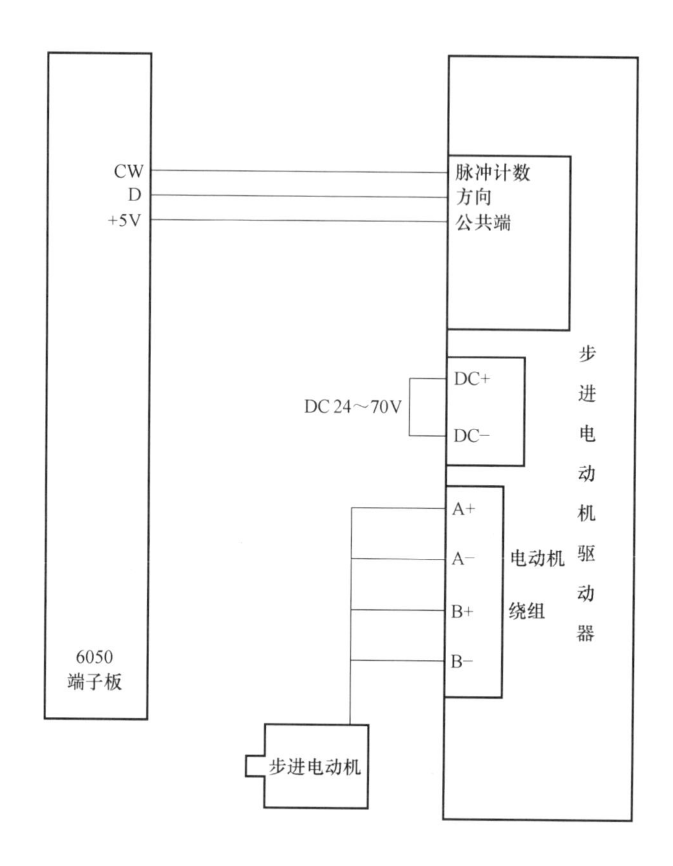

图 3-13　步进电动机控制系统的硬件连接

仰运动，即可实现摄像机的姿态变化。云台控制器通过异步通信接口 RS232 和 RS485 与 PC 之间建立连接。如果要使用一个主机串口控制多个云台，可以用半双工模式的 RS485 总线接口组成控制网络，最多可以同时控制 255 个云台。云台控制器和主机联网的方法如下：

1）确定云台控制器和主机的物理位置。

2）为每个云台控制器设定唯一的标识 ID 号。

3）主机通过 RS232 接口与云台标识 ID0 的控制器连接，所有云台控制器均通过 RS485 接口与云台插接器连接。

云台控制器的数字电路工作电压是 TTL 电平，与 RS232 电平标准不同，需要采用 MAX232 进行电平转换。RS232、MAX232、单片机接口间的接法如图 3-14 所示，PC 串口 RS232 的 Txd、Rxd 分别与 MAX232 的 Tout、Rin 相连，地线与地线相连。单片机的 Txd、Rxd 分别与 MAX232 的 Tin、Rout 相连。

实际使用过程中，系统可以根据需要灵活使用不同的通信标准。当云台控

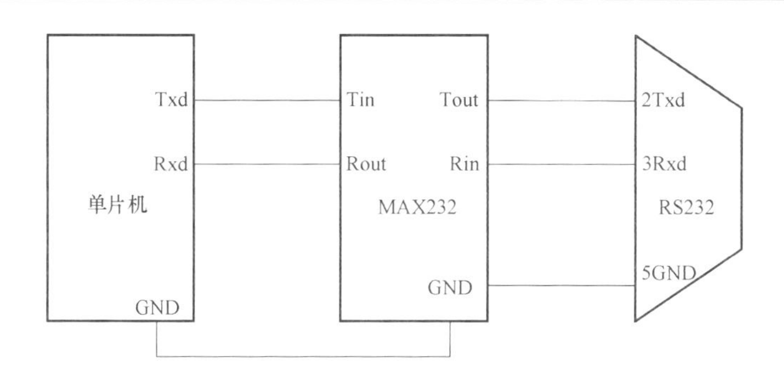

图 3-14　RS232、MAX232、单片机接口间的接法

制器使用 RS485 通信标准时，单片机的通信接口 Txd、Rxd 引脚与 MAX489 芯片的 DI、RO 引脚相连。MAX489 通信接口如图 3-15 所示。

云台与 PC 的一次完整通信包括 PC 发送指令和被控设备反馈指令两个部分。发送指令数据流和反馈数据流之间需要有 10ms 的延时，用来稳定 RS485 总线上的信号，如果回送数据是约定好的正确代码，则通信成功；但反馈数据流必须在 200ms 以内反馈数据，如果没有反馈，则主机认为当前的总线上没有设备号为发送指令数据流中的 ID 编码的设备。

发送指令格式如下：

Byte1	Byte2	Byte3	Byte4、Byte5	Byte6	Byte7
同步码	目标地址	命令字	参数	源地址	校验和

发送指令各部分的说明如下：

Byte1：指令的首字节，起同步作用，同步码为 9bit（正常数据为 8bit），前 8bit 为 A5，最后 1bit（多机通信位）为 1。

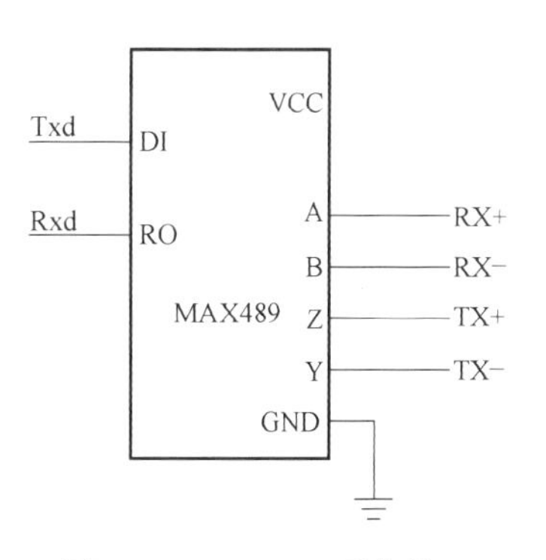

图 3-15　MAX489 通信接口

Byte2：目的地址码，目的地址码是被控设备的编号，用一个字节表示。在控制过程中，协议中的目的地址必须与被控设备的物理地址一致。地址范围为 00H ~ FFH（即 0 ~ 255），FFH 地址作为广播地址，广播通信时所有被控设备不反馈。

Byte3：8bit 控制指令命令字，有位置设置、位置查询、巡航等 64 条指令。

Byte4、Byte5：指令参数，用来表示速度、位置的数值等。为一个 16bit 的数据，低位字节在前、高位字节在后。

Byte6：源地址码，源地址码为控制信号发送者（如控制键盘）的物理地址编号，用于解决控制级别的问题。

Byte7：校验和，为前面字节 1 ~ 6 的算术和的低字节。

反馈指令格式为：

FByte1	FByte2	FByte3	FByte4、FByte5	FByte6
反馈同步码	接收机 ID	接收机状态	反馈参数	反馈校验和

反馈指令各部分的说明如下：

FByte1：反馈数据的首字节，起同步作用，同步码为 0xA4H。

FByte2：为被控设备的物理地址，地址范围为 00H ~ FEH。

FByte3：被控设备的状态。

bit0：当前发送指令数据流校验和。1：错误，0：正确。

bit1：当前发送指令数据流中的指令是否超出云台译码范围。1：错误，0：正确。

bit2：当前发送指令数据流中的参数是否超出范围。1：错误，0：正确。

bit4、bit3：云台当前状态。00 正常，01 复位，02 巡航，03 故障。

bit5、bit6、bit7：保留，暂时为 0。

FByte4、FByte5：反馈参数，用来表示速度、位置的数值等。为一个 16bit 的数据，低位字节在前、高位字节在后。

FByte6：校验和，为前面字节 1 ~ 5 的算术和的低字节。

云台的控制采用通信类方法，调用云台生产厂家提供的动态链接库完成程序编制，以提高开发效率。

3.3 样机电气控制系统的组成

最终设计出的并联机器人双目主动视觉监测平台的电气部分主要由主控计算机、电气柜、连接电路接口三部分组成。电气控制系统采用 PC + 运动控制卡的开放式控制方式，以工控机作为信息处理平台，运动控制卡以插卡形式嵌入 PC。PC 负责人机交互界面的管理和控制系统的实时监控等方面的工作；运动控制卡完成运动控制的所有细节。

主控计算机负责人机交互界面的管理和控制系统的实时监控、摄像机信号采集、各路电动机控制、与后台视觉服务主机通信等方面的工作。主控计算机实物图如图 3-16 所示，主控计算机背板接口如图 3-17 所示。

电气柜的主要作用是：可靠保证动力电源和控制电源的开启和关闭；对电源滤波去噪；控制各传感器和电动机有效而稳妥地运行和停止；各电动机运行状态的显示；保证电机控制卡与伺服驱动器之间的信号可靠传输；屏蔽各器件对外界的电磁干扰。电气柜实物图如图 3-18 所示。

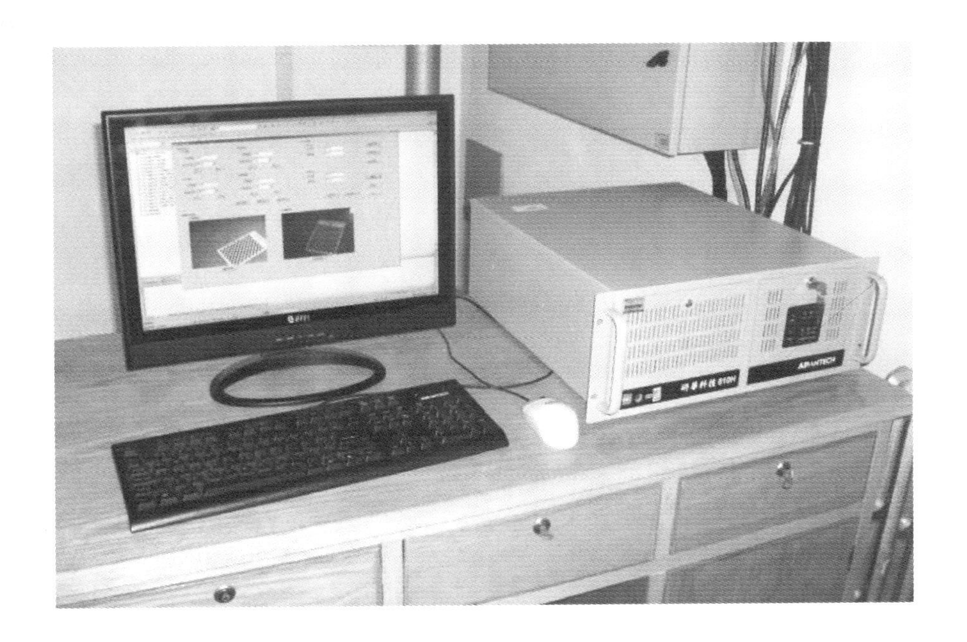

图 3-16　主控计算机实物图

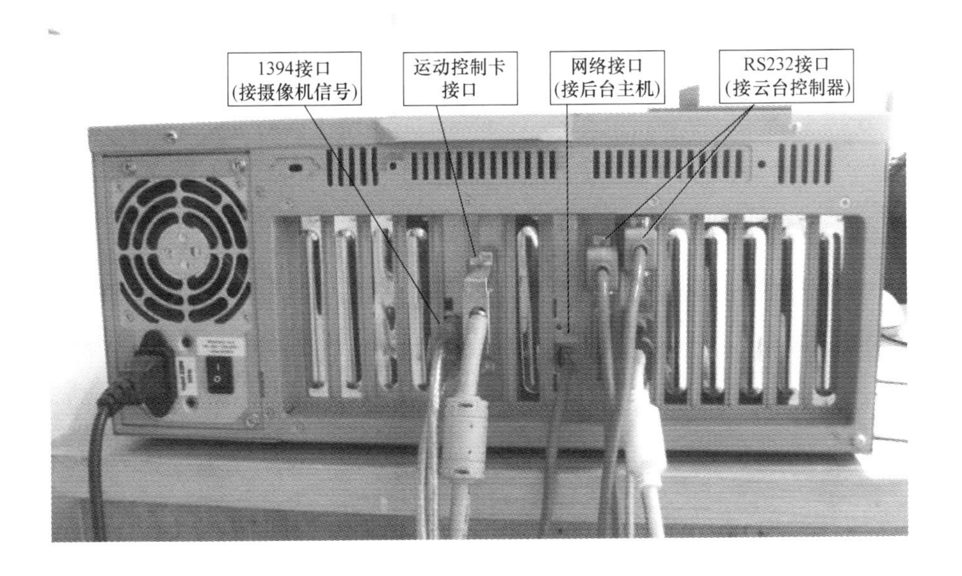

图 3-17　主控计算机背板接口

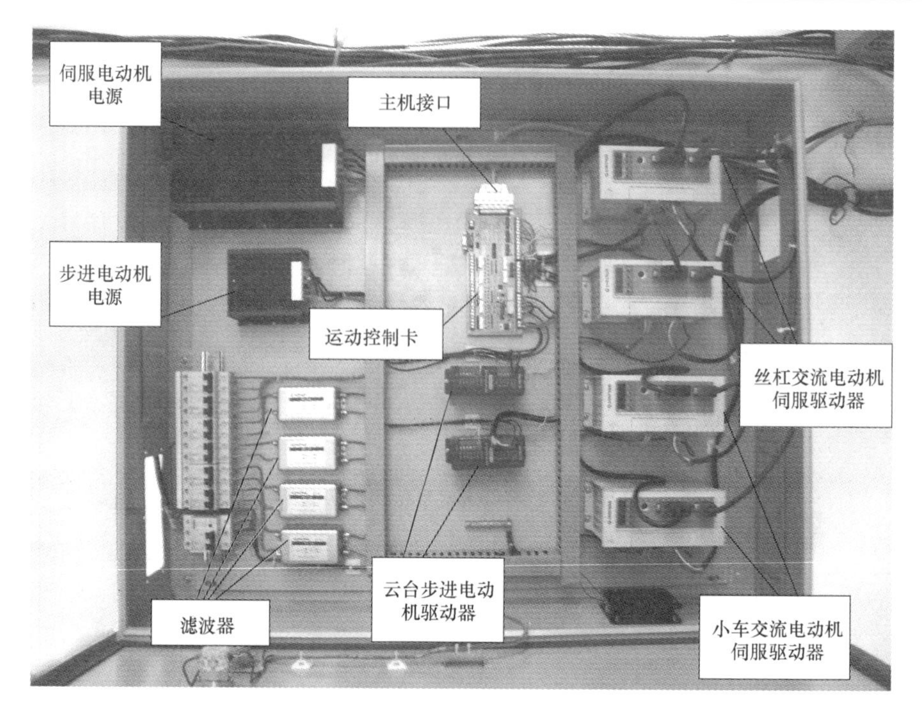
伺服电动机
电源
主机接口
步进电动机
电源
运动控制卡
丝杠交流电动机
伺服驱动器
云台步进电动
机驱动器
滤波器
小车交流电动机
伺服驱动器

图 3-18　电气柜实物图

第4章　并联机器人双目主动视觉监测平台运动学模型

并联机器人双目主动视觉监测平台机构学、运动学数学模型的构建是平台运动控制的基础。视觉平台各支链的控制目标包括两个方面，一方面要求在已知平台当前各运动控制输出及变化的情况下，计算支链摄像机的位姿及变化；另一方面要求能够根据需要的摄像机位姿及变化，设计支链上各个电动机的控制，即计算出各电动机的变化及控制参量，以达到控制目标。前者为视觉监测平台的正运动学问题，后者为视觉监测平台的逆运动学问题。本章建立了并联机器人双目主动视觉监测平台的运动学模型，推导出位置、速度、加速度正反解公式，为实现对监测平台的运动控制提供了理论依据。

4.1　并联机器人双目主动视觉监测平台样机

并联机器人双目主动视觉监测平台样机的详细示意图如图4-1所示。在圆形

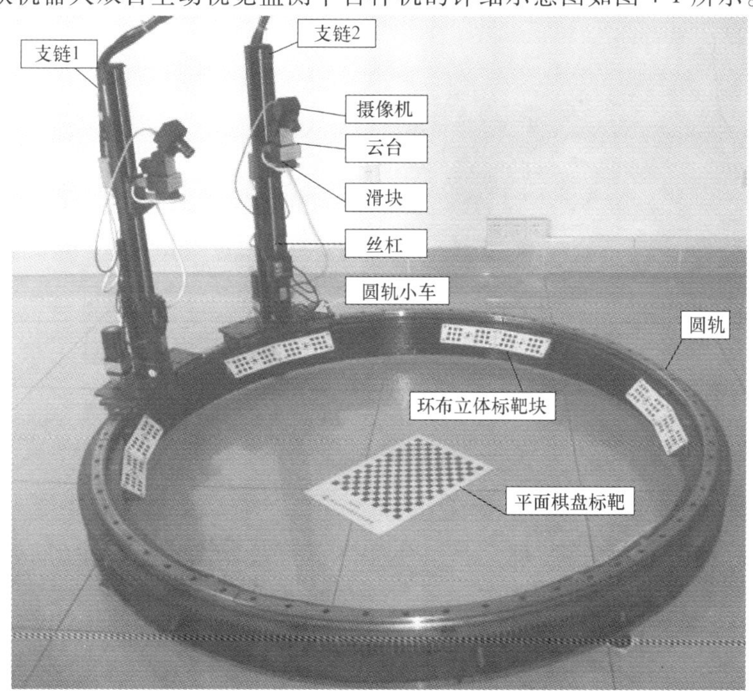

图4-1　并联机器人双目主动视觉监测平台样机的详细示意图

底座上铺设一个圆形导轨，两个具有相同配置的单链机构在圆轨小车的牵引下沿圆轨滑动。每个支链均由直线丝杠、滑块、云台和摄像机组成，丝杠与圆轨面垂直，云台安装在丝杠导轨的滑块上，摄像机安装在云台的夹持器上。丝杠电动机控制滑块并带动云台沿垂直方向上下运动，云台具有水平和俯仰转动特性。因此，在支链各运动副驱动下，摄像机的位姿是灵活可调的。

每个支链由四个电动机控制，如图 4-2 所示。圆轨小车伺服电动机通过齿轮传动方式驱动圆轨小车沿圆形导轨运动，丝杠伺服电动机通过丝杠螺旋转动方式驱动滑块沿丝杠上下运动，云台平转步进电动机、俯仰步进电动机通过两个正交轴向的转动驱动夹持器上的摄像机调整位姿。

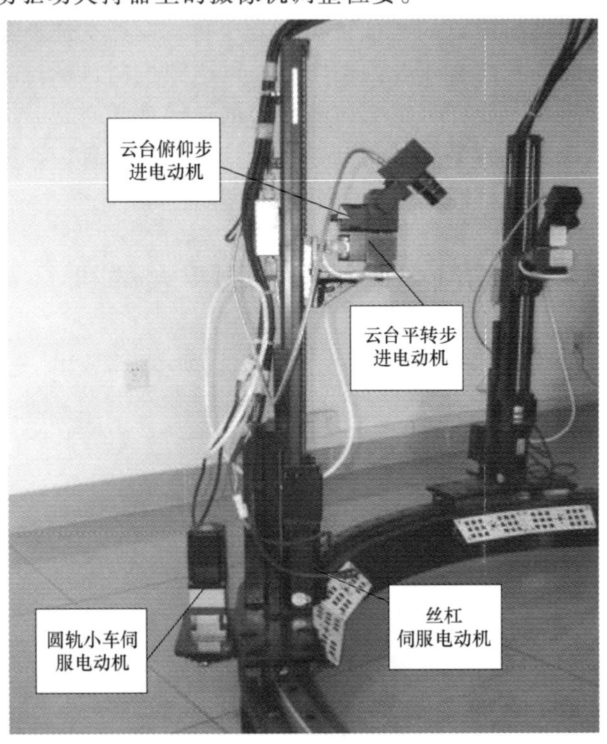

图 4-2 并联机器人双目主动视觉监测平台支链电动机分布

4.2 视觉平台的机构模型

如图 4-3 所示，采用 D-H 法建立坐标系，世界坐标系 O_W（x_W，y_W，z_W）原点在圆轨的圆心，z 轴垂直于圆轨平面向上。支链在圆轨上的位置 M 由连线 O_WM 与 x 轴正向夹角表示，记为 α，绕 z_W 轴逆时针旋转为正、顺时针旋转为负。云台中心为云台两正交转轴的交点，与圆轨的距离用 h 表示。摄像机坐标

系 O_C（x_C，y_C，z_C）原点在摄像机中心，z_C 为光轴方向，x_C 方向与俯仰轴平行，y_C 与 x_C、z_C构成右手系。

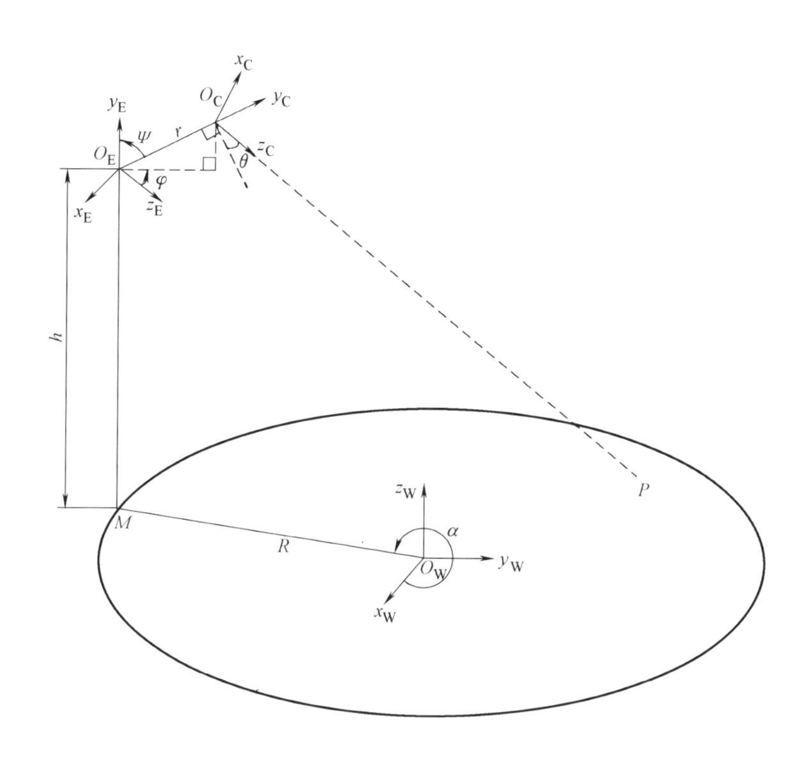

图 4-3　视觉平台的坐标系定义

摄像机坐标系到世界坐标系的变换矩阵为

$$
{}^{W}\boldsymbol{T}_{C}=\begin{pmatrix} t_{11} & t_{12} & t_{13} & t_{14} \\ t_{21} & t_{22} & t_{23} & t_{24} \\ t_{31} & t_{32} & t_{33} & t_{34} \\ 0 & 0 & 0 & 1 \end{pmatrix} \tag{4-1}
$$

式中，W、C 表示坐标系；矩阵的各元素分别为

$t_{11}=-\sin(\alpha+\varphi)$；

$t_{12}=\dfrac{\sin(\alpha+\varphi+\psi+\theta)-\sin(\alpha+\varphi-\psi-\theta)}{2}$；

$t_{13}=\dfrac{\cos(\alpha+\varphi+\psi+\theta)+\cos(\alpha+\varphi-\psi-\theta)}{-2}$；

$t_{14}=\dfrac{r}{2}[\sin(\alpha+\varphi-\psi)-\sin(\alpha+\varphi+\psi)]+R\cos\alpha$；

$t_{21}=\cos(\alpha+\varphi)$;

$t_{22}=\dfrac{\cos(\alpha+\varphi-\psi-\theta)-\cos(\alpha+\varphi+\psi+\theta)}{2}$;

$t_{23}=\dfrac{\sin(\alpha+\varphi-\psi-\theta)+\sin(\alpha+\varphi+\psi+\theta)}{-2}$;

$t_{24}=\dfrac{r}{2}[\cos(\alpha+\varphi+\psi)-\cos(\alpha+\varphi-\psi)]+R\sin\alpha$;

$t_{31}=0$;

$t_{32}=-\cos(\psi+\theta)$;

$t_{33}=-\sin(\psi+\theta)$;

$t_{34}=r\cos\psi+h$。

上述模型中，支链沿圆轨运动过程中云台中心形成的轨迹在 $x_W O_W y_W$ 平面的投影为圆，令 R 代表其半径，r 代表云台中心到摄像机光心的距离，亦称为云台的俯仰半径，θ 代表摄像机光轴与云台俯仰半径 $O_E O_C$ 的法平面的夹角，(R, r, θ) 为支链的结构参数。$(\alpha, h, \varphi, \psi)$ 为支链的控制参数，分别由小车电动机、丝杠电动机、云台水平电动机、云台俯仰电动机控制。$(\boldsymbol{X}_C, \boldsymbol{A})$ 代表摄像机位姿参数，即光心位置和光轴方向，其中 $\boldsymbol{X}_C=(x_C, y_C, z_C)^T$，$\boldsymbol{A}=(a, b, c)^T$，且 $\|\boldsymbol{A}\|=\sqrt{a^2+b^2+c^2}=1$。

4.3 视觉平台的位置正反解模型

机构位置正解就是在已知机构各控制参数 $(\alpha, h, \varphi, \psi)$ 的情况下计算摄像机的位姿 $(\boldsymbol{X}_C, \boldsymbol{A})$。由式（4-1）可直接得到：

$$\begin{cases}\boldsymbol{X}_C=\begin{pmatrix}\dfrac{r}{2}[\sin(\alpha+\varphi-\psi)-\sin(\alpha+\varphi+\psi)]+R\cos\alpha\\ \dfrac{r}{2}[\cos(\alpha+\varphi+\psi)-\cos(\alpha+\varphi-\psi)]+R\sin\alpha\\ r\cos\psi+h\end{pmatrix}\\ \boldsymbol{A}=\begin{pmatrix}\dfrac{\cos(\alpha+\varphi+\psi+\theta)+\cos(\alpha+\varphi-\psi-\theta)}{-2}\\ \dfrac{\sin(\alpha+\varphi-\psi-\theta)+\sin(\alpha+\varphi+\psi+\theta)}{-2}\\ -\sin(\psi+\theta)\end{pmatrix}\end{cases} \tag{4-2}$$

机构位置反解就是在已知$(\boldsymbol{X}_C, \boldsymbol{A})$的情况下计算机构各控制参数$(\alpha, h, \varphi, \psi)$。反解可由如下方程组求解得到。

$$\begin{cases}\frac{r}{2}[\sin(\alpha+\varphi-\psi)-\sin(\alpha+\varphi+\psi)]+R\cos\alpha=x_C\\ \frac{r}{2}[\cos(\alpha+\varphi+\psi)-\cos(\alpha+\varphi-\psi)]+R\sin\alpha=y_C\\ r\cos\psi+h=z_C\\ \frac{\cos(\alpha+\varphi+\psi+\theta)+\cos(\alpha+\varphi-\psi-\theta)}{-2}=a\\ \frac{\sin(\alpha+\varphi-\psi-\theta)+\sin(\alpha+\varphi+\psi+\theta)}{-2}=b\\ -\sin(\psi+\theta)=c\\ a^2+b^2+c^2=1\end{cases}$$

求解过程如下：

1）由 $-\sin(\psi+\theta)=c$，且 $-36°\leqslant\psi\leqslant36°$，则 $\psi=-\arcsin c-\theta$

2）由 $r\cos\psi+h=z_C$，且 $0<h_{min}\leqslant h\leqslant h_{max}$，则 $h=z_C-r\cos\psi=z_C-r\cos(\arcsin c+\theta)$

3）由 $\begin{cases}\frac{r}{2}[\sin(\alpha+\varphi-\psi)-\sin(\alpha+\varphi+\psi)]+R\cos\alpha=x_C\\ \frac{r}{2}[\cos(\alpha+\varphi+\psi)-\cos(\alpha+\varphi-\psi)]+R\sin\alpha=y_C\\ \frac{\cos(\alpha+\varphi+\psi+\theta)+\cos(\alpha+\varphi-\psi-\theta)}{-2}=a\\ \frac{\sin(\alpha+\varphi-\psi-\theta)+\sin(\alpha+\varphi+\psi+\theta)}{-2}=b\end{cases}$，则得：

$$\begin{cases}-r\cos(\alpha+\varphi)\sin\psi+R\cos\alpha=x_C & (\text{I})\\ -r\sin(\alpha+\varphi)\sin\psi+R\sin\alpha=y_C & (\text{II})\\ \cos(\alpha+\varphi)\cos(\psi+\theta)=-a & (\text{III})\\ \sin(\alpha+\varphi)\cos(\psi+\theta)=-b & (\text{IV})\end{cases}\tag{4-3}$$

由式(4-3)中的方程(Ⅰ)、(Ⅲ)可得：

$$\cos\alpha=\frac{x_C}{R}-\frac{ra}{R\cos(\psi+\theta)}\sin\psi=\frac{x_C}{R}+\frac{ra}{R\sqrt{1-c^2}}\sin(\arcsin c+\theta)$$

由式(4-3)中的方程(Ⅱ)、(Ⅳ)可得：

$$\sin\alpha=\frac{y_C}{R}-\frac{rb}{R\cos(\psi+\theta)}\sin\psi=\frac{y_C}{R}+\frac{rb}{R\sqrt{1-c^2}}\sin(\arcsin c+\theta)$$

由于 $0\leqslant\alpha<2\pi$，则

$$\alpha=\begin{cases}\arccos\left[\dfrac{x_C}{R}+\dfrac{ra}{R\sqrt{1-c^2}}\sin(\arcsin c+\theta)\right] & \sin\alpha\geqslant 0\\ \pi-\arcsin\left[\dfrac{y_C}{R}+\dfrac{rb}{R\sqrt{1-c^2}}\sin(\arcsin c+\theta)\right] & \sin\alpha<0,\ \cos\alpha<0\\ 2\pi+\arcsin\left[\dfrac{y_C}{R}+\dfrac{rb}{R\sqrt{1-c^2}}\sin(\arcsin c+\theta)\right] & \sin\alpha<0,\ \cos\alpha\geqslant 0\end{cases}$$

4）由式(4-3)中的方程(Ⅲ)、(Ⅳ)可得：

$$\begin{cases}\sin\varphi=\dfrac{a\left[\dfrac{y_C}{R}+\dfrac{rb}{R\sqrt{1-c^2}}\sin(\arcsin c+\theta)\right]-b\left[\dfrac{x_C}{R}+\dfrac{ra}{R\sqrt{1-c^2}}\sin(\arcsin c+\theta)\right]}{\sqrt{1-c^2}}\\ \cos\varphi=\dfrac{a\left[\dfrac{x_C}{R}+\dfrac{ra}{R\sqrt{1-c^2}}\sin(\arcsin c+\theta)\right]+b\left[\dfrac{y_C}{R}+\dfrac{rb}{R\sqrt{1-c^2}}\sin(\arcsin c+\theta)\right]}{-\sqrt{1-c^2}}\end{cases}$$

化简得：
$$\begin{cases}\sin\varphi=\dfrac{ay_C-bx_C}{R\sqrt{1-c^2}}\\ \cos\varphi=\dfrac{by_C+ax_C}{R\sqrt{1-c^2}}-\dfrac{ra^2+rb^2}{R(1-c^2)}\sin(\arcsin c+\theta)\end{cases}$$

由于 $-\dfrac{\pi}{2}\leqslant\varphi_{\min}\leqslant\varphi\leqslant\varphi_{\max}<\dfrac{\pi}{2}$，则

$$\varphi=\arccos\left[\frac{by_C+ax_C}{-R\sqrt{1-c^2}}+\frac{ra^2+rb^2}{-R(1-c^2)}\sin(\arcsin c+\theta)\right]$$

综上所述，位置反解模型如下：

$$\begin{cases}\alpha=\begin{cases}\arccos\left[\dfrac{x_C}{R}+\dfrac{ra}{R\sqrt{1-c^2}}\sin(\arcsin c+\theta)\right] & 0\leqslant\alpha\leqslant\pi\\ \pi-\arcsin\left[\dfrac{y_C}{R}+\dfrac{rb}{R\sqrt{1-c^2}}\sin(\arcsin c+\theta)\right] & \pi<\alpha<\dfrac{3\pi}{2}\\ 2\pi+\arcsin\left[\dfrac{y_C}{R}+\dfrac{rb}{R\sqrt{1-c^2}}\sin(\arcsin c+\theta)\right] & \dfrac{3\pi}{2}\leqslant\alpha<2\pi\end{cases}\\ h=z_C-r\cos(-\arcsin c-\theta) \qquad 0<h_{\min}\leqslant h\leqslant h_{\max}\\ \varphi=\arccos\left[-\dfrac{by_C+ax_C}{R\sqrt{1-c^2}}-\dfrac{ra^2+rb^2}{R(1-c^2)}\sin(\arcsin c+\theta)\right]\\ \qquad -\dfrac{\pi}{2}<\varphi_{\min}\leqslant\varphi\leqslant\varphi_{\max}<\dfrac{\pi}{2}\\ \psi=-\arcsin c-\theta \qquad -\dfrac{\pi}{2}<\psi_{\min}\leqslant\psi\leqslant\psi_{\max}<\dfrac{\pi}{2}\end{cases} \tag{4-4}$$

4.4 视觉平台的速度正反解模型

令系统控制参数向量 $\boldsymbol{q}=(\alpha, h, \varphi, \psi)^{\mathrm{T}}$，摄像机位置参数 $\boldsymbol{X}_{\mathrm{C}}=(x_{\mathrm{C}}, y_{\mathrm{C}}, z_{\mathrm{C}})^{\mathrm{T}}$，摄像机方向向量 $\boldsymbol{A}=(a, b, c)^{\mathrm{T}}$，令 $\boldsymbol{X}=(X_{\mathrm{C}}^{\mathrm{T}}, A^{\mathrm{T}})^{\mathrm{T}}$ 代表系统的位姿参数。根据前面运动学分析，则由式(4-2)求导可推得系统的位姿参数的速度向量与系统控制参数速度向量的关系，即系统速度正解模型，简记为

$$\dot{\boldsymbol{X}}_{\mathrm{C}}=\boldsymbol{J}^{\mathrm{C}}\cdot\dot{\boldsymbol{q}} \tag{4-5}$$

$$\dot{\boldsymbol{A}}=\boldsymbol{J}^{\mathrm{A}}\cdot\dot{\boldsymbol{q}} \tag{4-6}$$

式中，$\boldsymbol{J}^{\mathrm{C}}$ 和 $\boldsymbol{J}^{\mathrm{A}}$ 均为 3×4 矩阵，$\boldsymbol{J}^{\mathrm{C}}$ 各元素 $\{J_{\mathrm{ij}}^{\mathrm{C}}\}$ 分别为

$$J_{11}^{\mathrm{C}}=\frac{r}{2}[-\cos(\alpha+\varphi+\psi)+\cos(\alpha+\varphi-\psi)]-R\sin\alpha;$$

$$J_{12}^{\mathrm{C}}=0;$$

$$J_{13}^{\mathrm{C}}=\frac{r}{2}[-\cos(\alpha+\varphi+\psi)+\cos(\alpha+\varphi-\psi)];$$

$$J_{14}^{\mathrm{C}}=-\frac{r}{2}[\cos(\alpha+\varphi+\psi)+\cos(\alpha+\varphi-\psi)];$$

$$J_{21}^{\mathrm{C}}=\frac{r}{2}[-\sin(\alpha+\varphi+\psi)+\sin(\alpha+\varphi-\psi)]+R\cos\alpha;$$

$$J_{22}^{\mathrm{C}}=0;$$

$$J_{23}^{\mathrm{C}}=\frac{r}{2}[-\sin(\alpha+\varphi+\psi)+\sin(\alpha+\varphi-\psi)];$$

$$J_{24}^{\mathrm{C}}=-\frac{r}{2}[\sin(\alpha+\varphi+\psi)+\sin(\alpha+\varphi-\psi)];$$

$$J_{31}^{\mathrm{C}}=0;$$

$$J_{32}^{\mathrm{C}}=1;$$

$$J_{33}^{\mathrm{C}}=0;$$

$$J_{34}^{\mathrm{C}}=-r\sin\psi。$$

$\boldsymbol{J}^{\mathrm{A}}$ 各元素 $\{J_{\mathrm{ij}}^{\mathrm{A}}\}$ 分别为

$$J_{11}^{\mathrm{A}}=\frac{\sin(\alpha+\varphi+\psi+\theta)+\sin(\alpha+\varphi-\psi-\theta)}{2};$$

$$J_{12}^{\mathrm{A}}=0;$$

$$J_{13}^{\mathrm{A}}=\frac{\sin(\alpha+\varphi+\psi+\theta)+\sin(\alpha+\varphi-\psi-\theta)}{2};$$

$$J_{14}^{\mathrm{A}}=\frac{\sin(\alpha+\varphi+\psi+\theta)-\sin(\alpha+\varphi-\psi-\theta)}{2};$$

$$J_{21}^{A}=\frac{\cos(\alpha+\varphi+\psi+\theta)+\cos(\alpha+\varphi-\psi-\theta)}{-2};$$

$$J_{22}^{A}=0;$$

$$J_{23}^{A}=\frac{\cos(\alpha+\varphi+\psi+\theta)+\cos(\alpha+\varphi-\psi-\theta)}{-2};$$

$$J_{24}^{A}=\frac{\cos(\alpha+\varphi+\psi+\theta)-\cos(\alpha+\varphi-\psi-\theta)}{-2};$$

$$J_{31}^{A}=0;$$

$$J_{32}^{A}=0;$$

$$J_{33}^{A}=0;$$

$$J_{34}^{A}=-\cos(\psi+\theta)。$$

进而视觉系统运动速度正解模型为

$$\dot{\boldsymbol{X}}=\begin{pmatrix}\boldsymbol{J}^{C}\\ \boldsymbol{J}^{A}\end{pmatrix}\dot{\boldsymbol{q}}=\boldsymbol{J}\dot{\boldsymbol{q}} \tag{4-7}$$

若已知系统的位姿速度，可以反解出系统控制参数的速度，其过程为速度反解。速度反解运算可以通过对式(4-4)所示的位置反解模型进行求导运算推得

$$\dot{\boldsymbol{q}}=\begin{pmatrix}\dot{\alpha}\\ \dot{h}\\ \dot{\varphi}\\ \dot{\psi}\end{pmatrix}=\begin{pmatrix}J_{11}^{inv} & J_{12}^{inv} & J_{13}^{inv} & J_{14}^{inv} & J_{15}^{inv} & J_{16}^{inv}\\ J_{21}^{inv} & J_{22}^{inv} & J_{23}^{inv} & J_{24}^{inv} & J_{25}^{inv} & J_{26}^{inv}\\ J_{31}^{inv} & J_{32}^{inv} & J_{33}^{inv} & J_{34}^{inv} & J_{35}^{inv} & J_{36}^{inv}\\ J_{41}^{inv} & J_{42}^{inv} & J_{43}^{inv} & J_{44}^{inv} & J_{45}^{inv} & J_{46}^{inv}\end{pmatrix}\begin{pmatrix}\dot{x}_{C}\\ \dot{y}_{C}\\ \dot{z}_{C}\\ \dot{a}\\ \dot{b}\\ \dot{c}\end{pmatrix}=\boldsymbol{J}^{inv}\cdot\dot{\boldsymbol{X}} \tag{4-8}$$

式中各行元素定义如下：

1) $\boldsymbol{J}^{inv}$首行数据$\boldsymbol{J}_{1j}^{inv}(j=1,2,\cdots,6)$分两种情形：

若 $\cos\alpha=\dfrac{x_{C}}{R}+\dfrac{ra}{R\sqrt{1-c^{2}}}\sin(\arcsin c+\theta)\neq 0$，则：

$$J_{11}^{inv}=0;$$

$$J_{12}^{inv}=\frac{\sqrt{1-c^{2}}}{x_{C}\sqrt{1-c^{2}}+ra\sin(\arcsin c+\theta)};$$

$$J_{13}^{inv}=0;$$

$$J_{14}^{inv}=0;$$

$$J_{15}^{\text{inv}}=\frac{r\sin(\arcsin c+\theta)}{x_{\text{C}}\sqrt{1-c^2}+ra\sin(\arcsin c+\theta)};$$

$$J_{16}^{\text{inv}}=\frac{rbc\sin(\arcsin c+\theta)+rb\sqrt{1-c^2}\cos(\arcsin c+\theta)}{x_{\text{C}}(1-c^2)^{3/2}+ra(1-c^2)\sin(\arcsin c+\theta)};$$

若 $\sin\alpha=\frac{y_{\text{C}}}{R}+\frac{rb}{R\sqrt{1-c^2}}\sin(\arcsin c+\theta)\neq 0$，则：

$$J_{11}^{\text{inv}}=\frac{-\sqrt{1-c^2}}{y_{\text{C}}\sqrt{1-c^2}+rb\sin(\arcsin c+\theta)};$$

$$J_{12}^{\text{inv}}=0;$$

$$J_{13}^{\text{inv}}=0;$$

$$J_{14}^{\text{inv}}=\frac{-r\sin(\arcsin c+\theta)}{y_{\text{C}}\sqrt{1-c^2}+rb\sin(\arcsin c+\theta)};$$

$$J_{15}^{\text{inv}}=0;$$

$$J_{16}^{\text{inv}}=\frac{-rac\sin(\arcsin c+\theta)-ra\sqrt{1-c^2}\cos(\arcsin c+\theta)}{y_{\text{C}}(1-c^2)^{3/2}+rb(1-c^2)\sin(\arcsin c+\theta)}。$$

2）J^{inv}第二行数据 $J_{2j}^{\text{inv}}(j=1,2,\cdots,6)$数据如下：

$J_{21}^{\text{inv}}=0$；$J_{22}^{\text{inv}}=0$；$J_{23}^{\text{inv}}=1$；$J_{24}^{\text{inv}}=0$；$J_{25}^{\text{inv}}=0$；$J_{26}^{\text{inv}}=\frac{r\sin(\arcsin c+\theta)}{\sqrt{1-c^2}}$。

3）J^{inv}第三行数据 $J_{3j}^{\text{inv}}(j=1,2,\cdots,6)$数据如下：

$$J_{31}^{\text{inv}}=\frac{b}{by_{\text{C}}+ax_{\text{C}}+\frac{ra^2+rb^2}{\sqrt{1-c^2}}\sin(\arcsin c+\theta)};$$

$$J_{32}^{\text{inv}}=\frac{-a}{by_{\text{C}}+ax_{\text{C}}+\frac{ra^2+rb^2}{\sqrt{1-c^2}}\sin(\arcsin c+\theta)};$$

$$J_{33}^{\text{inv}}=0;$$

$$J_{34}^{\text{inv}}=\frac{-y_{\text{C}}}{by_{\text{C}}+ax_{\text{C}}+\frac{ra^2+rb^2}{\sqrt{1-c^2}}\sin(\arcsin c+\theta)};$$

$$J_{35}^{\text{inv}}=\frac{x_{\text{C}}}{by_{\text{C}}+ax_{\text{C}}+\frac{ra^2+rb^2}{\sqrt{1-c^2}}\sin(\arcsin c+\theta)};$$

$$J_{36}^{\mathrm{inv}}=\frac{\dfrac{-a_{\mathrm{C}}y_{\mathrm{C}}+b_{\mathrm{C}}x_{\mathrm{C}}}{1-c^2}}{by_{\mathrm{C}}+ax_{\mathrm{C}}+\dfrac{ra^2+rb^2}{\sqrt{1-c^2}}\sin(\arcsin c+\theta)}。$$

4）J^{inv}第四行数据 $J_{4j}^{\mathrm{inv}}(j=1，2，\cdots，6)$数据如下：

$J_{41}^{\mathrm{inv}}=0$；$J_{42}^{\mathrm{inv}}=0$；$J_{43}^{\mathrm{inv}}=1$；$J_{44}^{\mathrm{inv}}=0$；$J_{45}^{\mathrm{inv}}=0$；$J_{46}^{\mathrm{inv}}=\dfrac{-1}{\sqrt{1-c^2}}$。

4.5 视觉平台的加速度正反解模型

加速度正解分析并研究视觉系统在已知系统控制参数加速度的情况下，光轴位姿参数的加速度变化，通过对视觉系统速度正解模型（见式(4-7)）进行求导运算推得。

首先，对式(4-5)两边求导：

$$\ddot{\boldsymbol{X}}_{\mathrm{C}}=\dot{\boldsymbol{q}}^{\mathrm{T}}\circ\boldsymbol{Q}^{\mathrm{C}}\circ\dot{\boldsymbol{q}}+\boldsymbol{J}^{\mathrm{C}}\ddot{\boldsymbol{q}} \tag{4-9}$$

式中，$\boldsymbol{Q}^{\mathrm{C}}=(\boldsymbol{Q}^{\mathrm{C1}}；\boldsymbol{Q}^{\mathrm{C2}}；\boldsymbol{Q}^{\mathrm{C3}})$；$\boldsymbol{Q}^{\mathrm{C}i}$为 4×4 矩阵；$\dot{\boldsymbol{q}}^{\mathrm{T}}\circ\boldsymbol{Q}^{\mathrm{C}}\circ\dot{\boldsymbol{q}}=\begin{pmatrix}\dot{\boldsymbol{q}}^{\mathrm{T}}Q^{\mathrm{C1}}\dot{\boldsymbol{q}}\\ \dot{\boldsymbol{q}}^{\mathrm{T}}Q^{\mathrm{C2}}\dot{\boldsymbol{q}}\\ \dot{\boldsymbol{q}}^{\mathrm{T}}Q^{\mathrm{C3}}\dot{\boldsymbol{q}}\end{pmatrix}$，并且

$$\boldsymbol{Q}^{\mathrm{C1}}=$$

$$\begin{pmatrix}\frac{r}{2}[\sin(\alpha+\varphi+\psi)-\sin(\alpha+\varphi-\psi)]-R\cos\alpha & 0 & \frac{r}{2}[\sin(\alpha+\varphi+\psi)-\sin(\alpha+\varphi-\psi)] & \frac{r}{2}[\sin(\alpha+\varphi+\psi)+\sin(\alpha+\varphi-\psi)]\\ 0 & 0 & 0 & 0\\ \frac{r}{2}[\sin(\alpha+\varphi+\psi)-\sin(\alpha+\varphi-\psi)] & 0 & \frac{r}{2}[.\sin(\alpha+\varphi+\psi)-\sin(\alpha+\varphi-\psi)] & \frac{r}{2}[\sin(\alpha+\varphi+\psi)+\sin(\alpha+\varphi-\psi)]\\ \frac{r}{2}[\sin(\alpha+\varphi+\psi)+\sin(\alpha+\varphi-\psi)] & 0 & \frac{r}{2}[\sin(\alpha+\varphi+\psi)+\sin(\alpha+\varphi-\psi)] & \frac{r}{2}[\sin(\alpha+\varphi+\psi)-\sin(\alpha+\varphi-\psi)]\end{pmatrix},$$

$$
\boldsymbol{Q}^{\mathrm{C2}}=
\begin{pmatrix}
\frac{r}{2}[-\cos(\alpha+\varphi+\psi)+\cos(\alpha+\varphi-\psi)]-R\sin\alpha & 0 & \frac{r}{2}[-\cos(\alpha+\varphi+\psi)+\cos(\alpha+\varphi-\psi)] & -\frac{r}{2}[\cos(\alpha+\varphi+\psi)+\cos(\alpha+\varphi-\psi)] \\
0 & 0 & 0 & 0 \\
\frac{r}{2}[-\cos(\alpha+\varphi+\psi)+\cos(\alpha+\varphi-\psi)] & 0 & \frac{r}{2}[-\cos(\alpha+\varphi+\psi)+\cos(\alpha+\varphi-\psi)] & -\frac{r}{2}[\cos(\alpha+\varphi+\psi)+\cos(\alpha+\varphi-\psi)] \\
-\frac{r}{2}[\cos(\alpha+\varphi+\psi)+\cos(\alpha+\varphi-\psi)] & 0 & -\frac{r}{2}[\cos(\alpha+\varphi+\psi)+\cos(\alpha+\varphi-\psi)] & -\frac{r}{2}[\cos(\alpha+\varphi+\psi)-\cos(\alpha+\varphi-\psi)]
\end{pmatrix},
$$

$$
\boldsymbol{Q}^{\mathrm{C3}}=\begin{pmatrix}0&0&0&0\\0&0&0&0\\0&0&0&0\\0&0&0&-r\cos\psi\end{pmatrix}。
$$

其次，对式(4-6)两边求导：

$$
\ddot{\boldsymbol{A}}=\boldsymbol{q}^{\mathrm{T}}\circ\boldsymbol{Q}^{\mathrm{A}}\circ\dot{\boldsymbol{q}}+\boldsymbol{J}^{\mathrm{A}}\ddot{\boldsymbol{q}} \tag{4-10}
$$

式中，$\boldsymbol{Q}^{\mathrm{A}}=(\boldsymbol{Q}^{\mathrm{A1}};\ \boldsymbol{Q}^{\mathrm{A2}};\ \boldsymbol{Q}^{\mathrm{A3}})$；$\boldsymbol{Q}^{\mathrm{C}i}$为 4×4 矩阵；$\dot{\boldsymbol{q}}^{\mathrm{T}}\circ\boldsymbol{Q}^{\mathrm{A}}\circ\dot{\boldsymbol{q}}=\begin{pmatrix}\dot{\boldsymbol{q}}^{\mathrm{T}}\boldsymbol{Q}^{\mathrm{A1}}\dot{\boldsymbol{q}}\\\dot{\boldsymbol{q}}^{\mathrm{T}}\boldsymbol{Q}^{\mathrm{A2}}\dot{\boldsymbol{q}}\\\dot{\boldsymbol{q}}^{\mathrm{T}}\boldsymbol{Q}^{\mathrm{A3}}\dot{\boldsymbol{q}}\end{pmatrix}$；

$$
\boldsymbol{Q}^{\mathrm{A1}}=
\begin{pmatrix}
\frac{\cos(\alpha+\varphi+\psi+\theta)+\cos(\alpha+\varphi-\psi-\theta)}{2} & 0 & \frac{\cos(\alpha+\varphi+\psi+\theta)+\cos(\alpha+\varphi-\psi-\theta)}{2} & \cdots \\
0 & 0 & 0 & \cdots \\
\frac{\cos(\alpha+\varphi+\psi+\theta)+\cos(\alpha+\varphi-\psi-\theta)}{2} & 0 & \frac{\cos(\alpha+\varphi+\psi+\theta)+\cos(\alpha+\varphi-\psi-\theta)}{2} & \cdots \\
\frac{\cos(\alpha+\varphi+\psi+\theta)-\cos(\alpha+\varphi-\psi-\theta)}{2} & 0 & \frac{\cos(\alpha+\varphi+\psi+\theta)-\cos(\alpha+\varphi-\psi-\theta)}{2} & \cdots
\end{pmatrix}
$$

$$\left.\begin{matrix}\dfrac{\cos(\alpha+\varphi+\psi+\theta)-\cos(\alpha+\varphi-\psi-\theta)}{2}\\ 0\\ \dfrac{\cos(\alpha+\varphi+\psi+\theta)-\cos(\alpha+\varphi-\psi-\theta)}{2}\\ \dfrac{\cos(\alpha+\varphi+\psi+\theta)+\cos(\alpha+\varphi-\psi-\theta)}{2}\end{matrix}\right),$$

$$\boldsymbol{Q}^{\mathrm{A2}}=$$

$$\begin{pmatrix}\dfrac{\sin(\alpha+\varphi+\psi+\theta)+\sin(\alpha+\varphi-\psi-\theta)}{2} & 0 & \dfrac{\sin(\alpha+\varphi+\psi+\theta)+\sin(\alpha+\varphi-\psi-\theta)}{2} & \dfrac{\sin(\alpha+\varphi+\psi+\theta)-\sin(\alpha+\varphi-\psi-\theta)}{2}\\ 0 & 0 & 0 & 0\\ \dfrac{\sin(\alpha+\varphi+\psi+\theta)+\sin(\alpha+\varphi-\psi-\theta)}{2} & 0 & \dfrac{\sin(\alpha+\varphi+\psi+\theta)+\sin(\alpha+\varphi-\psi-\theta)}{2} & \dfrac{\sin(\alpha+\varphi+\psi+\theta)-\sin(\alpha+\varphi-\psi-\theta)}{2}\\ \dfrac{\sin(\alpha+\varphi+\psi+\theta)-\sin(\alpha+\varphi-\psi-\theta)}{2} & 0 & \dfrac{\sin(\alpha+\varphi+\psi+\theta)-\sin(\alpha+\varphi-\psi-\theta)}{2} & \dfrac{\sin(\alpha+\varphi+\psi+\theta)+\sin(\alpha+\varphi-\psi-\theta)}{2}\end{pmatrix},$$

$$\boldsymbol{Q}^{\mathrm{A3}}=\begin{pmatrix}0&0&0&0\\0&0&0&0\\0&0&0&0\\0&0&0&\sin(\psi+\theta)\end{pmatrix}。$$

综合式(4-9)、式(4-10),视觉系统运动加速度正解模型:

$$\ddot{\boldsymbol{X}}=\dot{\boldsymbol{q}}^{\mathrm{T}}\circ\begin{pmatrix}\boldsymbol{Q}^{\mathrm{C}}\\ \boldsymbol{Q}^{\mathrm{A}}\end{pmatrix}\circ\dot{\boldsymbol{q}}+\begin{pmatrix}\boldsymbol{J}^{\mathrm{C}}\\ \boldsymbol{J}^{\mathrm{A}}\end{pmatrix}\ddot{\boldsymbol{q}} \tag{4-11}$$

加速度反解分析研究视觉系统在已知光轴位姿参数的加速度情况下,系统控制参数加速度变化,通过对速度反解模型式(4-8)进行求导运算推得:

$$\ddot{\boldsymbol{q}} = \begin{pmatrix} \ddot{\alpha} \\ \ddot{h} \\ \ddot{\varphi} \\ \ddot{\psi} \end{pmatrix} = \dot{\boldsymbol{X}}^{\mathrm{T}} \circ \boldsymbol{W}^{\mathrm{inv}} \circ \dot{\boldsymbol{X}} + \boldsymbol{J}^{\mathrm{inv}} \ddot{\boldsymbol{X}} \tag{4-12}$$

式中，$\boldsymbol{W}^{\mathrm{inv}}$ 为$\begin{pmatrix} \boldsymbol{W}^1 \\ \boldsymbol{W}^2 \\ \boldsymbol{W}^3 \\ \boldsymbol{W}^4 \end{pmatrix}$，$\boldsymbol{W}^k(k=1,2,\cdots,4)$ 为 6×6 矩阵；$\dot{\boldsymbol{X}}^{\mathrm{T}} \circ \boldsymbol{W}^{\mathrm{inv}} \circ \dot{\boldsymbol{X}} = \begin{pmatrix} \dot{\boldsymbol{X}}^{\mathrm{T}} W^1 \dot{\boldsymbol{X}} \\ \dot{\boldsymbol{X}}^{\mathrm{T}} W^2 \dot{\boldsymbol{X}} \\ \dot{\boldsymbol{X}}^{\mathrm{T}} W^3 \dot{\boldsymbol{X}} \\ \dot{\boldsymbol{X}}^{\mathrm{T}} W^4 \dot{\boldsymbol{X}} \end{pmatrix}$。

下面为 $\boldsymbol{W}^{\mathrm{inv}}$ 各子阵的计算方法：

1）$\boldsymbol{W}^1 = \{w_{ij}^1\}, i,j = 1,2,\cdots,6$ 由 J^{inv} 的第一行决定。分两种情形：

当 $\cos\alpha = \dfrac{x_C}{R} + \dfrac{ra}{R\sqrt{1-c^2}}\sin(\arcsin c + \theta) \neq 0$ 时，

$$w_{21}^1 = \frac{-1+c^2}{[x_C\sqrt{1-c^2} + ra\sin(\arcsin c+\theta)]^2}$$

$$w_{24}^1 = \frac{-r\sqrt{1-c^2}\sin(\arcsin c+\theta)}{[x_C\sqrt{1-c^2} + ra\sin(\arcsin c+\theta)]^2}$$

$$w_{26}^1 = \frac{cx_C - ra\cos(\arcsin c+\theta)}{[x_C\sqrt{1-c^2} + ra\sin(\arcsin c+\theta)]^2} + \frac{-c}{x_C(1-c^2) + \sqrt{1-c^2}\,ra\sin(\arcsin c+\theta)}$$

$$w_{51}^1 = \frac{-r\sin(\arcsin c+\theta)\sqrt{1-c^2}}{[x_C\sqrt{1-c^2} + ra\sin(\arcsin c+\theta)]^2}$$

$$w_{54}^1 = \frac{-r^2\sin^2(\arcsin c+\theta)}{[x_C\sqrt{1-c^2} + ra\sin(\arcsin c+\theta)]^2}$$

$$w_{56}^1 = \frac{r\sin(\arcsin c+\theta)\dfrac{[-cx_C + ra\cos(\arcsin c+\theta)]}{\sqrt{1-c^2}}}{[x_C\sqrt{1-c^2} + ra\sin(\arcsin c+\theta)]^2} + \frac{r\cos(\arcsin c+\theta)}{x_C(1-c^2) + \sqrt{1-c^2}\,ra\sin(\arcsin c+\theta)}$$

$$w_{61}^{1} = -\frac{rbc\sin(\arcsin c+\theta)+rb\sqrt{1-c^{2}}\cos(\arcsin c+\theta)}{[x_{C}(1-c^{2})^{3/2}+ra(1-c^{2})\sin(\arcsin c+\theta)]^{2}}(1-c^{2})^{3/2}$$

$$w_{64}^{1} = -\frac{rbc\sin(\arcsin c+\theta)+rb\sqrt{1-c^{2}}\cos(\arcsin c+\theta)}{[x_{C}(1-c^{2})^{3/2}+ra(1-c^{2})\sin(\arcsin c+\theta)]^{2}}r\cdot (1-c^{2})\sin(\arcsin c+\theta)$$

$$w_{65}^{1} = \frac{rc\sin(\arcsin c+\theta)+r\sqrt{1-c^{2}}\cos(\arcsin c+\theta)}{x_{C}(1-c^{2})^{3/2}+ra(1-c^{2})\sin(\arcsin c+\theta)}$$

$$w_{66}^{1} = [rbc\sin(\arcsin c+\theta)+rb\sqrt{1-c^{2}}\cos(\arcsin c+\theta)][3cx_{C}\sqrt{1-c^{2}}+2rac\sin(\arcsin c+\theta)-ra\sqrt{1-c^{2}}\cos(\arcsin c+\theta)]/[x_{C}(1-c^{2})^{3/2}+ra(1-c^{2})\sin(\arcsin c+\theta)]^{2}$$

除以上元素外,其他元素 $w_{ij}^{1}=0$。

当 $\sin\alpha=\frac{y_{C}}{R}+\frac{rb}{R\sqrt{1-c^{2}}}\sin(\arcsin c+\theta)\neq 0$ 时,

$$w_{12}^{1} = \frac{1-c^{2}}{[y_{C}\sqrt{1-c^{2}}+rb\sin(\arcsin c+\theta)]^{2}}$$

$$w_{15}^{1} = \frac{r\sqrt{1-c^{2}}\sin(\arcsin c+\theta)}{[y_{C}\sqrt{1-c^{2}}+rb\sin(\arcsin c+\theta)]^{2}}$$

$$w_{16}^{1} = \frac{rb[c\sin(\arcsin c+\theta)+\sqrt{1-c^{2}}\cos(\arcsin c+\theta)]}{\sqrt{1-c^{2}}[y_{C}\sqrt{1-c^{2}}+rb\sin(\arcsin c+\theta)]^{2}}$$

$$w_{42}^{1} = \frac{r\sin(\arcsin c+\theta)\sqrt{1-c^{2}}}{[y_{C}\sqrt{1-c^{2}}+rb\sin(\arcsin c+\theta)]^{2}}$$

$$w_{45}^{1} = \frac{r^{2}\sin^{2}(\arcsin c+\theta)}{[y_{C}\sqrt{1-c^{2}}+rb\sin(\arcsin c+\theta)]^{2}}$$

$$w_{46}^{1} = \frac{-ry_{C}[c\sin(\arcsin c+\theta)+\sqrt{1-c^{2}}\cos(\arcsin c+\theta)]}{\sqrt{1-c^{2}}[y_{C}\sqrt{1-c^{2}}+rb\sin(\arcsin c+\theta)]^{2}}$$

$$w_{62}^{1} = ra(1-c^{2})^{3/2}\frac{c\sin(\arcsin c+\theta)+\sqrt{1-c^{2}}\cos(\arcsin c+\theta)}{[y_{C}(1-c^{2})^{3/2}+rb(1-c^{2})\sin(\arcsin c+\theta)]^{2}}$$

$$w_{64}^{1} = \frac{-rc\sin(\arcsin c+\theta)-r\sqrt{1-c^{2}}\cos(\arcsin c+\theta)}{y_{C}(1-c^{2})^{3/2}+rb(1-c^{2})\sin(\arcsin c+\theta)}$$

$$w_{65}^{1} = r^{2}a(1-c^{2})\sin(\arcsin c+\theta)\cdot \frac{c\sin(\arcsin c+\theta)+\sqrt{1-c^{2}}\cos(\arcsin c+\theta)}{[y_{C}(1-c^{2})^{3/2}+rb(1-c^{2})\sin(\arcsin c+\theta)]^{2}}$$

$$w_{66}^{1}=ra\left[-3cy_{C}\sqrt{1-c^{2}}-2rbc\sin(\arcsin c+\theta)+rb\sqrt{1-c^{2}}\cos(\arcsin c+\theta)\right]\cdot\frac{c\sin(\arcsin c+\theta)+\sqrt{1-c^{2}}\cos(\arcsin c+\theta)}{\left[y_{C}(1-c^{2})^{3/2}+rb(1-c^{2})\sin(\arcsin c+\theta)\right]^{2}}$$

除以上元素外,其他元素 $w_{ij}^{1}=0$。

2) $\boldsymbol{W}^{2}=\{w_{ij}^{2}\},i,j=1,2,\cdots,6$ 由 J^{inv} 的第二行决定。

$$w_{66}^{2}=\frac{-rc\sin(\arcsin c+\theta)-r\sqrt{1-c^{2}}\cos(\arcsin c+\theta)}{(1-c^{2})^{3/2}}$$

除以上元素外,其他元素 $w_{ij}^{2}=0$。

3) $\boldsymbol{W}^{3}=\{w_{ij}^{3}\},i,j=1,2,\cdots,6$ 由 J^{inv} 的第三行决定。

$$w_{11}^{3}=\frac{-ab}{\left[by_{C}+ax_{C}+\frac{ra^{2}+rb^{2}}{\sqrt{1-c^{2}}}\sin(\arcsin c+\theta)\right]^{2}}$$

$$w_{12}^{3}=\frac{-b^{2}}{\left[by_{C}+ax_{C}+\frac{ra^{2}+rb^{2}}{\sqrt{1-c^{2}}}\sin(\arcsin c+\theta)\right]^{2}}$$

$$w_{14}^{3}=\frac{-bx_{C}-\frac{2rab}{\sqrt{1-c^{2}}}\sin(\arcsin c+\theta)}{\left[by_{C}+ax_{C}+\frac{ra^{2}+rb^{2}}{\sqrt{1-c^{2}}}\sin(\arcsin c+\theta)\right]^{2}}$$

$$w_{15}^{3}=\frac{-by_{C}-\frac{2rb^{2}}{\sqrt{1-c^{2}}}\sin(\arcsin c+\theta)}{\left[by_{C}+ax_{C}+\frac{ra^{2}+rb^{2}}{\sqrt{1-c^{2}}}\sin(\arcsin c+\theta)\right]^{2}}$$

$$w_{16}^{3}=\frac{-rb\frac{a^{2}+b^{2}}{(1-c^{2})^{3/2}}\left[\sqrt{1-c^{2}}\cos(\arcsin c+\theta)+c\sin(\arcsin c+\theta)\right]}{\left[by_{C}+ax_{C}+\frac{ra^{2}+rb^{2}}{\sqrt{1-c^{2}}}\sin(\arcsin c+\theta)\right]^{2}}$$

$$w_{21}^{3}=\frac{a^{2}}{\left[by_{C}+ax_{C}+\frac{ra^{2}+rb^{2}}{\sqrt{1-c^{2}}}\sin(\arcsin c+\theta)\right]^{2}}$$

$$w_{22}^{3}=\frac{ab}{\left[by_{C}+ax_{C}+\frac{ra^{2}+rb^{2}}{\sqrt{1-c^{2}}}\sin(\arcsin c+\theta)\right]^{2}}$$

$$w_{24}^{3}=\frac{ax_{C}+\frac{2ra^{2}}{\sqrt{1-c^{2}}}\sin(\arcsin c+\theta)}{\left[by_{C}+ax_{C}+\frac{ra^{2}+rb^{2}}{\sqrt{1-c^{2}}}\sin(\arcsin c+\theta)\right]^{2}}$$

$$w_{25}^{3}=\frac{ay_{C}+\frac{2rab}{\sqrt{1-c^{2}}}\sin(\arcsin c+\theta)}{\left[by_{C}+ax_{C}+\frac{ra^{2}+rb^{2}}{\sqrt{1-c^{2}}}\sin(\arcsin c+\theta)\right]^{2}}$$

$$w_{26}^{3}=\frac{ra\frac{a^{2}+b^{2}}{(1-c^{2})^{3/2}}\left[\sqrt{1-c^{2}}\cos(\arcsin c+\theta)+c\sin(\arcsin c+\theta)\right]}{\left[by_{C}+ax_{C}+\frac{ra^{2}+rb^{2}}{\sqrt{1-c^{2}}}\sin(\arcsin c+\theta)\right]^{2}}$$

$$w_{41}^{3}=\frac{ay_{C}}{\left[by_{C}+ax_{C}+\frac{ra^{2}+rb^{2}}{\sqrt{1-c^{2}}}\sin(\arcsin c+\theta)\right]^{2}}$$

$$w_{42}^{3}=\frac{-ax_{C}-\frac{ra^{2}+rb^{2}}{\sqrt{1-c^{2}}}\sin(\arcsin c+\theta)}{\left[by_{C}+ax_{C}+\frac{ra^{2}+rb^{2}}{\sqrt{1-c^{2}}}\sin(\arcsin c+\theta)\right]^{2}}$$

$$w_{44}^{3}=\frac{x_{C}y_{C}+\frac{2ray_{C}}{\sqrt{1-c^{2}}}\sin(\arcsin c+\theta)}{\left[by_{C}+ax_{C}+\frac{ra^{2}+rb^{2}}{\sqrt{1-c^{2}}}\sin(\arcsin c+\theta)\right]^{2}}$$

$$w_{45}^{3}=\frac{y_{C}^{2}+\frac{2rby_{C}}{\sqrt{1-c^{2}}}\sin(\arcsin c+\theta)}{\left[by_{C}+ax_{C}+\frac{ra^{2}+rb^{2}}{\sqrt{1-c^{2}}}\sin(\arcsin c+\theta)\right]^{2}}$$

$$w_{46}^{3}=\frac{ry_{C}\frac{a^{2}+b^{2}}{(1-c^{2})^{3/2}}\left[\sqrt{1-c^{2}}\cos(\arcsin c+\theta)+c\sin(\arcsin c+\theta)\right]}{\left[by_{C}+ax_{C}+\frac{ra^{2}+rb^{2}}{\sqrt{1-c^{2}}}\sin(\arcsin c+\theta)\right]^{2}}$$

$$w_{51}^{3}=\frac{by_{C}+\frac{ra^{2}+rb^{2}}{\sqrt{1-c^{2}}}\sin(\arcsin c+\theta)}{\left[by_{C}+ax_{C}+\frac{ra^{2}+rb^{2}}{\sqrt{1-c^{2}}}\sin(\arcsin c+\theta)\right]^{2}}$$

$$w_{52}^{3}=\frac{-bx_{C}}{\left[by_{C}+ax_{C}+\frac{ra^{2}+rb^{2}}{\sqrt{1-c^{2}}}\sin(\arcsin c+\theta)\right]^{2}}$$

$$w_{54}^{3}=\frac{-x_{C}^{2}-\frac{2rax_{C}}{\sqrt{1-c^{2}}}\sin(\arcsin c+\theta)}{\left[by_{C}+ax_{C}+\frac{ra^{2}+rb^{2}}{\sqrt{1-c^{2}}}\sin(\arcsin c+\theta)\right]^{2}}$$

$$w_{55}^{3}=\frac{-x_{C}y_{C}-\frac{2rbx_{C}}{\sqrt{1-c^{2}}}\sin(\arcsin c+\theta)}{\left[by_{C}+ax_{C}+\frac{ra^{2}+rb^{2}}{\sqrt{1-c^{2}}}\sin(\arcsin c+\theta)\right]^{2}}$$

$$w_{56}^{3}=\frac{-rx_{C}\frac{a^{2}+b^{2}}{(1-c^{2})^{3/2}}\left[\sqrt{1-c^{2}}\cos(\arcsin c+\theta)+c\sin(\arcsin c+\theta)\right]}{\left[by_{C}+ax_{C}+\frac{ra^{2}+rb^{2}}{\sqrt{1-c^{2}}}\sin(\arcsin c+\theta)\right]^{2}}$$

$$w_{61}^{3}=\frac{\frac{c(a^{2}+b^{2})}{1-c^{2}}\left[y_{C}+\frac{rb}{\sqrt{1-c^{2}}}\sin(\arcsin c+\theta)\right]}{\left[by_{C}+ax_{C}+\frac{ra^{2}+rb^{2}}{\sqrt{1-c^{2}}}\sin(\arcsin c+\theta)\right]^{2}}$$

$$w_{62}^{3}=\frac{\frac{-c(a^{2}+b^{2})}{1-c^{2}}\left[x_{C}+\frac{ra}{\sqrt{1-c^{2}}}\sin(\arcsin c+\theta)\right]}{\left[by_{C}+ax_{C}+\frac{ra^{2}+rb^{2}}{\sqrt{1-c^{2}}}\sin(\arcsin c+\theta)\right]^{2}}$$

$$w_{64}^{3}=\frac{\frac{-c}{1-c^{2}}\left[bx_{C}^{2}+by_{C}^{2}+\frac{r(2abx_{C}-a^{2}y_{C}+b^{2}y_{C})}{\sqrt{1-c^{2}}}\sin(\arcsin c+\theta)\right]}{\left[by_{C}+ax_{C}+\frac{ra^{2}+rb^{2}}{\sqrt{1-c^{2}}}\sin(\arcsin c+\theta)\right]^{2}}$$

$$w_{65}^{3}=\frac{\frac{c}{1-c^{2}}\left[ax_{C}^{2}+ay_{C}^{2}+\frac{r(2aby_{C}+a^{2}x_{C}-b^{2}x_{C})}{\sqrt{1-c^{2}}}\sin(\arcsin c+\theta)\right]}{\left[by_{C}+ax_{C}+\frac{ra^{2}+rb^{2}}{\sqrt{1-c^{2}}}\sin(\arcsin c+\theta)\right]^{2}}$$

$$w_{66}^{3} = \frac{-ay_{C} + bx_{C}}{(1 - c^{2})^{2}}\left\{(1 + c^{2})ax_{C} + (1 + c^{2})by_{C} + \frac{r(a^{2} + b^{2})}{\sqrt{1 - c^{2}}}[\sin(\arcsin c + \theta) - c\sqrt{1 - c^{2}}\cos(\arcsin c + \theta)]\right\} \Big/ \left[by_{C} + ax_{C} + \frac{ra^{2} + rb^{2}}{\sqrt{1 - c^{2}}}\sin(\arcsin c + \theta)\right]^{2}$$

除以上元素外，其他元素 $w_{ij}^{3} = 0$。

4）$\boldsymbol{W}^{4} = \{w_{ij}^{4}\}, i, j = 1, 2, \cdots, 6$ 由 J^{inv} 的第四行决定。

$$w_{66}^{4} = \frac{-c}{(1 - c^{2})^{3/2}}$$

除以上元素外，其他元素 $w_{ij}^{4} = 0$。

第5章　并联机器人双目主动视觉监测平台标定体系

并联机器人双目主动视觉监测平台是基于圆轨双链的主动视觉机构，是一类具有超生物体结构的新型主动视觉模型，它能实现双目独立跟踪、视觉避让等功能，实现这些功能的基础是双摄像机的实时动态标定。但是，双摄像机的监控区域是有限的，且标定靶不可能实时存在于监控区域之中，这就增加了实际情况下摄像机动态标定的难度。传统的摄像机精确标定采用平面靶标定策略，需要获取多幅不同位姿的标定靶图像，且标定靶数量有限、位置固定、布局单一，这些标定策略直接制约了主动视觉机构动态标定的灵活性。因此，在并联机器人双目主动视觉监测平台中，考虑到系统动态调整摄像机位姿来跟踪监测目标的特殊性，必须在场景中设置多块平面靶来满足标定的需要。因此，根据监测应用环境和主动视觉机构的特点，合理布局标定靶变得尤为重要。

针对并联机器人双目主动视觉监测平台机构的特点，本章设计了以传统的平面棋盘靶为一级标定、以在机构圆轨内侧安装均匀分布的六组立体标靶块为二级标定的标定体系，并给出了通过二级标靶实现摄像机静态、动态标定的方法，从而为视觉跟踪、避让奠定了基础。在此基础上，实现对视觉系统的结构参数和各电动机的控制当量进行测定。

5.1　并联机器人双目主动视觉监测平台立体标靶块的设计

对于圆轨双链主动视觉机构，摄像机的观测范围为圆轨内区域，而且，无论两个支链到达圆轨上的什么位置，圆轨内侧总能有部分区域出现在摄像机视域内。因此，在圆轨内侧布置多组立体标靶块，构成系统的标定体系是一种可行的方案。

5.1.1　立体标靶块的布局设计

设并联机器人双目主动视觉监测平台两个支链间的夹角为 α，即圆轨上两个支链中心点所夹劣弧的圆心角。为避免两支链发生碰撞，两个支链间夹角最小值 $\alpha_{min}=30°$；为保证两个摄像机图像匹配准确度和视觉测量精度，两个支链间夹角最大值 $\alpha_{max}=60°$。

根据摄像机的视域范围和摄像机可调整的高度范围，对比摄像机所拍摄的图像与实物，经测算，圆轨底座出现在单摄像机视域的圆心角范围是 120°～150°。当两支链夹角 $\alpha_{min}=30°$时，圆轨底座出现两摄像机公共视域的圆心角范围是 90°～120°。当两支链夹角 $\alpha_{max}=60°$时，圆轨底座出现两摄像机公共视域的圆心角范围是 60°～90°。考虑到无论支链在圆轨的任一位置，至少应有一组立体标靶块位于两摄像机公共视域之中，可以把圆轨 12 等分，内设 6 组立体标靶块，并且等间隔分布在圆轨内侧，即每组立体标靶块所对圆心角为 30°，具体分布如图 5-1 所示。

一组立体标靶块由两个同样大小的梯形靶面以一定夹角拼接而成，如图 5-2 所示。每一个梯形靶面所占圆轨的圆心角为 15°。为了减小由于摄像机畸变所带来的标定误差，应使摄像机光轴尽量垂直于梯形靶面，则梯形靶面与圆轨平面之间形成一个 40°的夹角。给定一个合理的立体标靶块高度为 47mm，梯形靶面上底为 196mm、下底为 182mm、腰为 71mm。立体标靶块尺寸如图 5-3 所示。

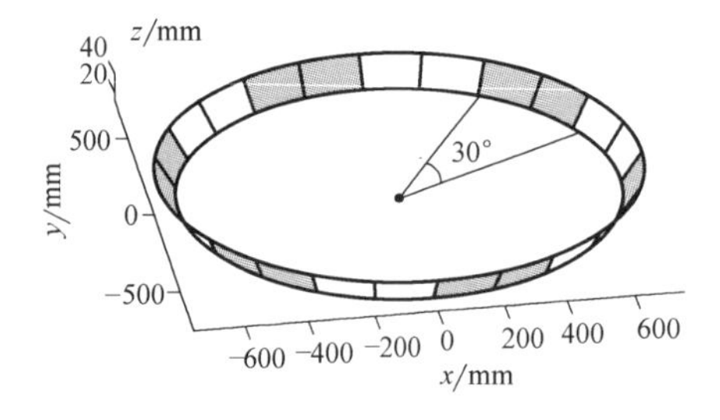

图 5-1　立体标靶块在圆轨内侧的具体分布

图 5-2　立体标靶块

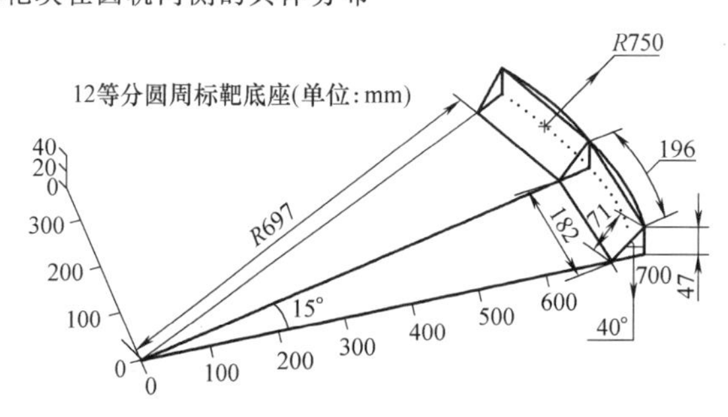

图 5-3　立体标靶块尺寸

5.1.2　梯形靶面的标志点设计

梯形靶面设有编码和非编码两类标志点，详见图 5-2。

编码标志点位于梯形靶面的中心，通过识别编码标志点的编码来区分不同的梯形靶面。编码标志点由标志点和编码点构成，采用圆形分布的八位循环编码设计，标志点位于梯形靶面中心，为半径 12mm 的圆，用于确定编码标志点的位置信息；八个编码位规则地排布在以标志点为中心、半径为 30mm 的圆周上，各编码位上的编码信息由编码点的有无决定。编码点为半径 6mm 的圆。

非编码标志点采用 12mm × 12mm 方格靶点，考虑到摄像机标定精度和梯形靶面的大小，两组 18 个非编码标志点对称分布于编码标志点两侧，每组 9 个非编码标志点排列成 3 × 3 的阵列，其横纵间距均为 7mm。

5.2　监测平台视觉模型的建立

双目立体视觉需要两个基本过程，即摄像机的内外参数的标定和目标空间坐标的计算。摄像机的内外参数的标定是通过标靶上的已知点的信息，利用摄像机模型，计算摄像机的内部参数和空间位姿。目标空间坐标的计算是对已标定好的摄像机，通过获取目标的图像坐标，计算出目标的空间坐标。

5.2.1　摄像机模型及标定

传统的小孔摄像机模型为

$$s\tilde{\boldsymbol{m}} = (\boldsymbol{K} \quad 0)\begin{pmatrix} \boldsymbol{R} & \boldsymbol{t} \\ 0 & 1 \end{pmatrix}\tilde{\boldsymbol{M}} \tag{5-1}$$

这里 $\tilde{\boldsymbol{M}} = (x,\ y,\ z,\ 1)^{\mathrm{T}}$ 为一平面棋盘靶格角点的齐次世界坐标，$\tilde{\boldsymbol{m}} = (u,\ v,\ 1)^{\mathrm{T}}$ 是它在投影平面的像点齐次坐标，s 是一标量因子。

外参数由旋转矩阵 $\boldsymbol{R}$ 和平移向量 $\boldsymbol{t}$ 定义，表示从世界坐标系 O_{W} 到摄像机坐标系 O_{C} 的坐标变换。内参数矩阵 $\boldsymbol{K}$ 定义如下：

$$\boldsymbol{K} = \begin{pmatrix} f_x & \lambda f_y & u_0 \\ & f_y & v_0 \\ & & 1 \end{pmatrix} \tag{5-2}$$

式中，u_0、v_0、f_x、f_y、λ 五个参数为摄像机的内部参数，不依赖摄像机的位置和姿态。

小孔模型仅是实际摄像机投影的一种近似，未考虑摄像机镜头畸变引起的像点位置偏差。因此，要满足高精度的要求，必须建立一个适当的畸变模型，尽可能消除这种偏差。在已提出的几种修正摄像机镜头畸变的方法中，最常用的方法是采用径向畸变和切向畸变模型。已知畸变图像坐标 m_{d}，修正坐标 m_{c} 可以近似表示为

$$\boldsymbol{m}_{\mathrm{c}} = \boldsymbol{m}_{\mathrm{d}} + \boldsymbol{F}_{\mathrm{D}}(\boldsymbol{m}_{\mathrm{d}},\ \boldsymbol{\delta}) \tag{5-3}$$

式中，$\boldsymbol{F}_{\mathrm{D}}(\boldsymbol{m}_{\mathrm{d}},\boldsymbol{\delta}) = \begin{pmatrix} \bar{u}_{\mathrm{d}}(k_1 r_{\mathrm{d}}^2 + k_2 r_{\mathrm{d}}^4 + k_3 r_{\mathrm{d}}^6 + \cdots) + [2p_1\bar{u}_{\mathrm{d}}\bar{v}_{\mathrm{d}} + p_2(r_{\mathrm{d}}^2 + 2\bar{u}_{\mathrm{d}}^2)](1 + p_3 r_{\mathrm{d}}^2 + \cdots) \\ \bar{v}_{\mathrm{d}}(k_1 r_{\mathrm{d}}^2 + k_2 r_{\mathrm{d}}^4 + k_3 r_{\mathrm{d}}^6 + \cdots) + [p_1(r_{\mathrm{d}}^2 + 2\bar{v}_{\mathrm{d}}^2) + 2p_2\bar{u}_{\mathrm{d}}\bar{v}_{\mathrm{d}}](1 + p_3 r_{\mathrm{d}}^2 + \cdots) \end{pmatrix}$，

$\bar{u}_{\mathrm{d}} = u_{\mathrm{d}} - u_0$，$\bar{v}_{\mathrm{d}} = v_{\mathrm{d}} - v_0$，$r_{\mathrm{d}} = \sqrt{\bar{u}_{\mathrm{d}}^2 + \bar{v}_{\mathrm{d}}^2}$，$\boldsymbol{\delta} = (k_1, k_2, \cdots, p_1, p_2, \cdots)^{\mathrm{T}}$，其中 $k_1, k_2, \cdots$ 是

径向畸变参数，p_1，p_2，…是切向畸变参数，一般情况下 2 阶系数足以补偿畸变。

假设有 n 幅平面棋盘靶图像，每幅图像提取 m 个格角点，制定评价函数：

$$C = \sum_{i=1}^{n}\sum_{j=1}^{m} \| m_{ij} - m(\boldsymbol{K}, k_1, k_2, \cdots, p_1, p_2, \cdots, \boldsymbol{R}_i, \boldsymbol{t}_i) \|^2 \tag{5-4}$$

m_{ij}为在第 i 幅图像中第 j 个格角点的像坐标，$\boldsymbol{R}_i$ 为第 i 幅图像的旋转矩阵，$\boldsymbol{t}_i$ 为第 i 幅图像的平移向量，$m(\boldsymbol{K},\ k_1,\ k_2,\ \cdots,\ p_1,\ p_2,\ \cdots,\ \boldsymbol{R}_i,\ \boldsymbol{t}_i)$是通过这些已知量估计的像点坐标。最小化评价函数可以得到摄像机内外参数($\boldsymbol{K},\ k_1,\ k_2,\ \cdots,\ p_1,\ p_2,\ \cdots,\ \boldsymbol{R}_i,\ \boldsymbol{t}_i$)的最优解。这个非线性最小二乘问题可采用 Levenberg-Marquarat 算法求解。

5.2.2 摄像机的动态标定

摄像机的动态标定是利用立体标靶块来动态测定摄像机的当前位姿的过程，即利用图像中立体标靶块的非编码标志点像坐标及已知的世界坐标，通过摄像机模型确定摄像机的外参数（$\boldsymbol{R}$，$\boldsymbol{t}$）。

对于一幅立体标靶块图像，令其非编码标志点的世界坐标为 $M_i(x_i,\ y_i,\ z_i)$，提取的图像坐标为 m_{di}，畸变矫正得到修正的图像坐标为 $m_{ci}(u_{ci},\ v_{ci})$。令

$$\boldsymbol{F} = (\boldsymbol{K} \quad 0)\begin{pmatrix} \boldsymbol{R} & \boldsymbol{t} \\ 0 & 1 \end{pmatrix} \tag{5-5}$$

式中，$\boldsymbol{F}$ 称为摄像机的透视投影矩阵，由摄像机的内、外参数决定。

由小孔模型可得：

$$s\begin{pmatrix} u_{ci} \\ v_{ci} \\ 1 \end{pmatrix} = \boldsymbol{F}\begin{pmatrix} x_i \\ y_i \\ z_i \\ 1 \end{pmatrix} = \begin{pmatrix} f_{11} & f_{12} & f_{13} & f_{14} \\ f_{21} & f_{22} & f_{23} & f_{24} \\ f_{31} & f_{32} & f_{33} & f_{34} \end{pmatrix}\begin{pmatrix} x_i \\ y_i \\ z_i \\ 1 \end{pmatrix} \tag{5-6}$$

消去因子 s，并令 $\boldsymbol{f} = (f_{11},\ f_{12},\ f_{13},\ f_{14},\ f_{21},\ f_{22},\ f_{23},\ f_{24},\ f_{31},\ f_{32},\ f_{33})^{\mathrm{T}}$，则对每个已知点，可以得到方程：

$$\begin{pmatrix} x_i & y_i & z_i & 1 & 0 & 0 & 0 & 0 & -u_{ci}x_i & -u_{ci}x_i & -u_{ci}x_i \\ 0 & 0 & 0 & 0 & x_i & y_i & z_i & 1 & -v_{ci}x_i & -v_{ci}x_i & -v_{ci}x_i \end{pmatrix}\boldsymbol{f} = \begin{pmatrix} u_{ci}f_{34} \\ v_{ci}f_{34} \end{pmatrix} \tag{5-7}$$

由于矩阵 $\boldsymbol{F}$ 乘以一个非零常数，不影响方程式(5－7)，不妨令 $f_{34}=1$。如果立体标靶块有 n 个已知标志点，就有 n 对上述方程。则联立后可得：

$$\boldsymbol{Qf} = \boldsymbol{U} \tag{5-8}$$

式中，$\boldsymbol{Q}$ 为 $2n \times 11$ 矩阵；$\boldsymbol{U}$ 为 $2n$ 维列向量。

当 $n>11$ 时，用最小二乘法求出上述线性方程组的解为

$$f=(\boldsymbol{Q}^{\mathrm{T}}\boldsymbol{Q})^{-1}\boldsymbol{Q}^{\mathrm{T}}\boldsymbol{U} \tag{5-9}$$

这样，由 $\boldsymbol{f}$ 得到矩阵 $\boldsymbol{F}$ 的最优估计 $\hat{\boldsymbol{F}}$。进而摄像机的位姿参数的估计可以表示为

$$\hat{\boldsymbol{R}}=K^{-1}\hat{\boldsymbol{F}}_{13},\ \hat{\boldsymbol{t}}=K^{-1}\hat{\boldsymbol{F}}_{4} \tag{5-10}$$

这里 $\hat{\boldsymbol{F}}_{13}$ 是矩阵 $\hat{\boldsymbol{F}}$ 的前 3 列，$\hat{\boldsymbol{F}}_{4}$ 是矩阵 $\hat{\boldsymbol{F}}$ 的第 4 列。此时的矩阵 $\hat{\boldsymbol{R}}$ 不一定满足标准旋转矩阵的正交性约束，可以进行规格正交化处理。

5.2.3 标定实验

为验证提出的标定体系，我们进行了实验测定。整个实验分为三部分：

1）利用平面棋盘靶测定摄像机的内参数和畸变参数。

2）利用平面棋盘靶测定各立体标靶块的非编码标志点世界坐标。

3）利用立体标靶块实现摄像机外参数的动态标定。

1. 摄像机内参数、畸变参数的测定

首先，手动调整平面棋盘靶，摄取 3 幅或更多幅不同位姿的平面棋盘靶图像。然后，采用 Harris 角点提取策略提取平面棋盘靶的格角点。最后，采用 Levenberg-Marquarat 算法求解摄像机内参数、畸变参数。迭代初值按如下方式给定：摄像机内参数初值取摄像机的额定值，畸变参数初值为 0，摄像机外参数初值采用线性标定方法粗略估计。实验表明，对本系统摄像机标定一般经 4～5 步迭代即可收敛。两个摄像机的内参数和畸变参数的标定结果如表 5-1 所示。

表 5-1　两个摄像机内参数和畸变参数的标定结果

支链	f_x	f_y	λ	u_0	v_0
A	1172.8031	1172.6329	0	607.16955	552.9228
B	1174.7101	1174.3481	0	657.40963	528.9065
支链	k_1	k_2	k_3	p_1	p_2
A	−0.11658	0.1863	0	−0.0004	0.00210
B	−0.12790	0.2283	0	0.0004	0.00112

表 5-1 中的 f_x、f_y 为摄像机在 x、y 方向上的有效焦距，u_0、v_0 为摄像机的光学中心，f_x、f_y、u_0、v_0 均以像素为单位；λ 为倾斜因子，k_1、k_2、k_3 为摄像机的径向畸变系数，p_1、p_2 为摄像机的切向畸变系数。

2. 立体靶标块非编码标志点世界坐标的测定

图 5-4 摄像机公共视域中的平面棋盘靶和立体标靶块

把平面棋盘靶放在导轨圆域的中心，世界坐标系原点 O_W 为平面棋盘靶的中心，世界坐标系 x、y 轴分别为平面棋盘靶横纵网格线方向，z 轴为靶面的法线方向。将两支链摄像机调整到一定的高度，控制云台俯仰和平转电动机，使平面棋盘靶和待测定的立体标靶块在两个摄像机公共视域中，如图 5-4 所示。摄像机的外参数可以由平面棋盘靶得到，提取同一视域中的立体标靶块的非编码标志点像坐标，重建立体标靶块的非编码标志点世界坐标。待完成一组立体标靶块测定后，始终保持平面棋盘靶不动，同步调整两支链位置，使下一组立体标靶块在两个摄像机公共视域中，重复上述方法，直至六组立体标靶块被全部测定。

表 5-2 给出了其中一组实验(见图 5-4)标定出的两摄像机的位姿外参数平移向量 $\boldsymbol{t}(x, y, z)$ 和旋转向量 $\boldsymbol{\gamma}(\gamma_x, \gamma_y, \gamma_z)$。测定的全部六组立体标靶块的非编码标志点在世界坐标系中的分布如图 5-5 所示。

表 5-2 通过平面棋盘靶标定的两摄像机位姿外参数

支链	参数	旋转向量/rad	参数	平移向量/mm
A	γ_x	1.8603	x	15.8208
	γ_y	-1.5994	y	156.3527
	γ_z	0.6724	z	930.0301
B	γ_x	1.4329	x	13.0090
	γ_y	-2.1106	y	155.7834
	γ_z	0.8890	z	930.4612

3. 摄像机外参数的动态标定

在视觉机构动态监测过程中，当摄像机运动到一个新的位姿时，需要对摄像机外参数进行动态标定，以提高视觉测量精度。在本机构的标定体系中，通过摄像机视域中的一组立体标靶块，可以实现两摄像机位姿参数的动态标定。为检验动态标定的精度，表 5-3 给出了图 5-5 所示的状态下利用立体标靶块进行两摄像机的位姿外参数动态标定的结果，与表 5-2 利用平面棋盘靶标定的两摄像机外参数相比，旋转向量的绝对误差为 0.0030rad，平移向量的绝对误差为 0.5827mm，满足系统的精度要求。

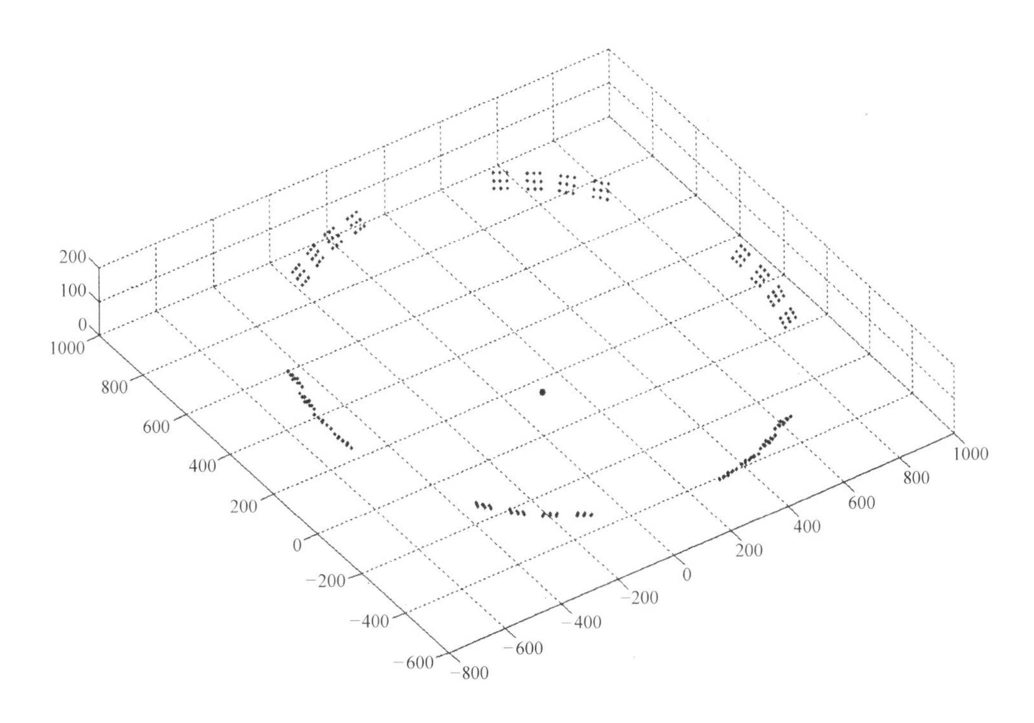

图 5-5　非编码标志点在世界坐标系中的分布

表 5-3　利用立体标靶块动态标定的两摄像机位姿外参数

支链	参数	旋转向量/rad	参数	平移向量/mm
A	γ_x	1.8602	x	15.4199
	γ_y	-1.6024	y	156.2747
	γ_z	0.6730	z	930.6128
B	γ_x	1.4328	x	13.1021
	γ_y	-2.1116	y	155.3717
	γ_z	0.8897	z	930.7962

5.3　并联机器人双目主动视觉监测平台结构参数和脉冲控制当量的测定

并联机器人双目主动视觉监测平台是一个基于圆形导轨的双链机构，其控制目标是通过协调各电动机的控制输出，实现摄像机位置和姿态的调整。

式(4-2)给出的运动模型中，(α, h, φ, ψ)为支链的控制参数，分别由小车电动机、丝杠电动机、云台平转电动机、云台俯仰转动电动机控制。各电动机控制输出以脉冲量为单位，而模型中的参数(α, h, φ, ψ)分别以角度(rad)

和长度(mm)为单位，因此，必须测定各电动机的单位脉冲对应参数角度和长度的进给量，即脉冲控制当量。此外，(R, r, θ)为支链的结构参数，视觉平台装配完成后，也必须精确测定其实际值。

结构参数和各电动机脉冲控制当量是视觉平台运动控制的基础。本节介绍通过平面棋盘标靶(见图 5-6)，利用视觉测量原理，测定视觉监测平台结构参数及控制脉冲当量的机理和方法。基本策略是：首先，将平面棋盘靶放置在合适位置，并以平面棋盘靶右上角内格点为原点，以靶面横向和纵向格线为 x 轴和 y 轴、垂直靶面向上为 z 轴方向建立标靶坐标系，如图 5-6 所示；其次，通过限制支链的运动方式，使支链在单电动机以固定脉冲增量输出控制下运动，摄取每个采样步的标靶图像，记录各采样步脉冲增量；最后，利用平面棋盘靶来标定摄像机中心的运动轨迹，利用结构参数与摄像机中心轨迹的关系，通过三维拟合方法间接测定结构参数，同时测定电动机脉冲控制当量。

图 5-6 平面棋盘标靶坐标系的定义

5.3.1 结构参数 r 及云台俯仰电动机脉冲控制当量 E_{p} 的测定

将支链摄像机调整到一定的高度，云台水平转动电动机控制归零，平面棋盘靶放置在摄像机正前方并保持不动，控制云台俯仰转动电动机，使摄像机对准平面棋盘靶。云台俯仰电动机按 ΔP_i 脉冲增量进行控制，其他电动机保持不动，并摄取每个采样步的标靶图像。假设直至标靶图像将要逃离摄像机视域时共采集样本图像为 m_1+1 幅，则 $i=1, 2, \cdots, m_1+1$。

对每幅采样图像进行图像分析，计算各采样时刻摄像机中心相对标靶坐标系的位置，记为 $A_i(x_{A_i}, y_{A_i}, z_{A_i})$ 。由于整个机构仅有俯仰运动，因此 A_i 在一个空间圆上，其圆心为云台的中心 O_E ，半径即为要测定的支链的结构参数 r 。

由于噪声的影响，采样点 $\{A_i\}$ 并不一定在圆上，可以采用 3D 圆拟合的方法估计圆心和半径。令 $O_p = (x_0, y_0, z_0)$ 表示 3D 圆心坐标，$\boldsymbol{N}_p = (a, b, c)$ 表示圆平面单位法向量，r_p 为圆半径，即所要求的云台结构参数为 r，由样点集 $\{A_i\}$ 拟合 3D 圆的过程可由如下最小二乘模型描述：

$$J(O_p, \boldsymbol{N}, r) = \min \sum_{i=1}^{m_1+1} [g_i^2 + (f_i - r)^2] \tag{5-11}$$

式中，$\begin{cases} g_i = g(A_i, O_p, \boldsymbol{N}) = a(x_i - x_0) + b(y_i - y_0) + c(z_i - z_0) \\ f_i = f(A_i, O_p, \boldsymbol{N}) = |\boldsymbol{N} \times (A_i - O_p)| \end{cases}$

EUROMETROS 开发的 METROS 软件包[51]提供了标准的 3D 圆拟合程序，调用它可以计算 3D 圆心 $\hat{O}_p$ 和半径 $\hat{r}$ 的值，并将其作为云台中心和云台俯仰半径的估计。

将 $\{A_i\}$ 向拟合圆平面投影，得到 $\{A_i\}$ 在拟合圆周的对应点 $\{A'_i\}$ ，计算相邻圆周点 $\{A'_i, A'_{i+1}\}$ 所夹圆心角 $\{\Delta\psi_i\}$ ，即 ΔP_i 脉冲增量所对应的俯仰角度。

$$\Delta\psi_i = \arccos\left(\frac{(A'_i - O_p)(A'_{i+1} - O_p)}{\| A'_i - O_p \| \| A'_{i+1} - O_p \|}\right) \tag{5-12}$$

则云台俯仰电动机控制脉冲当量为

$$E_p = \underset{i \in \{1, \cdots, m_1\}}{\text{mean}} \left(\frac{\Delta\psi_i}{\Delta P_i}\right) \tag{5-13}$$

5.3.2 结构参数 θ 及云台平转电动机脉冲控制当量 E_f 的测定

类似云台俯仰电动机控制脉冲当量的测定方法，将支链摄像机调整到一定的高度，平面棋盘靶放置在摄像机正前方并保持不动，云台俯仰电动机控制摄像机到合适的角度，使摄像机对准标靶。云台平转电动机按 ΔP_i 脉冲增量控制，其他电动机保持不动，并摄取每个采样步的标靶图像。直至标靶图像将要逃离摄像机视域时共采集样本图像 $m_2 + 1$ 幅。

采用 5.3.1 中的 3D 圆拟合方法，估计摄像机光心轨迹的法向量 $\boldsymbol{N}_f$ 、圆心 O_f 和半径 r_f ，计算 ΔP_i 脉冲增量所对应的平转角度 $\{\Delta\varphi_i\}$ ，则云台平转电动机控制脉冲当量为

$$E_f = \underset{i \in \{1, \cdots, m_2\}}{\text{mean}} \left(\frac{\Delta\varphi_i}{\Delta P_i}\right) \tag{5-14}$$

结构参数 θ 的测定可以通过拟合圆的法向量 $\boldsymbol{N}_f$ 与摄像机各位置光轴方向向量 $\boldsymbol{A}_f$ 的夹角得到：

$$\theta = \arccos\left(\frac{\boldsymbol{N}_{\mathrm{f}}\boldsymbol{A}_{\mathrm{f}}}{\|\boldsymbol{N}_{\mathrm{f}}\| \|\boldsymbol{A}_{\mathrm{f}}\|}\right) \tag{5-15}$$

5.3.3 丝杠电动机脉冲控制当量 E_1 的测定

将平转电动机控制归零，控制俯仰电动机使摄像机有合适的俯仰角，将平面棋盘靶固定于摄像机前，丝杠电动机按 ΔP_i 脉冲增量控制，其他电动机保持不动，摄取每个采样步的平面棋盘靶图像。直至平面棋盘靶图像将要逃离摄像机视域或到达丝杠容许运动范围，共采集 m_3+1 幅样本图像。采用前述方法标定出各采样时刻摄像机中心点列 $\{L_i\}$。

点列 $\{L_i\}$ 理论上为一直线，由于噪声的影响，点列 $\{L_i\}$ 可能不共线，可以采用3D直线拟合的方法估计直线。令 L_0 为直线上一点，$\boldsymbol{s}$ 表示直线的方向向量，则样本点到理想直线的距离 $d_i = d(L_i, L_0, \boldsymbol{s}) = |\boldsymbol{s} \times (L_i - L_0)|$，则由样点集 $\{L_i\}$ 拟合3D直线过程可由如下最小二乘模型描述：

$$J(L_0, \boldsymbol{s}) = \min \sum_{i=1}^{m_3+1} |\boldsymbol{s} \times (L_i - L_0)|^2 \tag{5-16}$$

EUROMETROS开发的METROS软件包[51]提供了标准的3D直线拟合程序，调用它可以计算3D直线点和方向的最优估计 $\hat{L}_0$ 和 $\hat{\boldsymbol{s}}$。

将 $\{L_i\}$ 向拟合直线投影，得到 $\{L_i\}$ 在拟合直线上的对应点 $\{L'_i\}$，计算相邻点 $\{L'_i, L'_{i+1}\}$ 的距离 $\{\Delta h_i\}$，即 ΔP_i 脉冲增量所对应的位移量。则丝杠电动机控制脉冲当量为

$$E_1 = \underset{i \in \{1,\cdots,m_3\}}{\mathrm{mean}}\left(\frac{\Delta h_i}{\Delta P_i}\right) \tag{5-17}$$

5.3.4 结构参数 R 及圆轨小车电动机脉冲控制当量 E_c 的测定

为测定圆轨小车电动机控制当量 E_c，将平面棋盘靶置于圆轨的中心区，云台的平转电动机归零，调整云台的俯仰角使摄像机对准平面棋盘靶。给小车电动机脉冲增量 ΔP_i，使其绕圆轨一周，则可获得 m_4+1 幅标靶图像，采用5.3.1中的方法，估计摄像机中点轨迹的3D圆，计算 ΔP_i 脉冲增量所对应的支链在各采样周期所转过的角度 $\{\Delta\alpha_i\}$，则小车电动机控制脉冲当量为

$$E_c = \underset{i \in \{1,\cdots,m_4\}}{\mathrm{mean}}\left(\frac{\Delta \alpha_i}{\Delta P_i}\right) \tag{5-18}$$

结构参数 R 的测定可以通过拟合圆的半径间接得到。如图5-7所示，将上述测定圆轨小车电动机控制当量的过程在不同的摄像机高度做第二次实验，令第

一次的俯仰角为 ψ_1，控制丝杠电动机将云台和摄像机提升一定高度，并调整俯仰角为 ψ_2，使摄像机对准平面棋盘靶。记录俯仰调整中俯仰电动机控制的脉冲量 ΔP，则俯仰角变化量 $\Delta\psi$ 可由脉冲量 ΔP 和云台俯仰电动机控制脉冲当量计算得到，即 $\Delta\psi = \psi_2 - \psi_1 = E_p\Delta P$。用 R_1 和 R_2 分别表示两组实验测得的摄像机中心圆轨迹的半径。则有如下关系：

$$R - R_1 = r\cos\psi_1\ ;\ R - R_2 = r\cos\psi_2 \tag{5-19}$$

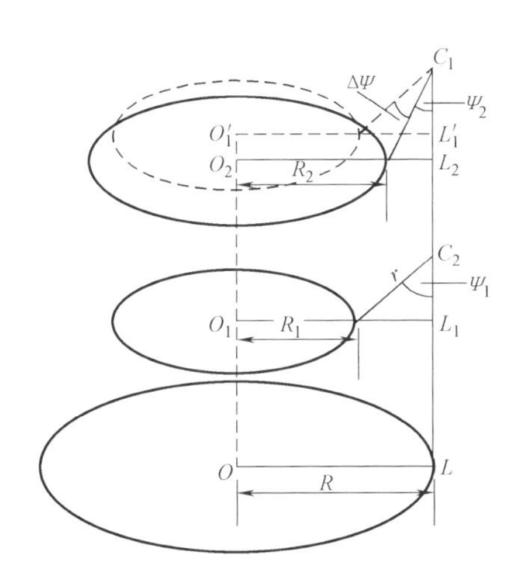

图 5-7　两次测试的摄像机中心轨迹

由 $\cos\Delta\psi = \cos\psi_1\cos\psi_2 + \sin\psi_1\sin\psi_2$ 可得方程

$$r^2\cos\Delta\psi = (R - R_1)(R - R_2) + \sqrt{r^2 - (R - R_1)^2}\sqrt{r^2 - (R - R_2)^2} \tag{5-20}$$

方程的解即为结构参数 R 的估计值：

$$R = \frac{(R_1 + R_2)}{2} + \sqrt{\frac{2r^2(1 - \cos^2\Delta\psi) - (1 + \cos\Delta\psi)(R_1 - R_2)^2}{4(1 - \cos\Delta\psi)}} \tag{5-21}$$

5.3.5　结构参数和脉冲控制当量的测定结果

在结构参数和脉冲控制当量的测定中，每组实验均要求平面标靶固定摆放在摄像机的前方一个合适距离，并保证在最大控制参数调整范围内获得满意的标靶图像。每组实验重复进行多次，并对各测定结果进行统计分析，以消除噪声对参数值的影响。表 5-4 给出了结构参数和脉冲控制当量测定结果。

表 5-4　结构参数和脉冲控制当量测定结果

符号		N	平均值	标准差	95%的置信区间差	
					高	低
R	A	6	558.9962	0.1692	-0.1168	0.1135
	B	6	558.8754	0.1907	-0.0925	0.0878
r	A	5	68.4648	0.1277	-0.1344	0.1337
	B	5	68.5356	0.0486	-0.0436	0.0585
θ	A	6	32.7180	0.1156	-0.1258	0.1234
	B	6	32.8297	0.1826	-0.0532	0.0575
E_p	A	5	14.6172	0.0972	-0.0459	0.1581
	B	5	14.6213	0.1172	-0.1270	0.1189
E_f	A	6	14.4454	0.1154	-0.1331	0.1092
	B	6	14.4836	0.0262	-0.0578	0.1128
E_c	A	5	0.2123	0.0048	-0.0029	0.0071
	B	5	0.2128	0.0027	-0.0046	0.0012
E_l	A	6	0.9992	0.0016	-0.0009	0.0011
	B	6	0.9993	0.0008	-0.0004	0.0006

其中，A 表示支链 A，B 表示支链 B，N 为重复试验次数。R、r 和 θ 为支链的结构参数，R 和 r 的单位是 mm，θ 的单位是度(°)。E_p、E_f、E_c 分别表示云台俯仰电动机控制当量、云台平转电动机控制当量、圆轨小车电动机控制当量，单位均为度/千脉冲。E_l 表示丝杠电动机控制当量，单位为毫米/千脉冲。

5.4　样机机械加工精度测试

在并联机器人双目主动视觉监测平台安装、调试过程中，需要严格控制各主要性能指标，一方面尽可能减少加工、装配误差对整机的机械性能、工作精度的影响；另一方面要对各驱动电动机的运动控制精度进行检测，以便合理调校电动机，达到设计性能要求。下面介绍利用平面棋盘靶对样机主要部件加工、装配精度及电动机性能进行测试的方法。

5.4.1　圆轨平面度、圆度及与水平面的平行度测试

并联机器人双目主动视觉监测平台的圆形导轨承载着支链沿圆轨运动，理论上，圆轨为理想圆，并与机构世界坐标系的 $x_W O_W y_W$ 面(水平面)平行。因此，圆轨平面度、圆度及与水平面的平行度是样机加工和装配的重要性能指标，其测定结果为样机装配调整的依据。下面介绍基于平面棋盘靶的圆轨平面度、圆度及与水平面的平行度测定方法。

首先，把平面棋盘标靶水平放置在圆轨中心，如图 5-6 所示建立标靶坐标系，则 xOy 平面为水平面。将支链摄像机调整到合适高度，调整摄像机的姿态使得摄像机对准平面棋盘标靶，然后控制小车电动机使支链沿着圆轨旋转一周，在此过程中按等间隔脉冲进行摄像机采样。通过拍摄的图片对摄像机进行标定，计算出摄像机各采样位置的外参数。然后，通过系统的运动模型，求解摄像机中心的世界坐标。最后对摄像机中心轨迹进行三维圆拟合，拟合结果如图 5-8 所示。

支链沿着圆轨旋转一周时，摄像机中心轨迹为平行于圆轨平面的圆。因此，摄像机中心轨迹的圆度和平面度反映了圆轨的圆度和平面度，拟合圆与水平面的平行度反映了圆轨与水平面的平行度。

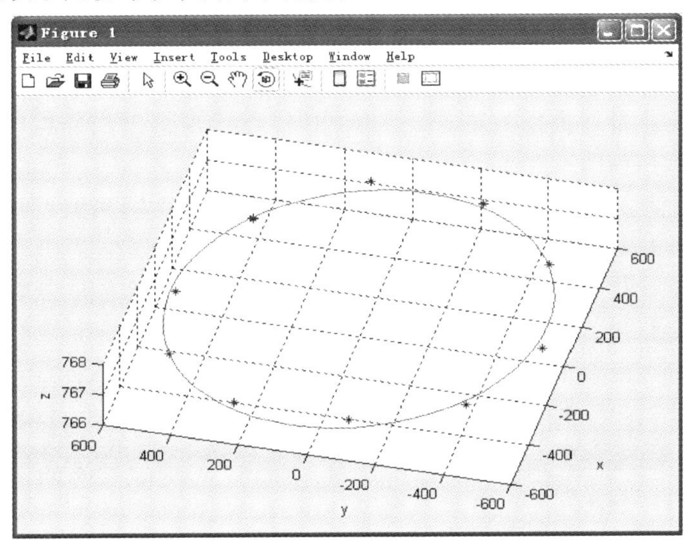

图 5-8　摄像机中心轨迹三维圆拟合结果

令 $\{A_i\}$ 表示摄像机中心样本点，坐标为 (x_i, y_i, z_i)，$i=1, 2, \cdots, n$，n 为采样点个数。$\{A_i\}$ 为拟合圆平面的投影点 $\{A_i'\}$，坐标为 (x_i', y_i', z_i')。计算投影距离 $d_i = |A_iA_i'|$，计算 $\{A_i'\}$ 到拟合圆周的距离 e_i，则拟合圆的平面度 $\text{planeness\_c} = \max\limits_i(d_i)$，拟合圆的圆度 $\text{roundness\_c} = \max\limits_i(e_i)$。

令 r_p 表示圆轨的半径，r_c 表示摄像机中心拟合圆的半径，则圆轨的圆度 $\text{roundness\_p} = \text{roundness\_c}\dfrac{r_c}{r_p}$，圆轨的平面度 $\text{planeness\_p} = \text{planeness\_c}\dfrac{r_c}{r_p}$。

在拟合圆上等间隔采样 k 个点，计算各点到 xOy 平面的距离 h_i，拟合圆与水平面(xOy 平面)的平行度 $\text{parallelism\_c} = \dfrac{\max(h_i) - \text{mean}(h_i)}{r_c}$，圆轨与水平面的平行度 $\text{parallelism\_p} = \text{parallelism\_c}$。

根据上面的测量方法，分别用 A、B 两个支链进行了测试，得到的测量结果如表 5-5 所示。

表 5-5 圆轨平面度、圆度及与水平面的平行度测试结果

实验组	平面度/mm	圆度/mm	平行度/(mm/m)
支链 A	1.6924	0.6270	0.4511
支链 B	1.5454	0.7518	0.5474
平均值	1.6189	0.6894	0.4993
标准差	0.1040	0.0883	0.0681

5.4.2 丝杠直线度及与圆轨平面的垂直度测试

丝杠是支链的主要部件，理论上丝杠为理想直线，并与圆轨平面垂直，如果加工及装配误差过大，将影响系统机构模型的精度。因此，丝杠直线度及圆轨平面垂直度也是样机加工和装配的重要性能指标。基于平面棋盘靶的丝杠直线度及与圆轨平面的垂直度的测定方法如下。

首先，把平面棋盘标靶放在圆轨中心，支链位置固定不动，调整摄像机的姿态使得摄像机对准平面棋盘标靶，并将滑块调整到最低位置，控制丝杠电动机使滑块沿着丝杠上升，在此过程中按等间隔脉冲进行摄像机采样。通过拍摄的图片对摄像机进行标定，计算出摄像机各采样位置的外参数。然后，通过系统的运动模型，求解出摄像机中心的世界坐标。最后对摄像机中心进行三维直线拟合，拟合结果如图 5-9 所示。

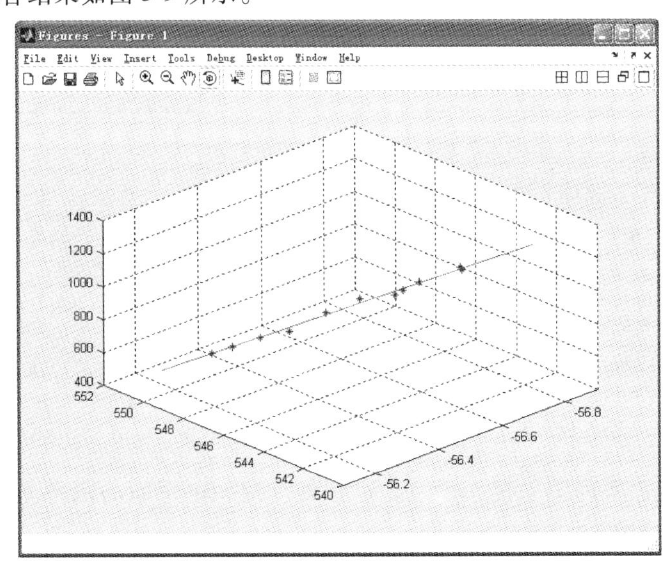

图 5-9 摄像机中心三维直线拟合结果

由于滑块从丝杠底端运动到顶端的过程中，摄像机中心轨迹为平行于丝杠的直线，因此摄像机中心拟合直线的直线度反映了丝杠的直线度，拟合直线与圆轨平面的垂直度反映了丝杠与圆轨平面的垂直度。

令 $\{B_i\}$ 表示摄像机中心样本点，坐标为 (x_i, y_i, z_i)，$i=1, 2, \cdots, n$，n 为采样点个数。$\{B_i\}$ 在拟合直线上的投影点为 $\{B'_i\}$，坐标为 (x'_i, y'_i, z'_i)，计算投影距离 $d_i = |B_iB'_i|$，则拟合直线的直线度 $\text{straightness} = \max\limits_i(d_i)$。

令 $\boldsymbol{a}_n$ 表示圆轨平面的法向量，$\boldsymbol{a}_l$ 表示摄像机中心拟合直线的方向向量，l 表示丝杠导轨的长度，则拟合直线与圆轨平面的垂直度：

$$\text{verticality\_c} = 1000\sin\left[\arccos\left(\frac{\boldsymbol{a}_n \cdot \boldsymbol{a}_l}{|\boldsymbol{a}_n||\boldsymbol{a}_l|}\right)\right] \tag{5-22}$$

进而丝杠(立柱)与圆轨平面的垂直度 verticality_s = verticality_c。

根据上面的测量方法得到的测量数据如表 5-6 所示。

表 5-6 丝杠直线度及与圆轨平面的垂直度测试结果

支链	垂直度/(mm/m)	直线度/mm
A	0. 2300	0. 4966
B	0. 1090	0. 6062

5.4.3 圆轨小车电动机控制精度测试

在 5.4.1 节圆轨平面度及圆度测试实验中，已测得小车电动机在等间隔脉冲状态下摄像机中心的轨迹。$\{A_i\}$ 表示摄像机中心样本点，坐标为 (x_i, y_i, z_i)，$i=1, 2, \cdots, n$，n 为采样点个数，由于噪声的影响，采样点 $\{A_i\}$ 并不一定在圆上，采用 3D 圆拟合的方法估计圆心和半径。令 $O_P = (x_0, y_0, z_0)$ 表示 3D 拟合圆的圆心坐标，将 $\{A_i\}$ 向拟合圆平面投影，得到 $\{A_i\}$ 在拟合圆周的对应点 $\{A'_i\}$，计算相邻圆周点 $\{A'_i, A'_{i+1}\}$ 所夹圆心角 $\{\Delta\alpha_i\}$，即 ΔP 脉冲增量所对应的小车转动角度为

$$\Delta\alpha_i = \arccos\left(\frac{(A'_i - O_{\mathrm{p}})(A'_{i+1} - O_{\mathrm{p}})}{\| A'_i - O_{\mathrm{p}} \| \ \| A'_{i+1} - O_{\mathrm{p}} \|}\right) \tag{5-23}$$

小车电动机 ΔP 脉冲的平均控制输出 $M_\alpha = \underset{i \in \{1, \cdots, n-1\}}{\text{mean}}\left(\frac{\Delta\alpha_i}{\Delta P}\right)$，小车电动机控制误差 $E_\alpha = \max\limits_i\left\{\left|\frac{\Delta\alpha_i}{\Delta P} - M_\alpha\right|\right\}$。

根据上面的测量方法，进行 10 次重复试验，得到的测量数据如表 5-7 所示。

表 5-7 小车电动机脉冲增量为 36000 时小车转动角度值

支链＼实验序号	1	2	3	4	5	6	7	8	9	10
A	0. 6276	0. 6267	0. 6289	0. 6295	0. 6288	0. 6269	0. 6273	0. 6280	0. 6305	0. 6286
B	0. 6295	0. 6266	0. 6263	0. 6293	0. 6303	0. 6285	0. 6273	0. 6262	0. 6285	0. 6307

圆轨小车电动机控制精度测试结果如表 5-8 所示。

表 5-8 圆轨小车电动机控制精度测试结果

支链	平均控制输出	平均控制输出标准差	控制误差
A	1. 74522E - 05	3. 35E - 08	6. 16667E - 08
B	1. 74533E - 05	4. 59E - 08	6. 61111E - 08

5. 4. 4 丝杠电动机控制精度测试

在 5. 4. 2 节丝杠垂直度及直线度测试中，已测得丝杠电动机在等间隔脉冲状态下摄像机中心的轨迹。$\{B_i\}$ 表示摄像机中心样本点，坐标为 (x_i, y_i, z_i)，$i=1, 2, \cdots, n$，n 为采样点个数，由于噪声的影响，采样点 $\{B_i\}$ 并不一定在一条直线上，采用 3D 直线拟合的方法估计直线方程。将 $\{B_i\}$ 向拟合直线投影，得到 $\{B_i\}$ 在拟合圆周的对应点 $\{B'_i\}$，计算相邻点 $\{B'_i, B'_{i+1}\}$ 所夹直线段的长度 $\{\Delta h_i\}$，即 ΔP 脉冲增量所对应的滑块滑动的距离为 $|B'_i B'_{i+1}|$。

根据上面的测量方法，进行 10 次重复试验，得到的测量数据如表 5-9 所示。

表 5-9 丝杠电动机脉冲增量为 50000 时滑块滑动距离

支链＼实验序号	1	2	3	4	5	6	7	8	9	10
A	49. 9479	49. 8225	50. 0359	49. 7633	49. 8201	49. 9831	49. 9582	49. 927	49. 8194	49. 9193
B	49. 6625	49. 6898	49. 6355	49. 9002	49. 3297	50. 1484	49. 6997	49. 5096	49. 7631	49. 8672

丝杠电动机 ΔP 脉冲的平均控制输出：

$$M_h = \underset{i \in \{1, \cdots, n-1\}}{\text{mean}} \left(\frac{\Delta h_i}{\Delta P} \right) \tag{5-24}$$

进而，丝杠电动机控制误差：

$$e_h = \max_i \left\{ \left| \frac{\Delta h_i}{\Delta P} - M_h \right| \right\} \tag{5-25}$$

实验测得两丝杠电动机控制精度测试结果如表 5-10 所示。

表 5-10　丝杠电动机控制精度测试结果

支链	平均控制输出	平均控制输出标准差	控制误差
A	9.9795E-04	1.8615E-06	2.7682E-06
B	1.9959E-08	3.7230E-11	5.5364E-11

5.4.5　云台俯仰、平转电动机控制精度测试

云台俯仰电动机和平转电动机的控制脉冲当量的测定方法类似，将支链摄像机调整到一定的高度，标靶放置在摄像机正前方并保持不动，云台俯仰电动机控制摄像机到合适的角度，使摄像机对准标靶。云台平转电动机按 ΔP 脉冲增量进行控制，其他电动机保持不动，并摄取每个采样步的标靶图像，直至标靶图像将要逃离摄像机视域，设共采集样本图像 n 幅。仿照 5.3.1 节介绍的方法，对标定的摄像机中心轨迹进行 3D 圆拟合。

计算云台平转电动机 ΔP 脉冲增量所对应的平转角度 $\{\Delta\varphi_i\}$，则云台平转电动机 ΔP 脉冲的平均控制输出 $M_\varphi = \underset{i\in\{1,\cdots,n-1\}}{\text{mean}}\left(\dfrac{\Delta\varphi_i}{\Delta P}\right)$，云台平转电动机控制误差：

$$e_\varphi = \max_i\left\{\left|\frac{\Delta\varphi_i}{\Delta P} - M_\varphi\right|\right\} \tag{5-26}$$

根据上面的测量方法，进行 10 次重复试验，得到的云台平转电动机测量数据如表 5-11 所示。

表 5-11　云台平转电动机脉冲增量为 500 时平转角度值

支链 \ 实验序号	1	2	3	4	5	6	7	8	9	10
A	0.1114	0.1124	0.108	0.1137	0.1107	0.1085	0.1129	0.1152	0.1103	0.1116
B	0.0975	0.1151	0.1008	0.1147	0.1172	0.1185	0.1181	0.1185	0.1213	0.1142

则云台平转电动机控制精度测试结果如表 5-12 所示。

表 5-12　云台平转电动机控制精度测试结果

支链	平均控制输出	平均控制输出标准差	控制误差
A	2.2294E-04	4.4543E-06	7.4600E-06
B	2.2718E-04	1.5880E-05	3.2180E-05

计算云台俯仰电动机 ΔP 脉冲增量所对应的平转角度 $\{\Delta\psi_i\}$，则云台俯仰电动机 ΔP 脉冲的平均控制输出 $M_\psi = \underset{i\in\{1,\cdots,n-1\}}{\text{mean}}\left(\dfrac{\Delta\psi_i}{\Delta P}\right)$，云台平转电动机控制误差：

$$e_\psi = \max_i\left\{\left|\frac{\Delta\psi_i}{\Delta P} - M_\psi\right|\right\} \tag{5-27}$$

根据上面的测量方法，进行 10 次重复试验，得到的云台俯仰电动机测量数据如表 5-13 所示。

表 5-13 云台俯仰电动机脉冲增量为 300 时俯仰角度值

支链＼实验序号	1	2	3	4	5	6	7	8	9	10
A	0. 0686	0. 0672	0. 0702	0. 0654	0. 0732	0. 0664	0. 0682	0. 0678	0. 0703	0. 0656
B	0. 0684	0. 0682	0. 0602	0. 0704	0. 0702	0. 0681	0. 0680	0. 0677	0. 0689	0. 0688

云台俯仰电动机控制精度测试结果如表 5-14 所示。

表 5-14 云台俯仰电动机控制精度测试结果

支链	平均控制输出	平均控制输出标准差	控制误差
A	2. 2763E－04	8. 0499E－06	1. 6367E－05
B	2. 2630E－04	9. 4978E－06	2. 5633E－05

第6章　并联机器人双目主动视觉监测平台正视观测模式与视觉跟踪

在并联机器人双目主动视觉监测平台中，观测目标的可行控制方式非唯一解，因此，必须综合考虑视觉监测平台的运动控制模型约束、运动目标的当前位姿约束以及最佳观测模式约束，从而形成双目协调参数的可行域，以双目协调控制的连续性和最小代价为目标，建立双目协调的多参数优化模型。本章在分析了并联机器人双目主动视觉监测平台光轴可达域的基础上，首先建立了单支链摄像机观测注意点转移的控制模型；然后，在考虑双链在圆轨上运动的机械约束和双目观测时基线长度约束的情况下，建立了一种两支链摄像机从非正视观测模式到双目正视观测模式的合理调整策略；进而，又建立了双链摄像机正视观测模式下视觉跟踪控制策略；最后，通过仿真分析和在样机上的真实实验，验证了上述模型、策略的有效性。

6.1　并联机器人双目主动视觉平台光轴可达域的确定

并联机器人双目主动视觉监测平台系统通过各电动机协调控制摄像机的位置和姿态，实现观测点和观测方位的改变。由于受机构的约束，各运动副的控制输出有范围限制，即 $0 \leqslant \alpha \leqslant 2\pi$，$h_{min} \leqslant h \leqslant h_{max}$，$\varphi_{min} \leqslant \varphi \leqslant \varphi_{max}$，$\psi_{min} \leqslant \psi \leqslant \psi_{max}$，因而摄像机位姿调整范围也受到限制。鉴于控制目标在于调整摄像机的位姿使其光轴对准监测对象，而监测对象位于圆轨的圆域范围内，因此，用圆域内摄像机光轴可达到区域来表示摄像机的观测范围，称为光轴可达域，如图6-1所示。

摄像机在不同的高度，由于俯仰角的限制，在云台高度和位置不变的情况下，摄像机光轴可达域未能覆盖整个圆域，其光轴可达域由云台高度决定，若云台高度为 h，俯仰的极限角为 ψ_{max}，则可达域为以 M 为中心、以 MN 为半经的扇面。MN 的大小由云台的高度决定。则

$$MN = r\sin\psi_{max} + (h + r\cos\psi_{max})\frac{\cos\psi_{max}}{\sin\psi_{max}} = \frac{r + h\sin\psi_{max}\cos\psi_{max}}{\sin\psi_{max}} \tag{6-1}$$

当 $h = h_{min}$ 时，

$$MN_{min} = \frac{r + h_{min}\sin\psi_{max}\cos\psi_{max}}{\sin\psi_{max}} \tag{6-2}$$

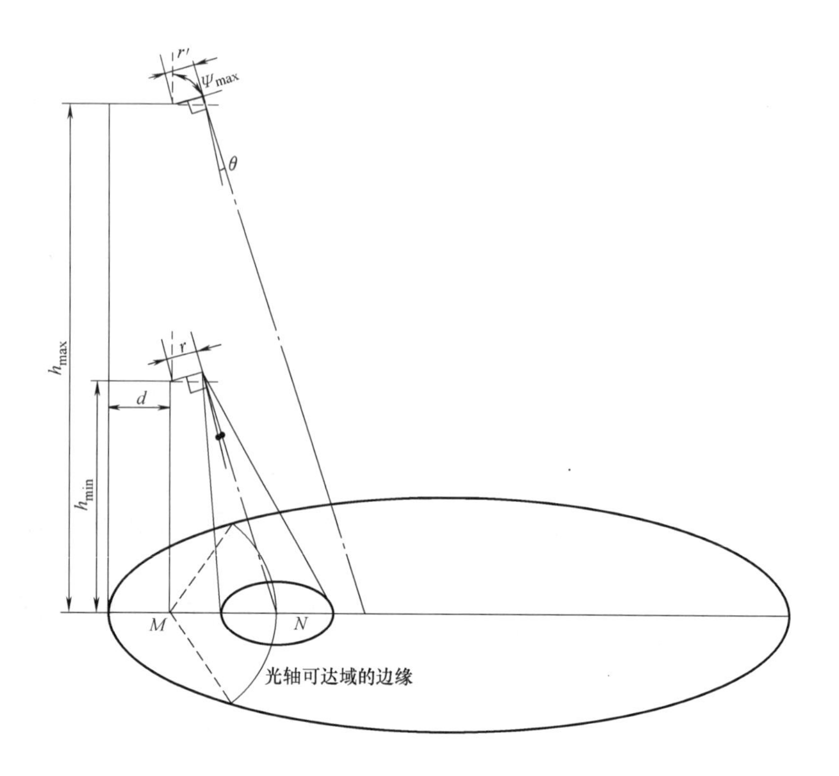

图 6-1　光轴可达域

当 $h = h_{max}$ 时，

$$MN_{max} = \frac{r + h_{max}\sin\psi_{max}\cos\psi_{max}}{\sin\psi_{max}} \tag{6-3}$$

6.2　并联机器人双目主动视觉平台观测模式的定义

在双目视觉系统中，两个摄像机独立控制，则在观测过程中，根据两个摄像机光轴指向及光轴间的关系，双目系统可能存在多种观测模式，如图 6-2 所示。图 6-2a 模式下两个摄像机对准 A、B 两个目标，即 A 位于摄像机 C_1 视域中心，B 位于摄像机 C_2 视域中心，虽然 A、B 在两摄像机公共视域中，但两个摄像机处于未聚焦状态，即双目非凝视状态。图 6-2b 模式下两个摄像机对准同一目标 A，即 A 位于摄像机 C_1 视域中心，A 亦位于摄像机 C_2 视域中心，两个摄像机处于聚焦状态，即双目凝视状态。图 6-2c 模式是图 6-2b 模式的一种特殊状况，此时，AC_1C_2 构成空间等腰三角形，目标 A 位于两个摄像机的基线的中垂面上，处于正视观测模式。双目正视模式是仿人类视觉的一种最佳观测模式。

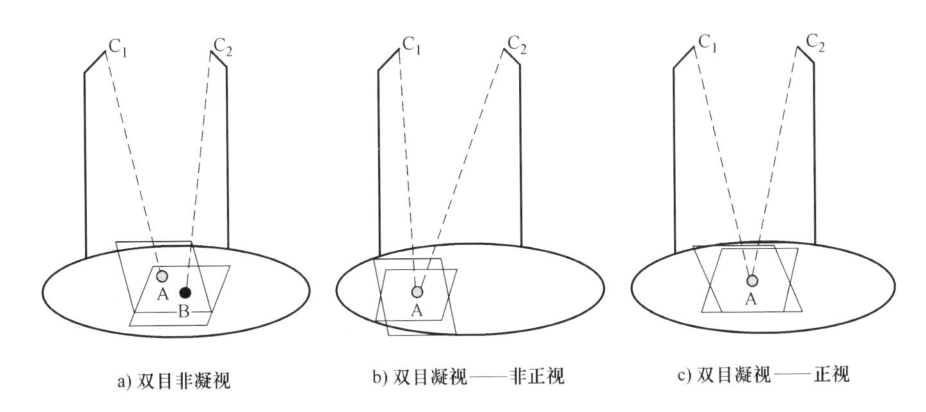

图 6-2 并联机器人双目主动视觉系统观测模式

下面本书通过建立正视观测模式的几何模型，研究达到正视观测模式时摄像机的双目协调运动模型。

6.3 摄像机观测注意点的转移

根据透视几何原理，空间物体表面点在摄像机像平面所成的像点是该点与摄像机光心连线与像平面的交点，如果空间某点的像点位于像平面的中心，即表明此点位于摄像机光轴上，则将该点称为摄像机观测注意点。当要观测或追踪空间某物体时，应将摄像机对准此物体的中心，保证物体的像位于摄像机的视域中央，以获得最佳的观测和跟踪效果。摄像机在场景中扫描目标物的过程中，当发现目标物时，目标物不一定位于视域的中心，即当前摄像机的观测注意点不一定在目标物上，因此，需要调整摄像机位姿使摄像机的观测注意点转移到目标物上，这个过程称为摄像机观测注意点的转移。

对于本视觉监测平台，两个摄像机安装在具有相同结构的两个支链机构上，且独立控制，因此，两摄像机观测注意点的转移策略具有一致性。下面讨论单摄像机的观测注意点的转移控制策略。

6.3.1 摄像机观测注意点转移的假定

为保证构建摄像机观测注意点转移策略的合理性，对摄像机的调整过程作如下假定：

1）俯仰、水平转动可达的情况下，不调整云台的位置（即小车和丝杠电动机无控制输出）。

2）俯仰、水平转动不可达的情况下，若调整云台高度可达，调整云台高度（即调整丝杠电动机），小车位置不变（即小车电动机无控制输出）。

3)在1)、2)均无法可达的情况下，调整小车位置，改变观测角度。

6.3.2 摄像机观测注意点转移策略

设当前支链的视觉系统输出为 (α,h,φ,ψ)，则云台中心位置 O_E 的坐标为 $\boldsymbol{X}_E=(x_E,y_E,z_E)^T$，摄像机中心位置 O_C，坐标为 $\boldsymbol{X}_C=(x_C,y_C,z_C)^T$，根据机构模型：

$$\boldsymbol{X}_E=\begin{pmatrix}R\cos\alpha\\R\sin\alpha\\h\end{pmatrix} \tag{6-4}$$

$$\boldsymbol{X}_C=\begin{pmatrix}\dfrac{r}{2}[\sin(\alpha+\varphi-\psi)-\sin(\alpha+\varphi+\psi)]+R\cos\alpha\\\dfrac{r}{2}[\cos(\alpha+\varphi+\psi)-\cos(\alpha+\varphi-\psi)]+R\sin\alpha\\r\cos\psi+h\end{pmatrix} \tag{6-5}$$

如图6-3所示，此时摄像机光轴与世界坐标系 $x_W O_W y_W$ 平面的交点为 Q。若

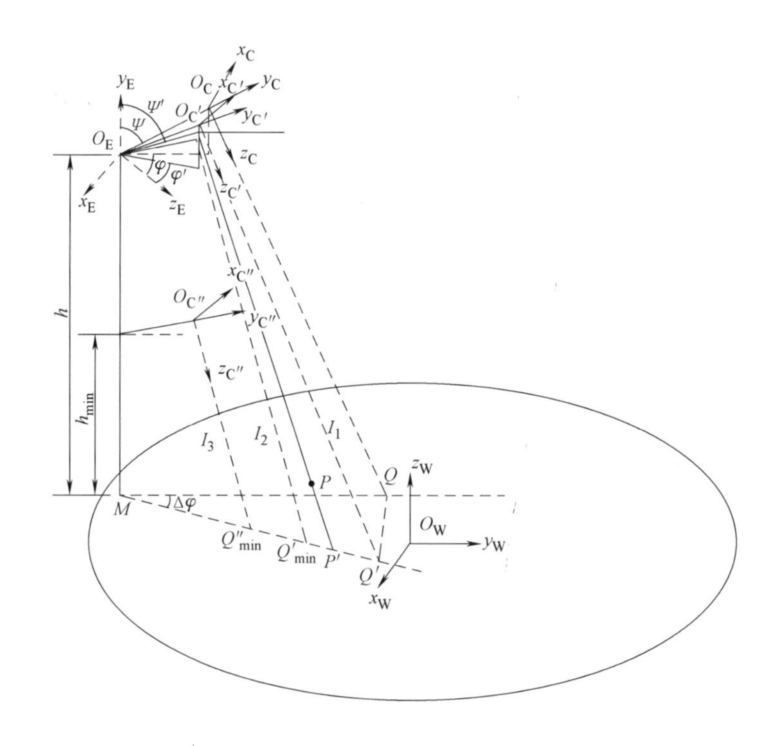

图6-3 摄像机观测注意点由 Q 转移到 P 的几何模型

目标点在空间中的位置 P 的坐标为 $\boldsymbol{X}_{\mathrm{P}} = (x_{\mathrm{P}}, y_{\mathrm{P}}, z_{\mathrm{P}})^{\mathrm{T}}$ ，则通过调整水平转角使得光轴线在平面 $\overline{O_{\mathrm{E}}MP}$ 上，则水平转角增量 $\Delta\varphi$ 为平面 $\overline{O_{\mathrm{E}}MO_{\mathrm{C}}}$ 与平面 $\overline{O_{\mathrm{E}}MP}$ 的夹角。

平面 $\overline{O_{\mathrm{E}}MO_{\mathrm{C}}}$ 的方程为

$$\begin{vmatrix} x - x_{\mathrm{C}} & y - y_{\mathrm{C}} & z - z_{\mathrm{C}} \\ x_{\mathrm{E}} - x_{\mathrm{C}} & y_{\mathrm{E}} - y_{\mathrm{C}} & z_{\mathrm{E}} - z_{\mathrm{C}} \\ x_{\mathrm{M}} - x_{\mathrm{C}} & y_{\mathrm{M}} - y_{\mathrm{C}} & z_{\mathrm{M}} - z_{\mathrm{C}} \end{vmatrix} = 0 \tag{6-6}$$

M 点的坐标记作 $X_{\mathrm{M}} = (x_{\mathrm{E}}, y_{\mathrm{E}}, 0)^{\mathrm{T}}$ ，则一般形式为

$$(y_{\mathrm{C}} - y_{\mathrm{E}})z_{\mathrm{E}}x - (x_{\mathrm{C}} - x_{\mathrm{E}})z_{\mathrm{E}}y + 0z + x_{\mathrm{C}}y_{\mathrm{E}}z_{\mathrm{E}} - x_{\mathrm{E}}y_{\mathrm{C}}z_{\mathrm{E}} = 0 \tag{6-7}$$

平面 $\overline{O_{\mathrm{E}}MP}$ 的方程为

$$\begin{vmatrix} x - x_{\mathrm{P}} & y - y_{\mathrm{P}} & z - z_{\mathrm{P}} \\ x_{\mathrm{E}} - x_{\mathrm{P}} & y_{\mathrm{E}} - y_{\mathrm{P}} & z_{\mathrm{E}} - z_{\mathrm{P}} \\ x_{\mathrm{M}} - x_{\mathrm{P}} & y_{\mathrm{M}} - y_{\mathrm{P}} & z_{\mathrm{M}} - z_{\mathrm{P}} \end{vmatrix} = 0 \tag{6-8}$$

则一般形式为

$$(y_{\mathrm{P}} - y_{\mathrm{E}})z_{\mathrm{E}}x - (x_{\mathrm{P}} - x_{\mathrm{E}})z_{\mathrm{E}}y + 0z + x_{\mathrm{P}}y_{\mathrm{E}}z_{E} - x_{\mathrm{E}}y_{\mathrm{P}}z_{\mathrm{E}} = 0 \tag{6-9}$$

则两平面夹角的余弦为

$$\cos\Delta\varphi = \frac{(y_{\mathrm{C}} - y_{\mathrm{E}})(y_{\mathrm{P}} - y_{\mathrm{E}}) + (x_{\mathrm{C}} - x_{\mathrm{E}})(x_{\mathrm{P}} - x_{\mathrm{E}})}{\sqrt{(y_{\mathrm{C}} - y_{\mathrm{E}})^2 + (x_{\mathrm{C}} - x_{\mathrm{E}})^2} \cdot \sqrt{(y_{\mathrm{P}} - y_{\mathrm{E}})^2 + (x_{\mathrm{P}} - x_{\mathrm{E}})^2}} \tag{6-10}$$

令 $\tilde{P} = (x_{\mathrm{P}}, y_{\mathrm{P}}, 0)$ 为 P 点在 $x_{\mathrm{W}}O_{\mathrm{W}}y_{\mathrm{W}}$ 平面上的投影点，则根据 $\sigma = \overrightarrow{QM} \times \overrightarrow{\tilde{P}M}$ 的正负来决定 $\Delta\varphi$ 的符号，如果 $\sigma > 0$ 则逆时针转 $\Delta\varphi$ ，即 $\varphi' = \varphi + \Delta\varphi$ ；如果 $\sigma < 0$ 则顺时针转 $\Delta\varphi$ ，即 $\varphi' = \varphi - \Delta\varphi$ ；如果 $\sigma = 0$ 则表示 P 点在 $MO_{\mathrm{C}}Q$ 平面上，且 $\Delta\varphi = 0$ ，即 $\varphi' = \varphi$ 。

水平转动 $\Delta\varphi$ 后的摄像机中心 $O_{\mathrm{C}'}$ 的坐标 $\boldsymbol{X}_{\mathrm{C}'} = (x_{\mathrm{C}'}, y_{\mathrm{C}'}, z_{\mathrm{C}'})^{\mathrm{T}}$ ，此时摄像机光轴与世界坐标系 $x_{\mathrm{W}}O_{\mathrm{W}}y_{\mathrm{W}}$ 平面的交点为 Q' 。且

$$\boldsymbol{X}_{\mathrm{C}'} = \begin{pmatrix} \dfrac{r}{2}[\sin(\alpha + \varphi + \Delta\varphi - \psi) - \sin(\alpha + \varphi + \Delta\varphi + \psi)] + R\cos\alpha \\ \dfrac{r}{2}[\cos(\alpha + \varphi + \Delta\varphi + \psi) - \cos(\alpha + \varphi + \Delta\varphi - \psi)] + R\sin\alpha \\ r\cos\psi + h \end{pmatrix} \tag{6-11}$$

令摄像机中心与目标 P 的连线与世界坐标系 $x_{\mathrm{W}}O_{\mathrm{W}}y_{\mathrm{W}}$ 平面的交点为 P' 。

如图6-3所示，若当前云台高度为 h ，俯仰角取最大值 $\psi_{\max}$ ，摄像机光轴与世界坐标系 $x_{\mathrm{W}}O_{\mathrm{W}}y_{\mathrm{W}}$ 平面的交点为 $Q'_{\min}$，若云台达到最低点，即高度为 $h_{\min}$ 时，俯仰角取最大值 $\psi_{\max}$ ，摄像机光轴与世界坐标系 $x_{\mathrm{W}}O_{\mathrm{W}}y_{\mathrm{W}}$ 平面的交点为 $Q''_{\min}$ 。

显然由于调整俯仰角和云台高度时，摄像机光轴始终在平面 $\overline{O_E MP}$ 内，则点 M、Q'_{min}、Q''_{min}、Q' 及 P' 共线。通过 P' 的位置可以判断通过俯仰控制是否可以使摄像机对准目标 P。

如图 6-3 所示，平面内两条平行线 $O_{C'}Q'_{min}$ 与 $O_{C''}Q''_{min}$ 将平面分割成 3 个区域 I_1、I_2、I_3。令 d_1 表示 P 到 $O_{C'}Q'_{min}$ 的距离，d_2 表示 P 到 $O_{C''}Q''_{min}$ 的距离，d 表示平行线 $O_{C'}Q'_{min}$ 与 $O_{C''}Q''_{min}$ 间的距离，如果 $d_1=0$，表明 P 在 $O_{C'}Q'_{min}$ 上，则保持云台高度 h，将俯仰调整到极限位置，控制输出 $(\alpha,h,\varphi+\Delta\varphi,\psi_{max})$；如果 $d_2=0$，表明 P 在 $O_{C''}Q''_{min}$ 上，则云台高度调整到最低位置，将俯仰调整到极限位置，控制输出 $(\alpha,h_{min},\varphi+\Delta\varphi,\psi_{max})$；其余非特殊情况分如下三种情形：

情形 1：当 $\max(d_1,d_2)>d$，且 $d_1<d_2$ 时，P 在区域 I_1 内，P' 在以 Q'_{min} 为顶点的射线 $Q'_{min}Q'$ 范围内时，仅调整俯仰角可以使摄像机光轴通过 P。

情形 2：当 $\max(d_1,d_2)<d$ 时，P 在区域 I_2 内，P' 在线段 $Q''_{min}Q'_{min}$ 范围内时，仅调整俯仰角无法使摄像机光轴通过 P，但可以通过调整云台高度，使摄像机光轴通过 P。

情形 3：当 $\max(d_1,d_2)>d$，且 $d_2<d_1$ 时，P 在区域 I_3 内。P' 在线段 MQ''_{min} 范围内时，必须调整支链在圆轨中的位置，即调整输入 α 才能使摄像机对准目标。

1. 情形 1

调整俯仰角到 ψ'，使得光轴 $O_{Cn}P'$ 过点 P，P' 为摄像机光轴与世界坐标系 $x_W O_W y_W$ 平面的交点。此时摄像机中心 O_{Cn} 的坐标 $\boldsymbol{X}_{Cn}=(x_{Cn},y_{Cn},z_{Cn})^T$，且

$$\boldsymbol{X}_{Cn}=\begin{pmatrix}\frac{r}{2}[\sin(\alpha+\varphi+\Delta\varphi-\psi')-\sin(\alpha+\varphi+\Delta\varphi+\psi')]+R\cos\alpha\\ \frac{r}{2}[\cos(\alpha+\varphi+\Delta\varphi+\psi')-\cos(\alpha+\varphi+\Delta\varphi-\psi')]+R\sin\alpha\\ r\cos\psi'+h\end{pmatrix} \tag{6-12}$$

其光轴的方向向量 $\boldsymbol{A}_{Cn}$ 为

$$\boldsymbol{A}_{Cn}=\begin{pmatrix}\dfrac{\cos(\alpha+\varphi+\Delta\varphi+\psi'+\theta)+\cos(\alpha+\varphi+\Delta\varphi-\psi'-\theta)}{-2}\\ \dfrac{\sin(\alpha+\varphi+\Delta\varphi-\psi'-\theta)+\sin(\alpha+\varphi+\Delta\varphi+\psi'+\theta)}{-2}\\ -\sin(\psi'+\theta)\end{pmatrix} \tag{6-13}$$

则 $O_{Cn}P=\lambda\boldsymbol{A}_{Cn}$ 即

$$\begin{cases} x_P - x_{Cn} = \lambda\left[\dfrac{\cos(\alpha+\varphi+\Delta\varphi+\psi'+\theta)+\cos(\alpha+\varphi+\Delta\varphi-\psi'-\theta)}{-2}\right] \\ y_P - y_{Cn} = \lambda\left[\dfrac{\sin(\alpha+\varphi+\Delta\varphi-\psi'-\theta)+\sin(\alpha+\varphi+\Delta\varphi+\psi'+\theta)}{-2}\right] \\ z_P - z_{Cn} = \lambda[-\sin(\psi'+\theta)] \end{cases} \tag{6-14}$$

化简得：

$$\begin{cases} -x_P - r\cos(\alpha+\varphi+\Delta\varphi)\sin\psi' + R\cos\alpha = \lambda\cos(\alpha+\varphi+\Delta\varphi)\cos(\psi'+\theta) \\ -y_P - r\sin(\alpha+\varphi+\Delta\varphi)\sin\psi' + R\sin\alpha = \lambda\sin(\alpha+\varphi+\Delta\varphi)\cos(\psi'+\theta) \\ -z_P + r\cos\psi' + h = \lambda\sin(\psi'+\theta) \end{cases}$$

消去 λ 得：

$$\begin{cases} (-x_P+R\cos\alpha)\sin(\psi'+\theta)-(-z_P+h)\cos(\alpha+\varphi+\Delta\varphi)\cos(\psi'+\theta) = r\cos(\alpha+\varphi+\Delta\varphi)\cos\theta \\ (-y_P+R\sin\alpha)\sin(\psi'+\theta)-(-z_P+h)\sin(\alpha+\varphi+\Delta\varphi)\cos(\psi'+\theta) = r\sin(\alpha+\varphi+\Delta\varphi)\cos\theta \end{cases}$$

上述两方程等价，由其一即可求得 ψ'，令 $t=\cos(\psi'+\theta)$，则 $\sqrt{1-t^2}=\sin(\psi'+\theta)$。定义：

$A=(-x_P+R\cos\alpha)$，$B=(-z_P+h)\cos(\alpha+\varphi+\Delta\varphi)$，$C=r\cos(\alpha+\varphi+\Delta\varphi)\cos\theta$。

由第一个方程可得：

$$A\sqrt{1-t^2}-Bt=C$$

解得：$t=\dfrac{-BC\pm\sqrt{A^2(A^2+B^2-C^2)}}{(A^2+B^2)}$。

由于 $0\leqslant\psi'+\theta<90°$，所以 $\cos(\psi'+\theta)>0$，取 $t\geqslant0$ 的值，舍掉 $t<0$ 的值，即

$$\psi'=\arccos t-\theta \tag{6-15}$$

此时一定能保证 $\psi'\leqslant\psi_{\max}$，则在当前高度，要使摄像机对准目标 P，俯仰角的增量（调整量）为 $\Delta\psi=\psi'-\psi$。

综上所述，在情形1下，单链的控制参数为 $(\alpha,h,\varphi+\Delta\varphi,\psi+\Delta\psi)$，摄像机观测注意点转移到 P 点。

2. 情形2

根据视觉系统光轴可达域分析式（6-1）可知，摄像机的高度越高，圆域中在摄像机视域内的范围越小，因此必须降低摄像机的高度，才能使摄像机光轴通过 P。然而降低云台的高度又是有限度的，即 $h\geqslant h_{\min}$，当摄像机降到最低时，

云台中心 $O_{E'}$ 的坐标为 $\boldsymbol{X}_{E'}=(x_{E'},y_{E'},z_{E'})^{T}=(x_{E},y_{E},h_{\min})^{T}$，俯仰角达到最大时，摄像机中心 $O_{C''}$ 坐标为

$$\boldsymbol{X}_{C''}=\begin{pmatrix}x_{C''}\\y_{C''}\\z_{C''}\end{pmatrix}=\begin{pmatrix}\dfrac{r}{2}[\sin(\alpha+\varphi+\Delta\varphi-\psi_{\max})-\sin(\alpha+\varphi+\Delta\varphi+\psi_{\max})]+R\cos\alpha\\\dfrac{r}{2}[\cos(\alpha+\varphi+\Delta\varphi+\psi_{\max})-\cos(\alpha+\varphi+\Delta\varphi-\psi_{\max})]+R\sin\alpha\\r\cos\psi_{\max}+h_{\min}\end{pmatrix}\tag{6-16}$$

此时，摄像机光轴与世界坐标系 $x_{W}O_{W}y_{W}$ 平面的交点为 $Q''_{\min}$，如图 6-3 所示。

假设将云台调整到高度为 h_{end} 时，摄像机对准 P，令此时摄像机光轴与世界坐标系 $x_{W}O_{W}y_{W}$ 平面的交点为 P'，则 P' 介于 $Q''_{\min}$ 和 $Q'_{\min}$ 之间。则摄像机中心 O_{end} 的坐标 $\boldsymbol{X}_{\text{end}}=(x_{\text{end}},y_{\text{end}},z_{\text{end}})^{T}$ 为

$$\boldsymbol{X}_{\text{end}}=\begin{pmatrix}x_{\text{end}}\\y_{\text{end}}\\z_{\text{end}}\end{pmatrix}=\begin{pmatrix}\dfrac{r}{2}[\sin(\alpha+\varphi+\Delta\varphi-\psi_{\max})-\sin(\alpha+\varphi+\Delta\varphi+\psi_{\max})]+R\cos\alpha\\\dfrac{r}{2}[\cos(\alpha+\varphi+\Delta\varphi+\psi_{\max})-\cos(\alpha+\varphi+\Delta\varphi-\psi_{\max})]+R\sin\alpha\\r\cos\psi_{\max}+h_{\text{end}}\end{pmatrix}\tag{6-17}$$

由于 $O_{\text{end}}P//O_{C''}Q''_{\min}//O_{C'}Q'_{\min}$，由于 $O_{C'}Q'_{\min}$ 为摄像机坐标系 Oz 轴方向，其方向向量为

$$\boldsymbol{A}=\begin{pmatrix}a_{x}\\a_{y}\\a_{z}\end{pmatrix}=\begin{pmatrix}\dfrac{\cos(\alpha+\varphi+\Delta\varphi+\psi_{\max}+\theta)+\cos(\alpha+\varphi+\Delta\varphi-\psi_{\max}-\theta)}{-2}\\\dfrac{\sin(\alpha+\varphi+\Delta\varphi-\psi_{\max}-\theta)+\sin(\alpha+\varphi+\Delta\varphi+\psi_{\max}+\theta)}{-2}\\-\sin(\psi_{\max}+\theta)\end{pmatrix}\tag{6-18}$$

$$O_{\text{end}}P=\begin{pmatrix}x_{P}-\dfrac{r}{2}[\sin(\alpha+\varphi+\Delta\varphi-\psi_{\max})-\sin(\alpha+\varphi+\Delta\varphi+\psi_{\max})]-R\cos\alpha\\y_{P}-\dfrac{r}{2}[\cos(\alpha+\varphi+\Delta\varphi+\psi_{\max})-\cos(\alpha+\varphi+\Delta\varphi-\psi_{\max})]-R\sin\alpha\\z_{P}-r\cos\psi_{\max}-h_{\text{end}}\end{pmatrix}\tag{6-19}$$

则 $O_{\text{end}}P = \lambda \boldsymbol{A}$ ，即

$$\begin{pmatrix} x_{\text{P}} - \frac{r}{2}[\sin(\alpha+\varphi+\Delta\varphi-\psi_{\max}) - \sin(\alpha+\varphi+\Delta\varphi+\psi_{\max})] - R\cos\alpha \\ y_{\text{P}} - \frac{r}{2}[\cos(\alpha+\varphi+\Delta\varphi+\psi_{\max}) - \cos(\alpha+\varphi+\Delta\varphi-\psi_{\max})] - R\sin\alpha \\ z_{\text{P}} - r\cos\psi_{\max} - h_{\text{end}} \end{pmatrix} = \lambda \begin{pmatrix} a_x \\ a_y \\ a_z \end{pmatrix} \tag{6-20}$$

解得：

$$\begin{cases} \lambda = \begin{cases} \dfrac{-2x_{\text{P}} + r[\sin(\alpha+\varphi+\Delta\varphi-\psi_{\max})] - \sin[(\alpha+\varphi+\Delta\varphi+\psi_{\max})] + 2R\cos\alpha}{\cos(\alpha+\varphi+\Delta\varphi+\psi_{\max}+\theta) + \cos(\alpha+\varphi+\Delta\varphi-\psi_{\max}-\theta)}, a_x \neq 0 \\ \dfrac{-2y_{\text{P}} + \frac{r}{2}[\cos(\alpha+\varphi+\Delta\varphi+\psi_{\max}) - \cos(\alpha+\varphi+\Delta\varphi-\psi_{\max})] + 2R\sin\alpha}{\sin(\alpha+\varphi+\Delta\varphi-\psi_{\max}-\theta) + \sin(\alpha+\varphi+\Delta\varphi+\psi_{\max}+\theta)}, a_y \neq 0 \end{cases} \\ h_{\text{end}} = z_{\text{P}} - r\cos\psi_{\max} + \lambda\sin(\psi_{\max}+\theta) \end{cases}$$

则云台高度的调整量为

$$\Delta h = h_{\text{end}} - h \tag{6-21}$$

综上所述，在情形 2 下，单链的控制参数为 $(\alpha, h_{\text{end}}, \varphi+\Delta\varphi, \psi_{\max})$ ，摄像机观测注意点转移到 P 点。

3. 情形 3

在情形 3 下，P' 在线段 $MQ''_{\min}$ 范围内，必须调整支链在圆轨中的位置，即调整输入 α 才能使摄像机对准目标。如图 6-4 所示，在计算出水平转角 $\varphi+\Delta\varphi$ 后，将支链调整到 M' 位置，此时 $\alpha = \alpha_n$ ，O_{Cn}、M'、$O_{E'}$ 仍在平面 $\overline{O_{C'}O_{E}M}$ 上，仅需再调整俯仰角到 ψ_n ，就保证摄像机光轴对准目标 P 。

首先，由 M、Q'、M' 三点共线，即可计算出支链新位置的小车对应的方位角 α_n 。如前面计算的结果，M 的坐标为 $(x_{\text{E}}, y_{\text{E}}, 0)$ ，Q' 坐标通过如下方法计算：

摄像机中心 $O_{C'}$ 的坐标 $\boldsymbol{X}_{C'} = (x_{C'}, y_{C'}, z_{C'})^{\text{T}}$ ：

$$\boldsymbol{X}_{C'} = \begin{pmatrix} \frac{r}{2}[\sin(\alpha+\varphi+\Delta\varphi-\psi) - \sin(\alpha+\varphi+\Delta\varphi+\psi)] + R\cos\alpha \\ \frac{r}{2}[\cos(\alpha+\varphi+\Delta\varphi+\psi) - \cos(\alpha+\varphi+\Delta\varphi-\psi)] + R\sin\alpha \\ r\cos\psi + h \end{pmatrix} \tag{6-22}$$

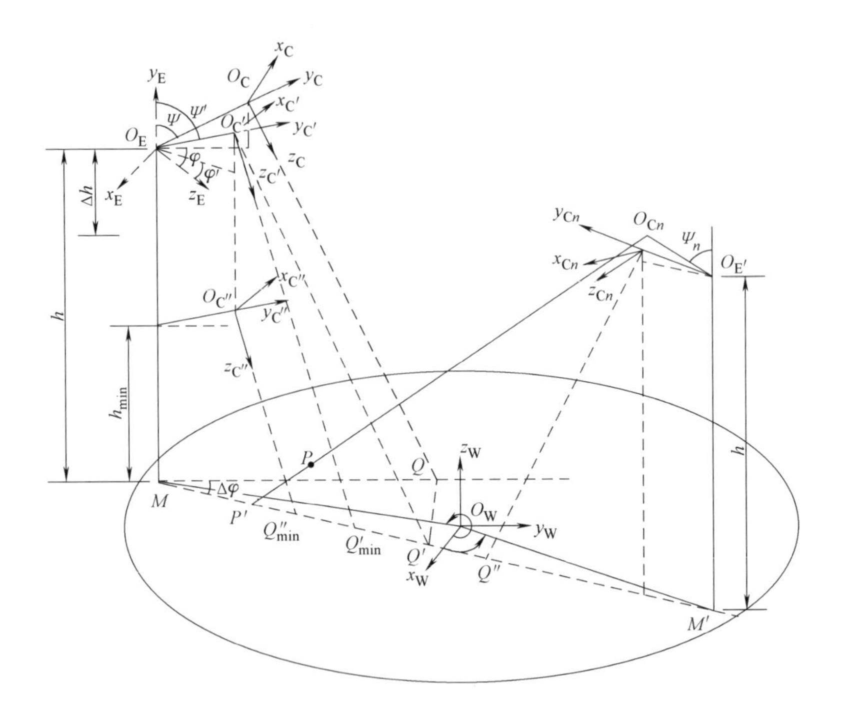

图 6-4 情形 3 下摄像机观测注意点由 Q 转移到 P 的几何模型

光轴 $O_{C'}Q'$ 的方向向量为

$$
\boldsymbol{A}_{C'} = \begin{pmatrix} \dfrac{\cos(\alpha + \varphi + \Delta\varphi + \psi + \theta) + \cos(\alpha + \varphi + \Delta\varphi - \psi - \theta)}{-2} \\ \dfrac{\sin(\alpha + \varphi + \Delta\varphi - \psi - \theta) + \sin(\alpha + \varphi + \Delta\varphi + \psi + \theta)}{-2} \\ -\sin(\psi + \theta) \end{pmatrix} \tag{6-23}
$$

令 Q' 的坐标为 $(x_{Q'}, y_{Q'}, 0)$，则 $O_{C'}Q' = \lambda \boldsymbol{A}_{C'}$，即

$$
\begin{cases} x_{Q'} - x_{C'} = \lambda \dfrac{\cos(\alpha + \varphi + \Delta\varphi + \psi + \theta) + \cos(\alpha + \varphi + \Delta\varphi - \psi - \theta)}{-2} \\ y_{Q'} - y_{C'} = \lambda \dfrac{\sin(\alpha + \varphi + \Delta\varphi - \psi - \theta) + \sin(\alpha + \varphi + \Delta\varphi + \psi + \theta)}{-2} \\ -z_{C'} = -\lambda\sin(\psi + \theta) \end{cases} \tag{6-24}
$$

解得：

$$\begin{cases} x_{Q'} = x_{C'} - \dfrac{z_{C'}}{2\sin(\psi+\theta)}[\cos(\alpha+\varphi+\Delta\varphi+\psi+\theta)+\cos(\alpha+\varphi+\Delta\varphi-\psi-\theta)] \\ y_{Q'} = y_{C'} - \dfrac{z_{C'}}{2\sin(\psi+\theta)}[\sin(\alpha+\varphi+\Delta\varphi-\psi-\theta)+\sin(\alpha+\varphi+\Delta\varphi+\psi+\theta)] \end{cases}$$

令 M' 的坐标为 $(R\cos\alpha_n, R\sin\alpha_n, 0)$，由 M、Q'、M' 三点共线，$Q'M=\lambda M'M$，即

$$x_{Q'} - x_E = \lambda(R\cos\alpha_n - x_E)$$

$$y_{Q'} - y_E = \lambda(R\sin\alpha_n - y_E)$$

消去 λ 得

$$\frac{x_{Q'}-x_E}{y_{Q'}-y_E} = \frac{R\cos\alpha_n - x_E}{R\sin\alpha_n - y_E}$$

改写成：

$$\frac{(x_{Q'}-x_E)\sin\alpha_n-(y_{Q'}-y_E)\cos\alpha_n}{\sqrt{(x_{Q'}-x_E)^2+(y_{Q'}-y_E)^2}} = \frac{y_E x_{Q'} - x_E y_{Q'}}{R\sqrt{(x_{Q'}-x_E)^2+(y_{Q'}-y_E)^2}}$$

令 $\cos\omega = \dfrac{x_{Q'}-x_E}{\sqrt{(x_{Q'}-x_E)^2+(y_{Q'}-y_E)^2}}$，$\sin\omega = \dfrac{y_{Q'}-y_E}{\sqrt{(x_{Q'}-x_E)^2+(y_{Q'}-y_E)^2}}$，$\omega$ 本质上为 MQ' 与 Ox 轴的夹角。则：

$$\sin(\alpha_n - \omega) = \frac{y_E x_{Q'} - x_E y_{Q'}}{R\sqrt{(x_{Q'}-x_E)^2+(y_{Q'}-y_E)^2}}$$

进而：

$$\alpha_n = \omega + \arcsin\frac{y_E x_{Q'} - x_E y_{Q'}}{R\sqrt{(x_{Q'}-x_E)^2+(y_{Q'}-y_E)^2}} \tag{6-25}$$

其次，假设俯仰角为 ψ_n 时，摄像机对准目标 P，使得光轴 $O_{Cn}P'$ 过点 P，P' 为摄像机光轴与世界坐标系 $x_W O_W y_W$ 平面的交点。此时摄像机中心 O_{Cn} 的坐标 $\boldsymbol{X}_{Cn}=(x_{Cn}, y_{Cn}, z_{Cn})^T$，其光轴的方向向量 $\boldsymbol{A}_{Cn}$ 为

$$\boldsymbol{A}_{Cn} = \begin{pmatrix} \dfrac{\cos(\alpha_n+\varphi+\Delta\varphi+\psi_n+\theta)+\cos(\alpha_n+\varphi+\Delta\varphi-\psi_n-\theta)}{-2} \\ \dfrac{\sin(\alpha_n+\varphi+\Delta\varphi-\psi_n-\theta)+\sin(\alpha_n+\varphi+\Delta\varphi+\psi_n+\theta)}{-2} \\ -\sin(\psi_n+\theta) \end{pmatrix} \tag{6-26}$$

$$\boldsymbol{X}_{Cn} = \begin{pmatrix} -r\sin\alpha_n\sin(\varphi+\Delta\varphi)\sin\psi_n - r\cos\alpha_n\cos(\varphi+\Delta\varphi)\sin\psi_n + R\cos\alpha_n \\ r\cos\alpha_n\sin(\varphi+\Delta\varphi)\sin\psi_n - r\sin\alpha_n\cos(\varphi+\Delta\varphi)\sin\psi_n + R\sin\alpha_n \\ r\cos\psi_n + h \end{pmatrix} \tag{6-27}$$

则 $O_{Cn}P = \lambda \boldsymbol{A}_{Cn}$，即

$$\begin{cases} x_P - x_{Cn} = \lambda[-s\alpha_n s(\varphi + \Delta\varphi)c\psi_n - c\alpha_n c(\varphi + \Delta\varphi)c\psi_n] \\ y_P - y_{Cn} = \lambda[c\alpha_n s(\varphi + \Delta\varphi)c\psi_n - s\alpha_n c(\varphi + \Delta\varphi)c\psi_n] \\ z_P - z_{Cn} = \lambda(-s\psi_n) \end{cases} \tag{6-28}$$

消去 λ 得：

$$\begin{cases} (x_P - R\cos\alpha_n)\sin\psi_n + (z_P - h)\cos\psi_n\cos(\alpha_n - \varphi - \Delta\varphi) + r\cos(\alpha_n - \varphi - \Delta\varphi) = 0 \\ (y_P - R\sin\alpha_n)\sin\psi_n + (z_P - h)\cos\psi_n\sin(\alpha_n - \varphi - \Delta\varphi) + r\sin(\alpha_n - \varphi - \Delta\varphi) = 0 \end{cases}$$

上述两方程等价，仅利用其一即可计算出 ψ_n。取第一个方程，化为

$$\sin\psi_n \frac{(R\cos\alpha_n - x_P)}{K} - \cos\psi_n \frac{(z_P - h)\cos(\alpha_n - \varphi - \Delta\varphi)}{K} = \frac{r\cos(\alpha_n - \varphi - \Delta\varphi)}{K}$$

$$K = \sqrt{(R\cos\alpha_n - x_P)^2 + (z_P - h)^2\cos^2(\alpha_n - \varphi - \Delta\varphi)}$$

令 $\cos\theta = \dfrac{(R\cos\alpha_n - x_P)}{K}, \sin\theta = \dfrac{(z_P - h)\cos(\alpha_n - \varphi - \Delta\varphi)}{K}$，则上式化为

$$\sin\psi_n\cos\theta - \cos\psi_n\sin\theta = \frac{r\cos(\alpha_n - \varphi - \Delta\varphi)}{K}，即 \sin(\psi_n - \theta) = \frac{r\cos(\alpha_n - \varphi - \Delta\varphi)}{K}$$

则：

$$\psi_n = \theta + \arcsin\left[\frac{r\cos(\alpha - \varphi - \Delta\varphi)}{K}\right] + \sigma\pi \tag{6-29}$$

式中，σ 可取{ -1，0，-1}中的值，使得 ψ' 在俯仰角的有效区间。俯仰角的增量(调整量)为 $\Delta\psi = \psi' - \psi$。

经过上述处理，可以将情形 3 转换到情形 2。如情形 2 所述，单链的控制参数为 $(\alpha_n, h, \varphi + \Delta\varphi, \psi_n)$，摄像机观测注意点转移到 P 点。

6.4 双目正视模式的调整策略

双目正视模式的几何模型如图 6-5 所示。

已知世界坐标系中的一点 P 及两支链的结构参数 $(R_1, r_1, \theta_1, R_2, r_2, \theta_2)$。由于加工及装配的误差，使得 $R_1 \neq R_2$，则支链沿圆轨运动时两支链云台中心轨迹为两个半径相差很小的同心圆。不妨设支链 2 对应的云台中心的轨迹的圆半径较小。M_1、M_2 为支链云台中心 O_{E1}、O_{E2} 在世界坐标系 $x_W O_W y_W$ 面的投影，$O_W M_1$ 交内圆于 $\overline{M}_1$。令 P' 为 P 在世界坐标系 $x_W O_W y_W$ 平面的投影点，$P'O_W$ 的延长线交

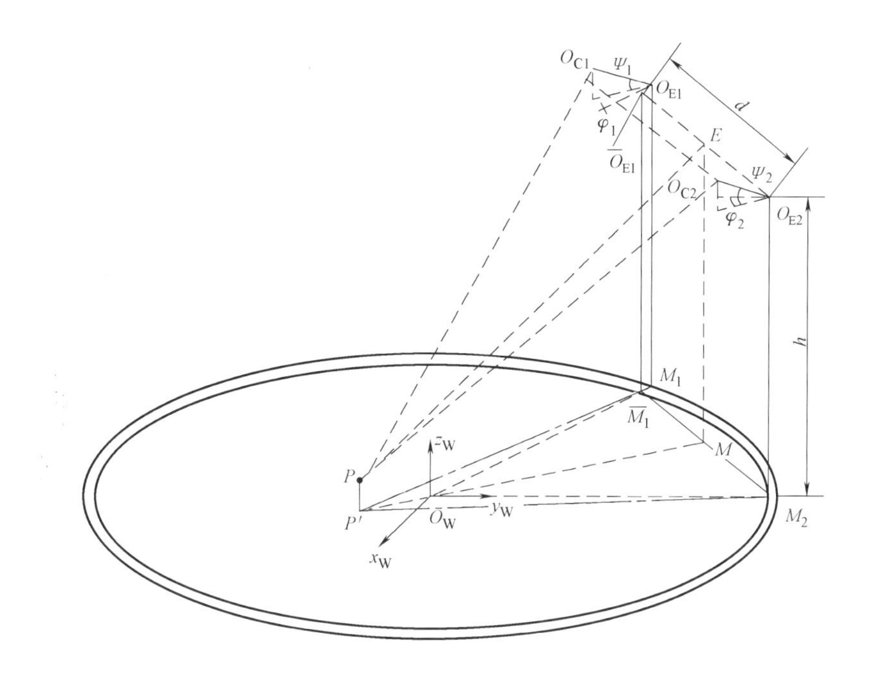

图 6-5　双目正视模式的几何模型

$\overline{M}_1M_2$ 于 M，则 $\overline{M}_1$ 坐标为（$R_2\cos\alpha_1,R_2\sin\alpha_1$），$M_2$ 坐标为（$R_2\cos\alpha_2,R_2\sin\alpha_2,0$），$M_1$ 坐标为（$R_1\cos\alpha_1,R_1\sin\alpha_1$），$O_{E1}$ 坐标为（$R_1\cos\alpha_1,R_1\sin\alpha_1,h$），其对应点 $\overline{O}_{E1}$ 坐标为（$R_2\cos\alpha_1,R_2\sin\alpha_1,h$），$O_{E2}$ 坐标为（$R\cos\alpha_2,R\sin\alpha_2,h$）。所谓正视模式即要求平面 $\overline{PP'ME}$ 与平面 $\overline{\overline{O}_{E1}O_{E2}M_2\overline{M}_1}$ 垂直。

正视模式的调整就是调整运动控制参数（$\alpha_1,h_1,\varphi_1,\psi_1,\alpha_2,h_2,\varphi_2,\psi_2$），使其满足正视模式的定义，且在上述定义中 $h_1=h_2=h$ 为一个预先给定的云台在丝杠上的高度值。

（1）两支链在圆轨中位置 α_1、α_2 的计算　由于 $P'M$ 过圆轨中心 O_W，则 $P'M$ 垂直平分 $\overline{M}_1M_2$，若指定准基线 $\overline{M}_1M_2$ 的长度为 d，对于给定的 P 点，其坐标为（x_P,y_P,z_P），则 P' 点坐标为（$x_P,y_P,0$）。则 $\overline{M}_1$ 的坐标为

$$\overline{M}_1=\left(\frac{-x_P\sqrt{{R_2}^2-\frac{d^2}{4}}+\frac{dy_P}{2}}{\sqrt{{x_P}^2+{y_P}^2}},\ \frac{-y_P\sqrt{{R_2}^2-\frac{d^2}{4}}-\frac{dx_P}{2}}{\sqrt{{x_P}^2+{y_P}^2}},\ 0\right) \tag{6-30}$$

M_2 的坐标为

$$M_2=\left(\frac{-x_P\sqrt{{R_2}^2-\frac{d^2}{4}}-\frac{dy_P}{2}}{\sqrt{{x_P}^2+{y_P}^2}},\ \frac{-y_P\sqrt{{R_2}^2-\frac{d^2}{4}}+\frac{dx_P}{2}}{\sqrt{{x_P}^2+{y_P}^2}},\ 0\right) \tag{6-31}$$

因此，可计算出 M 的坐标为

$$M=\left(\frac{-x_P\sqrt{R_2^{\ 2}-\frac{d^2}{4}}}{\sqrt{x_P^{\ 2}+y_P^{\ 2}}},\ \frac{-y_P\sqrt{R_2^{\ 2}-\frac{d^2}{4}}}{\sqrt{x_P^{\ 2}+y_P^{\ 2}}},\ 0\right) \tag{6-32}$$

把式(6-30)与 $\overline{M_1}=(R_2\cos\alpha_1,R_2\sin\alpha_1,0)$ 联立可得：

$$\begin{cases} R_2\cos\alpha_1=\dfrac{-x_P}{\sqrt{x_P^{\ 2}+y_P^{\ 2}}}\sqrt{R_2^{\ 2}-\dfrac{d^2}{4}}+\dfrac{d}{2}\dfrac{y_P}{\sqrt{x_P^{\ 2}+y_P^{\ 2}}} \\ R_2\sin\alpha_1=\dfrac{-y_P}{\sqrt{x_P^{\ 2}+y_P^{\ 2}}}\sqrt{R_2^{\ 2}-\dfrac{d^2}{4}}-\dfrac{d}{2}\dfrac{x_P}{\sqrt{x_P^{\ 2}+y_P^{\ 2}}} \end{cases} \tag{6-33}$$

把式(6-31)与 $M_2=(R_2\cos\alpha_2,R_2\sin\alpha_2,0)$ 联立可得：

$$\begin{cases} R_2\cos\alpha_2=\dfrac{-x_P}{\sqrt{x_P^{\ 2}+y_P^{\ 2}}}\sqrt{R_2^{\ 2}-\dfrac{d^2}{4}}-\dfrac{d}{2}\dfrac{y_P}{\sqrt{x_P^{\ 2}+y_P^{\ 2}}} \\ R_2\sin\alpha_2=\dfrac{-y_P}{\sqrt{x_P^{\ 2}+y_P^{\ 2}}}\sqrt{R_2^{\ 2}-\dfrac{d^2}{4}}+\dfrac{d}{2}\dfrac{x_P}{\sqrt{x_P^{\ 2}+y_P^{\ 2}}} \end{cases} \tag{6-34}$$

因此，由式(6-33)可以求得 α_1，由式(6-34)可以求得 α_2。

(2) 两支链云台的水平转动角 φ_1、φ_2 的计算　对支链 A 而言，水平转角 φ_1 为平面 $\overline{P'M_1O_{E1}}$ 与平面 $\overline{O_WM_1O_{E1}}$ 的夹角，平面 $\overline{P'M_1O_{E1}}$ 的方程为

$$\begin{vmatrix} x-x_P & y-y_P & z \\ R_1\cos\alpha_1-x_P & R_1\sin\alpha_1-y_P & 0 \\ R_1\cos\alpha_1-x_P & R_1\sin\alpha_1-y_P & h \end{vmatrix}=0 \tag{6-35}$$

经整理可得

$$(R_1\sin\alpha_1-y_P)x-(R_1\cos\alpha_1-x_P)y+0z+R_1(y_P\cos\alpha_1-x_P\sin\alpha_1)=0 \tag{6-36}$$

平面 $\overline{O_WM_1O_{E1}}$ 的方程为

$$\begin{vmatrix} x & y & z \\ R_1\cos\alpha_1 & R_1\sin\alpha_1 & 0 \\ R_1\cos\alpha_1 & R_1\sin\alpha_1 & h \end{vmatrix}=0 \tag{6-37}$$

经整理可得

$$R_1\sin\alpha_1x-R_1\cos\alpha_1y+0z=0 \tag{6-38}$$

则由两平面夹角公式，可以求得平面 $\overline{P'M_1O_{E1}}$ 与平面 $\overline{O_WM_1O_{E1}}$ 夹角 φ_1 的余弦为

$$\cos\varphi_1=\frac{R_1-(x_P\cos\alpha_1+y_P\sin\alpha_1)}{1+\sqrt{1+\dfrac{x_P^{\ 2}+y_P^{\ 2}}{R_1^{\ 2}}-2\dfrac{x_P\cos\alpha_1+y_P\sin\alpha_1}{R_1}}} \tag{6-39}$$

同理，对支链 B 而言，可得到平面 $\overline{P'M_2O_{E2}}$ 与平面 $\overline{O_WM_2O_{E2}}$ 夹角 φ_2 的余弦为

$$\cos\varphi_2 = \frac{R_2 - (x_P\cos\alpha_2 + y_P\sin\alpha_2)}{1 + \sqrt{1 + \frac{x_P^2 + y_P^2}{R_2^2} - 2\frac{x_P\cos\alpha_2 + y_P\sin\alpha_2}{R_2}}} \tag{6-40}$$

（3）两支链云台的俯仰角 ψ_1、ψ_2 的计算　对支链 A，设当俯仰角为 ψ_1 时，摄像机对准目标 P。由于此支链的控制参数（α_1, h, φ_1）已在上述(1)、(2)中求得。则摄像机中心 O_{C1} 坐标为

$$X_{C1} = \begin{pmatrix} -r_1\cos(\alpha_1 + \varphi_1)\sin\psi_1 + R_1\cos\alpha_1 \\ -r_1\sin(\alpha_1 + \varphi_1)\sin\psi_1 + R_1\sin\alpha_1 \\ r_1\cos\psi_1 + h \end{pmatrix} \tag{6-41}$$

其光轴方向向量 $\boldsymbol{A}_{C1}$ 为

$$\boldsymbol{A}_{C1} = \begin{pmatrix} \dfrac{\cos(\alpha_1 + \varphi_1 + \psi_1 + \theta_1) + \cos(\alpha_1 + \varphi_1 - \psi_1 - \theta_1)}{-2} \\ \dfrac{\sin(\alpha_1 + \varphi_1 - \psi_1 - \theta_1) + \sin(\alpha_1 + \varphi_1 + \psi_1 + \theta_1)}{-2} \\ -\sin(\psi_1 + \theta_1) \end{pmatrix} \tag{6-42}$$

由 $O_{C1}P = \lambda\boldsymbol{A}_{C1}$ 可得

$$\begin{cases} x_P - x_{C1} = \lambda\left[\dfrac{\cos(\alpha_1 + \varphi_1 + \psi_1 + \theta_1) + \cos(\alpha_1 + \varphi_1 - \psi_1 - \theta_1)}{-2}\right] \\ y_P - y_{C1} = \lambda\left[\dfrac{\sin(\alpha_1 + \varphi_1 - \psi_1 - \theta_1) + \sin(\alpha_1 + \varphi_1 + \psi_1 + \theta_1)}{-2}\right] \\ z_P - z_{C1} = \lambda[-\sin(\psi_1 + \theta_1)] \end{cases} \tag{6-43}$$

消去比例系数 λ，化简为

$$\begin{cases} r_1\cos(\alpha_1 + \varphi_1)\cos\theta_1 = (z_P - h)\cos(\alpha_1 + \varphi_1)\cos(\psi_1 + \theta_1) - (x_P - R_1\cos\alpha_1)\sin(\psi_1 + \theta_1) \\ r_1\sin(\alpha_1 + \varphi_1)\cos\theta_1 = (z_P - h)\sin(\alpha_1 + \varphi_1)\cos(\psi_1 + \theta_1) - (y_P - R_1\sin\alpha_1)\sin(\psi_1 + \theta_1) \end{cases}$$

解得 $\cos(\psi_1 + \theta_1)$和 $\sin(\psi_1 + \theta_1)$为

$$\begin{cases} \cos(\psi_1 + \theta_1) = \dfrac{a_1f_1 - d_1c_1}{b_1f_1 - e_1c_1} \\ \sin(\psi_1 + \theta_1) = \dfrac{b_1d_1 - e_1a_1}{b_1f_1 - e_1c_1} \end{cases}$$

式中，$a_1 = r_1\cos(\alpha_1 + \varphi_1)\cos\theta_1$；$b_1 = (z_P - h)\cos(\alpha_1 + \varphi_1)$；$c_1 = -(x_P - R_1\cos\alpha_1)$；$d_1 = r_1\sin(\alpha_1 + \varphi_1)\cos\theta_1$；$e_1 = (z_P - h)\sin(\alpha_1 + \varphi_1)$；$f_1 = -(y_P - R_1\sin\alpha_1)$。

进而可得支链 A 云台的俯仰角为

$$\psi_1 = \arccos\left(\frac{a_1f_1 - d_1c_1}{b_1f_1 - e_1c_1}\right) - \theta_1 \text{ 或 } \psi_1 = \arcsin\left(\frac{b_1d_1 - e_1a_1}{b_1f_1 - e_1c_1}\right) - \theta_1 \tag{6-44}$$

根据 $\psi_{min} \leqslant \psi_1 \leqslant \psi_{max}$，合理确定 ψ_1 的取值。

同理，可得支链 B 云台的俯仰角为

$$\psi_2 = \arccos\left(\frac{a_2 f_2 - d_2 c_2}{b_2 f_2 - e_2 c_2}\right) - \theta_2 \text{ 或 } \psi_2 = \arcsin\left(\frac{b_2 d_2 - e_2 a_2}{b_2 f_2 - e_2 c_2}\right) - \theta_2 \tag{6-45}$$

式中，$a_2 = r_2 \cos(\alpha_2 + \varphi_2)\cos\theta_2$；$b_2 = (z_P - h)\cos(\alpha_2 + \varphi_2)$；$c_2 = -(x_P - R_2 \cos\alpha_2)$；$d_2 = r_2 \sin(\alpha_2 + \varphi_2)\cos\theta_2$；$e_2 = (z_P - h)\sin(\alpha_2 + \varphi_2)$；$f_2 = -(y_P - R_2 \sin\alpha_2)$。

根据 $\psi_{min} \leqslant \psi_2 \leqslant \psi_{max}$，合理确定 ψ_2 的取值。

6.5 双目正视模式下的视觉跟踪

双目正视模式下的视觉跟踪是指在对移动目标的观测中，双摄像机随目标的移动调整摄像机的位置和姿态，始终将观测注意点集中在目标上，并保持双目正视的观测模式的一种视觉跟踪策略。

已知 t 时刻各支链正视模式下的控制参数（$\alpha_1, h_1, \varphi_1, \psi_1, \alpha_2, h_2, \varphi_2, \psi_2$）及 t 时刻目标的位置 $P(x_P, y_P, z_P)$。根据连续图像序列，计算出 t 时刻目标的运动趋势，即运动速度为 $v(v_x, v_y, v_z)$。若跟踪控制的周期为 T，则在下一时刻目标的位置为 $P'(x'_P, y'_P, z'_P)$ 的位移增量为

$$\begin{cases} \Delta x = x'_P - x_P \approx v_x T \\ \Delta y = y'_P - y_P \approx v_y T \\ \Delta z = z'_P - z_P \approx v_z T \end{cases} \tag{6-46}$$

然后，根据给出的位移增量求解出 $t + T$ 时刻的各支链控制参数（$\alpha'_1, h'_1, \varphi'_1, \psi'_1, \alpha'_2, h'_2, \varphi'_2, \psi'_2$）。最后，把控制参数增量转换成各驱动电动机的脉冲当量，使机构实现新的双目正视状态，实现对移动目标的视觉跟踪。

求解 $t + T$ 时刻的各支链控制参数（$\alpha'_1, h'_1, \varphi'_1, \psi'_1, \alpha'_2, h'_2, \varphi'_2, \psi'_2$）的方法如下：

（1）求解控制参数 α'_1、α'_2　在此仅考虑在 t 时刻时目标 P 不在圆轨中心（世界坐标的原点）的情况，即 $\sqrt{x_P^2 + y_P^2} \neq 0$。在 $t + T$ 时刻时目标 P' 也不在圆轨中心，即 $\sqrt{x'^2_P + y'^2_P} \neq 0$。若目标 P 或 P' 在圆轨中心，则 $\alpha'_1 = \alpha_1, \alpha'_2 = \alpha_2$，即支链位置不动。

对于支链 A，在 t 时刻的支链位置为（$R_1 \cos\alpha_1, R_1 \sin\alpha_1$），给定增量为 Δx、Δy，根据双目正视的条件，由式（6-33）可知 $t + T$ 时刻的支链位置（$R_1 \cos\alpha'_1$、$R_1 \sin\alpha'_1$）满足以下条件：

$$\begin{cases} R_1\cos\alpha_1' = \left(R_1\cos\alpha_1 - \dfrac{\Delta x\sqrt{R_1^{\ 2}-\dfrac{d^2}{4}}+\dfrac{d\Delta y}{2}}{\sqrt{x_P^{\ 2}+y_P^{\ 2}}}\right)\dfrac{\sqrt{x_P^{\ 2}+y_P^{\ 2}}}{\sqrt{x'^2_P+y'^2_P}} \\ R_1\sin\alpha_1' = \left(R_1\sin\alpha_1 - \dfrac{\Delta y\sqrt{R_1^{\ 2}-\dfrac{d^2}{4}}-\dfrac{d\Delta x}{2}}{\sqrt{x_P^{\ 2}+y_P^{\ 2}}}\right)\dfrac{\sqrt{x_P^{\ 2}+y_P^{\ 2}}}{\sqrt{x'^2_P+y'^2_P}} \end{cases} \tag{6-47}$$

为了方便讨论，令

$$A = R_1\cos\alpha_1 - \frac{\Delta x\sqrt{R_1^{\ 2}-\dfrac{d^2}{4}}+\dfrac{d\Delta y}{2}}{\sqrt{x_P^{\ 2}+y_P^{\ 2}}} \tag{6-48}$$

$$B = R_1\sin\alpha_1 - \frac{\Delta y\sqrt{R_1^{\ 2}-\dfrac{d^2}{4}}-\dfrac{d\Delta x}{2}}{\sqrt{x_P^{\ 2}+y_P^{\ 2}}} \tag{6-49}$$

下面对式(6-47)进行讨论：

当 $B>0$ 且 $A=0$ 时，$\alpha_1'=\pi/2$；

当 $B<0$ 且 $A=0$ 时，$\alpha_1'=3\pi/2$；

当 $A>0$ 时，$\alpha_1' = a\tan\left(\dfrac{R_1\sin\alpha_1 - \dfrac{\Delta x\sqrt{R_1^{\ 2}-\dfrac{d^2}{4}}}{\sqrt{x_P^{\ 2}+y_P^{\ 2}}} - \dfrac{d}{2}\dfrac{\Delta y}{\sqrt{x_P^{\ 2}+y_P^{\ 2}}}}{R_1\cos\alpha_1 - \dfrac{\Delta x\sqrt{R_1^{\ 2}-\dfrac{d^2}{4}}}{\sqrt{x_P^{\ 2}+y_P^{\ 2}}} + \dfrac{d}{2}\dfrac{\Delta y}{\sqrt{x_P^2+y_P^2}}}\right)$；

当 $A<0$ 时，$\alpha_1' = \pi + a\tan\left(\dfrac{R_1\sin\alpha_1 - \dfrac{\Delta x\sqrt{R_1^{\ 2}-\dfrac{d^2}{4}}}{\sqrt{x_P^{\ 2}+y_P^{\ 2}}} - \dfrac{d}{2}\dfrac{\Delta y}{\sqrt{x_P^{\ 2}+y_P^{\ 2}}}}{R_1\cos\alpha_1 - \dfrac{\Delta x\sqrt{R_1^{\ 2}-\dfrac{d^2}{4}}}{\sqrt{x_P^{\ 2}+y_P^{\ 2}}} + \dfrac{d}{2}\dfrac{\Delta y}{\sqrt{x_P^2+y_P^2}}}\right)$；

同理，对于支链B，可得 α_2'。

(2)求解控制参数 φ_1'、φ_2'

对支链A，$t+T$ 时刻控制参数 φ_1' 直接利用式(6-39)计算：

$$\cos\varphi_1' = \frac{R_1-(x_P'\cos\alpha_1'+y_P'\sin\alpha_1')}{1+\sqrt{1+\dfrac{x'^2_P+y'^2_P}{R_1^{\ 2}}-2\dfrac{x_P'\cos\alpha_1'+y_P'\sin\alpha_1'}{R_1}}} \tag{6-50}$$

对支链B，$t+T$ 时刻是控制参数 φ_2' 直接利用式(6-40)计算：

$$\cos\varphi_2' = \frac{R_2 - (x_P'\cos\alpha_2' + y_P'\sin\alpha_2')}{1 + \sqrt{1 + \frac{x_P'^2 + y_P'^2}{R_2^{\ 2}} - 2\frac{x_P'\cos\alpha_2' + y_P'\sin\alpha_2'}{R_2}}} \tag{6-51}$$

(3)求解控制参数 ψ_1'、ψ_2'

对支链 A，$t+T$ 时刻控制参数 ψ_1'直接利用式(6-44)计算。

$$\psi_1' = \arccos\left(\frac{a_1f_1 - d_1c_1}{b_1f_1 - e_1c_1}\right) - \theta_1 \text{ 或 } \psi_1' = \arcsin\left(\frac{b_1d_1 - e_1a_1}{b_1f_1 - e_1c_1}\right) - \theta_1 \tag{6-52}$$

式中，$a_1 = r_1\cos(\alpha_1' + \varphi_1')\cos\theta_1$；$b_1 = (z_P - h)\cos(\alpha_1' + \varphi_1')$；$c_1 = -(x_P - R_1\cos\alpha_1')$；$d_1 = r_1\sin(\alpha_1' + \varphi_1')\cos\theta_1$；$e_1 = (z_P - h)\sin(\alpha_1' + \varphi_1')$；$f_1 = -(y_P - R_1\sin\alpha_1')$。

根据 $\psi_{\min} \leqslant \psi_1' \leqslant \psi_{\max}$，合理确定 ψ_1'的取值。

对支链 B，$t+T$ 时刻控制参数 ψ_2'直接利用式(6-45)计算。

$$\psi_2' = \arccos\left(\frac{a_2f_2 - d_2c_2}{b_2f_2 - e_2c_2}\right) - \theta_2 \text{ 或 } \psi_2' = \arcsin\left(\frac{b_2d_2 - e_2a_2}{b_2f_2 - e_2c_2}\right) - \theta_2 \tag{6-53}$$

式中：$a_2 = r_2\cos(\alpha_2' + \varphi_2')\cos\theta_2$；$b_2 = (z_P - h)\cos(\alpha_2' + \varphi_2')$；$c_2 = -(x_P - R_2\cos\alpha_2')$；$d_2 = r_2\sin(\alpha_2' + \varphi_2')\cos(\theta_2)$；$e_2 = (z_P - h)\sin(\alpha_2' + \varphi_2')$；$f_2 = -(y_P - R_2\sin\alpha_2')$。

根据 $\psi_{\min} \leqslant \psi_2' \leqslant \psi_{\max}$，合理确定 ψ_2'的取值。

6.6 实验测试及结果

6.6.1 凝视和正视调整测试

凝视为目标物体与摄像机光心的连线经过摄像机像平面的中心的一种视觉观测状态，即摄像机对准目标物体，目标物的像在所拍摄图像的中心位置。凝视调整指将非凝视状态的两摄像机通过云台平转及俯仰控制达到凝视状态的过程，反映了视觉机构搜索目标、锁定目标(对准)、转移摄像机注意点的视觉行为能力。

正视是两个摄像机均达到凝视目标的状态，并且目标和两摄像机形成等腰三角形的一种观测模式，目标在两摄像机中线连线(基线)的中垂面内。正视调整是将两个处于凝视状态的摄像机调整到正视观测模式的过程，需要两支链间协调控制，从初始的非正视状态调整到正视状态，反映了视觉机构双目协调工作的能力。

凝视调整实验过程如下。

1)控制系统初始化，测定两摄像机的内参数。

2)调整摄像机的位置和高度，使得目标物出现在摄像机视域内(不一定是凝视状态)，通过立体标靶块动态标定出摄像机当前的位姿参数，通过机构的运动学模型，反解出摄像机当前的控制参数（$\alpha_0, h_0, \varphi_0, \psi_0$）。

3)利用 K-Mean 聚类的方法，提取两摄像机所拍摄图像中目标物体的中心像坐标。通过视觉三维重构计算目标物体 P 的空间坐标（x_P, y_P, z_P）。

4)利用建立的摄像机观测注意点转移策略模型，计算达到凝视状态的摄像机的位姿，通过机构的运动学模型，反解出凝视状态的控制参数（$\alpha_1, h_1, \varphi_1, \psi_1$）。

5)求解出支链的位移增量（$\Delta\alpha, \Delta h, \Delta\varphi, \Delta\psi$），$\Delta\alpha = a_1 - \alpha_0$，$\Delta h = h_1 - h_0$，$\Delta\varphi = \varphi_1 - \varphi_0$，$\Delta\psi = \psi_1 - \psi_0$，形成控制指令，通过前台电气控制系统完成控制过程。

图6-6为凝视调整前两摄像机的图像，图6-7为凝视调整后两摄像机的图

图 6-6　凝视调整前两摄像机的图像

像，两图像中加号标志为摄像机图像的中心，可乐杯的圆底为目标。图 6-6 表明调整前两摄像机的观测注意点未在目标物上，而图 6-7 表明经过凝视调整后两摄像机的观测注意点均已集中到目标中心上，使得两摄像机达到了双目凝视状态。

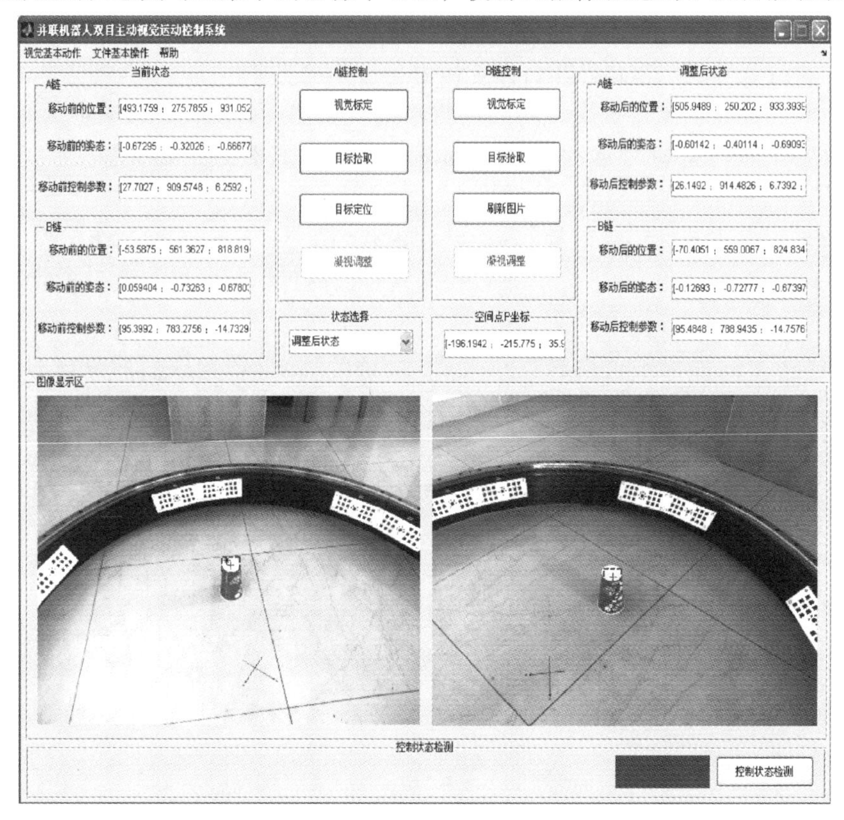

图 6-7　凝视调整后两摄像机的图像

正视调整实验过程如下：

1）将两摄像机均调整到凝视状态，测定两摄像机的当前位姿 X_{C1}、X_{C2}，及当前的两支链的控制参数（$\alpha_{10},h_{10},\varphi_{10},\psi_{10}$）、（$\alpha_{20},h_{20},\varphi_{20},\psi_{20}$），目标中心 P 世界坐标（x_P,y_P,z_P）。

2）利用正视调整模型，计算达到正视状态的两支链的控制参数（$\alpha_{11},h_{11},\varphi_{11},\psi_{11}$）、（$\alpha_{21},h_{21},\varphi_{21},\psi_{21}$）。

3）求解出支链的位移增量（$\Delta\alpha,\Delta h,\Delta\varphi,\Delta\psi$），$\Delta\alpha = a_{11} - \alpha_{10}$，$\Delta h = h_{11} - h_{10}$，$\Delta\varphi = \varphi_{11} - \varphi_{10}$，$\Delta\psi = \psi_{11} - \psi_{10}$，形成控制指令，通过前台电气控制系统完成控制。

图 6-8 为两摄像机处于凝视状态时（即正视调整前）的仿真图，此时，两摄像机 C_1、C_2 均已对准目标 P，但两摄像机间的基线长度 C_1C_2 未达到设定的基线长度的要求，同时目标也未处在两摄像机极限的中垂面内。图 6-9 为调整摄像机达到正视状态时的仿真图，该图表明经过正视调整，摄像机达到了正视状态，

即两摄像机 C_1、C_2 间的基线长度 C_1C_2 达到了设定的基线长度的要求，同时目标也处在了两摄像机基线的中垂面内。

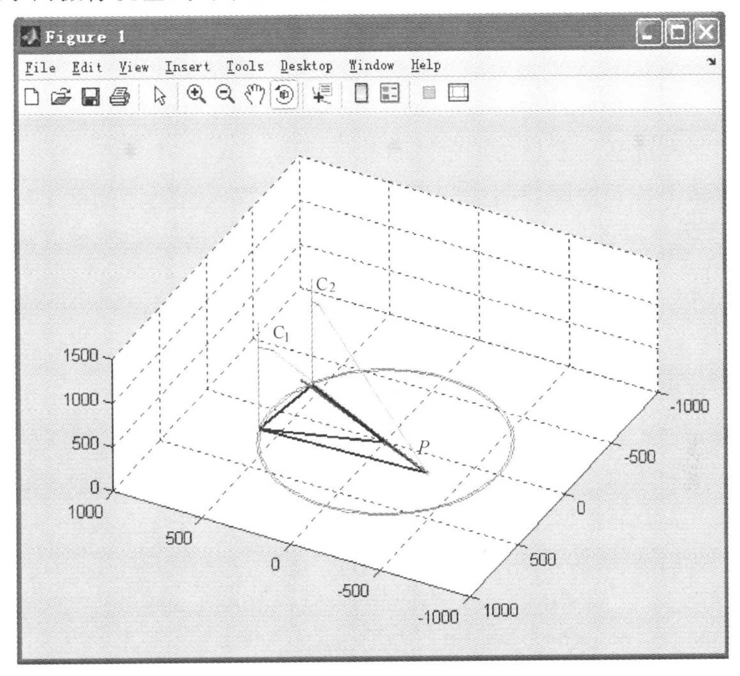

图 6-8　两摄像机正视调整前的仿真图

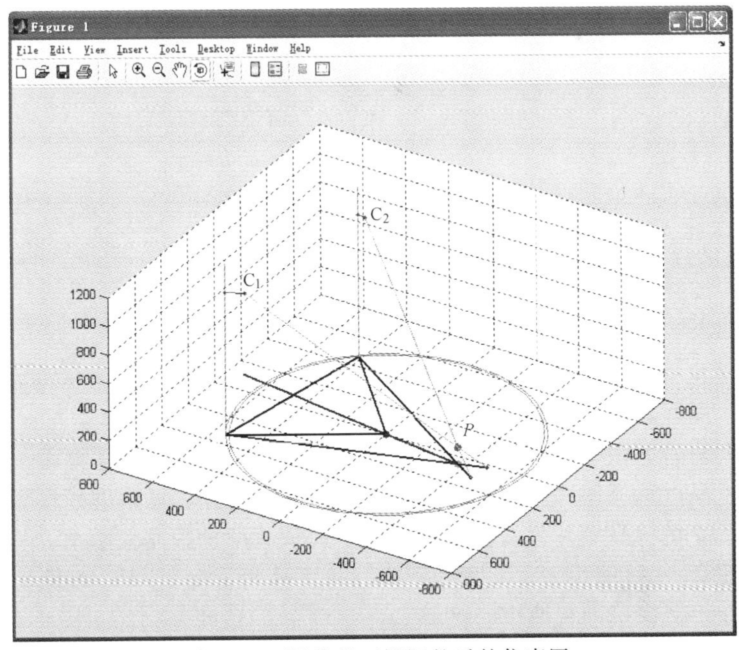

图 6-9　两摄像机正视调整后的仿真图

6.6.2 正视模式下的视觉跟踪测试

双目正视模式下的视觉跟踪是指在对移动目标的观测中，两摄像机随目标的移动调整摄像机的位置和姿态，始终将观测注意点集中在目标上，并保持双目正视的观测模式的一种视觉跟踪策略。它反映了视觉系统在保持最佳观测模式下，随着目标的运动双目协调跟踪目标的能力。

正视模式下视觉跟踪控制图如图6-10所示，首先由摄像机标定得到目标当前位置 $b(t)$ 及运动速度 $v(t)$ 。给定采样周期 Δt ，根据运动速度 $v(t)$ 预测目标下一位置 $\hat{b}(t+\Delta t)$ ，即 $\hat{b}(t+\Delta t)=b(t)+v(t)\cdot\Delta t$ 。然后，根据双链当前控制参数 $\boldsymbol{q}(t)=(\boldsymbol{q}_1(t),\ \boldsymbol{q}_2(t))^{\mathrm{T}}$，其中 $\boldsymbol{q}_i(t)=(\alpha_i(t),\ h_i(t),\ \varphi_i(t),\ \psi_i(t))^{\mathrm{T}}$，$i=1,\ 2$，和目标的预测位置 $\hat{b}(t+\Delta t)$ ，利用正视模式跟踪模型，计算下一时刻的控制参数 $\hat{q}_i(t+\Delta t)$ ，$i=1,\ 2$。进而计算摄像机两光轴对准位置 $p(t+\Delta t)$ ，根据目标实际到达位置 $b(t+\Delta t)$ ，计算调整偏差 $e(t+\Delta t)=p(t+\Delta t)-b(t+\Delta t)$ 。最后，基于调整偏差，由正视模式下的跟踪模型确定误差补偿量 $\Delta\boldsymbol{q}=(\Delta q_1,\Delta q_2)^{\mathrm{T}}$ 在下一运动周期进行补偿。

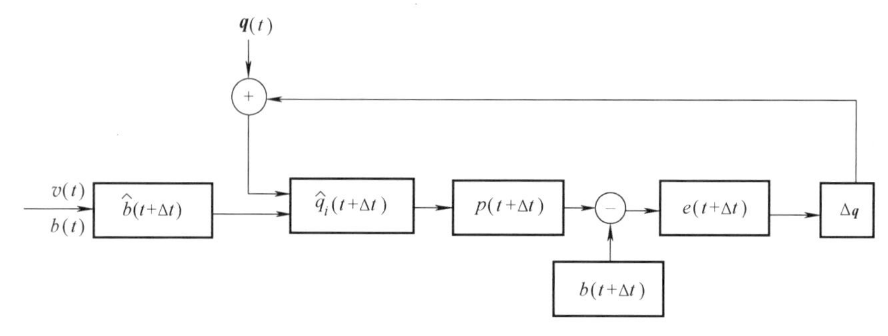

图6-10 正视模式下视觉跟踪控制图

正视模式下的视觉跟踪实验过程如下：

1)将一个滚动的小球置于监测空间中，将两摄像机调整到正视状态，记录摄像机的当前位姿和当前控制参数以及小球的当前位置。

2)移动小球，使小球在圆轨域内自由运动，按一定的采样周期摄取图像，实时标定小球的当前位置。

3)将当前各支链控制参数及目标物体位移增量 ΔP 带入正式模式下的视觉跟踪模型，可以得到目标物体移动后，相应两支链正视跟踪调整的控制增量。

4)把各支链位移增量传送到控制系统，完成相应的控制要求。

5)重复2)~4)的步骤，实现在正视模式下移动目标(小球)的视觉跟踪，使小球始终在两摄像机的视域中心区域。

下面只给出目标物体由 P 点移动到 P' 点的一次离散跟踪实验测试，连续跟踪是在定义了离散间隔之后，重复上述离散跟踪的过程。

图6-11为初始状态下的两摄像机图像。两图像中红色加号标志为摄像机图像的中心，小球为目标。此时目标物小球不在两摄像机图像的中心位置，因此处于非正视模式。

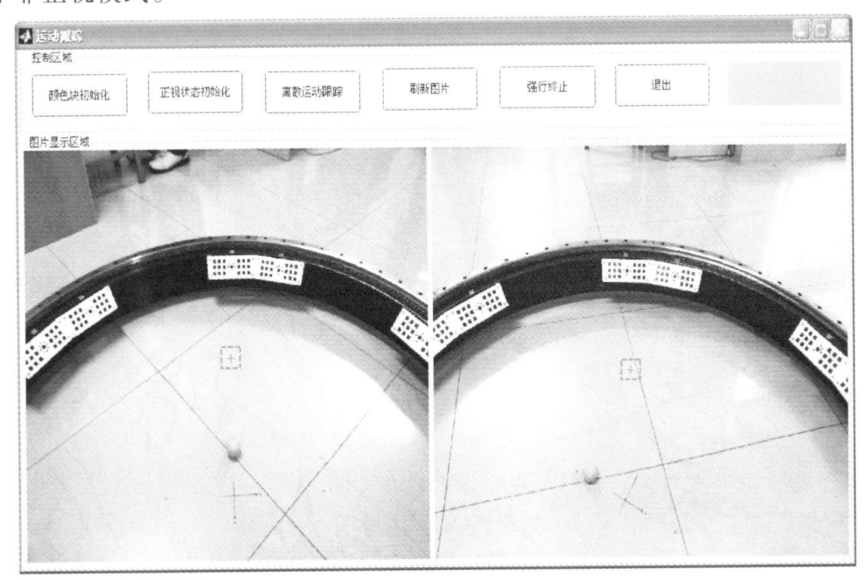

图6-11　初始状态下的两摄像机图像

图6-12为由初始状态进行正视调整后的结果，目标小球已处于两摄像机图像的中心位置。其正视调整过程如6.6.1节中所述。

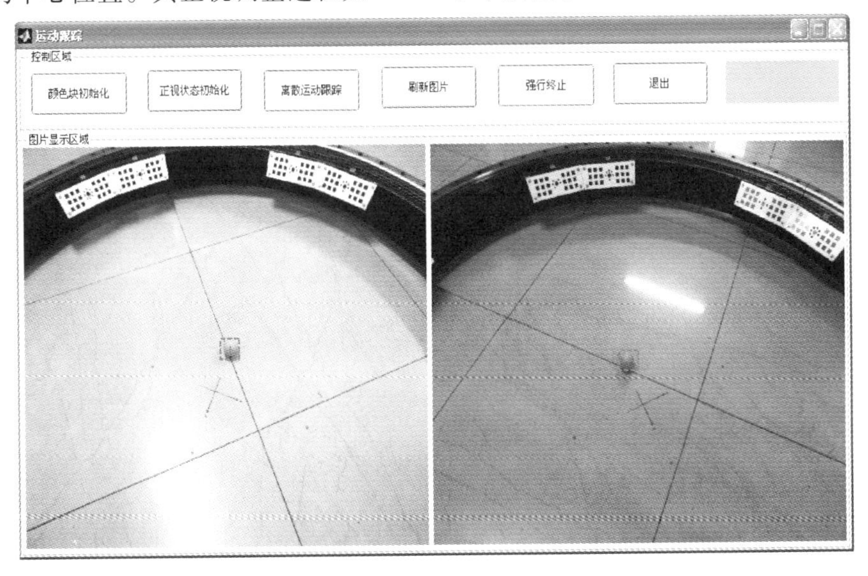

图6-12　正视调整后的两摄像机图像

图 6-13 展示了目标连续运动时，视觉系统在正视模式下视觉跟踪的结果。横坐标轴为时间，纵坐标轴为目标在图像坐标系中 X 轴方向上的坐标，其中实线为目标运动中目标图像的坐标，＊号表示跟踪过程中各采样时刻的摄像机图像中心的坐标。结果验证了提出的双目正视模式下的视觉跟踪策略的有效性。

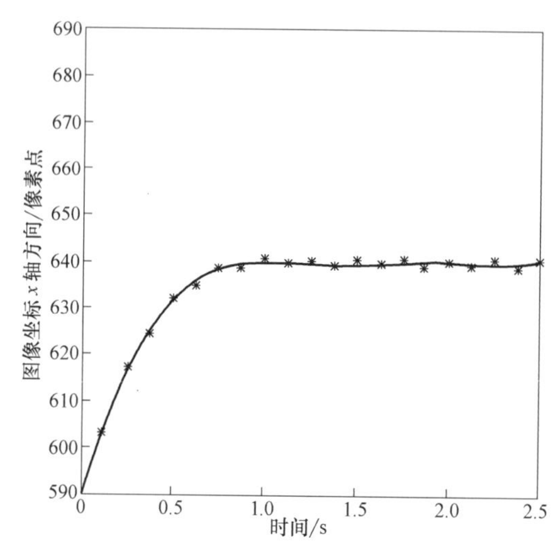

图 6-13 运动目标视觉跟踪响应

第7章　并联机器人双目主动视觉监测平台系统软件设计

本章主要介绍并联机器人双目主动视觉监测平台系统软件的设计与开发方案。整个系统包括前台控制系统和后台视觉服务系统两个部分。前台控制系统负责系统视觉信号的采集、电动机控制，既可独立运行，利于对系统设备的调试和简单任务的基本操作，又可与后台视觉服务系统连接，实现向后台发送采集的数据和视觉任务执行状态的反馈信息。后台视觉服务系统负责视觉信息的理解，并根据监测任务的需求实现摄像机的标定、系统的参数测定以及规划视觉系统的控制策略，既可独立运行，进行仿真研究，也可通过前后台简单的文本数据交换，向前台控制系统下达控制指令，接受反馈。这种设计实现了系统功能的合理划分，便于系统的硬件升级和软件扩展。

7.1　视觉平台系统软件总体设计

监测平台系统软件由前台控制系统和后台视觉服务系统两部分组成。控制系统主要负责对系统各运动副的驱动控制和摄像机图像采集控制，既可以实现

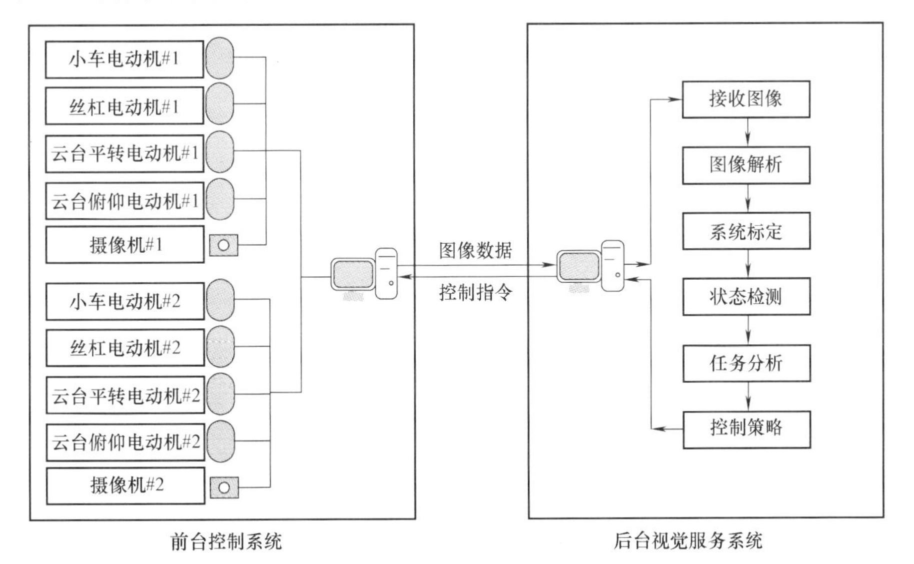

图7-1　视觉监测平台系统软件的总体结构

对各系统各部件的独立控制，也可以接收后台视觉服务系统下达的视觉系统驱动指令和图像采集指令，实现向后台视觉服务系统发送采集图像的通信任务。后台视觉服务系统主要负责对来自控制系统的图像进行分析，并根据系统当前的状态和工作任务制定视觉平台的运动控制策略，生成系统控制指令和图像采集指令，下达到前台控制系统执行。视觉监测平台系统软件的总体结构如图 7-1 所示。

7.2 控制系统软件设计

控制系统主要负责对双目主动视觉监测平台上电气设备的控制，为视觉服务系统提供基本的运动功能和摄像功能。本系统从设备独立控制和一体化自动执行任务入手，实现了界面操作和智能监测功能。界面操作便于设备的独立运行，和视觉服务系统相对独立，智能检测功能可以实现对本系统和视觉服务系统接口的检测，根据接口提供的控制指令和运动数据自动完成相应的位姿调整和摄像机拍摄任务。

图 7-2 为双目主动视觉监测平台的前台控制系统操作界面，界面包括了四个伺服电动机、两个数字云台和两个数字摄像机的控制。其中伺服电动机包括伺服电动机运动的方向、电动机运动的距离以及制动状态，运动过程为相对位移；数字云台的控制包括云台在水平摆动角度和俯仰角度的控制，运动过程为绝对位移；摄像机的控制主要控制摄像机的拍摄操作。

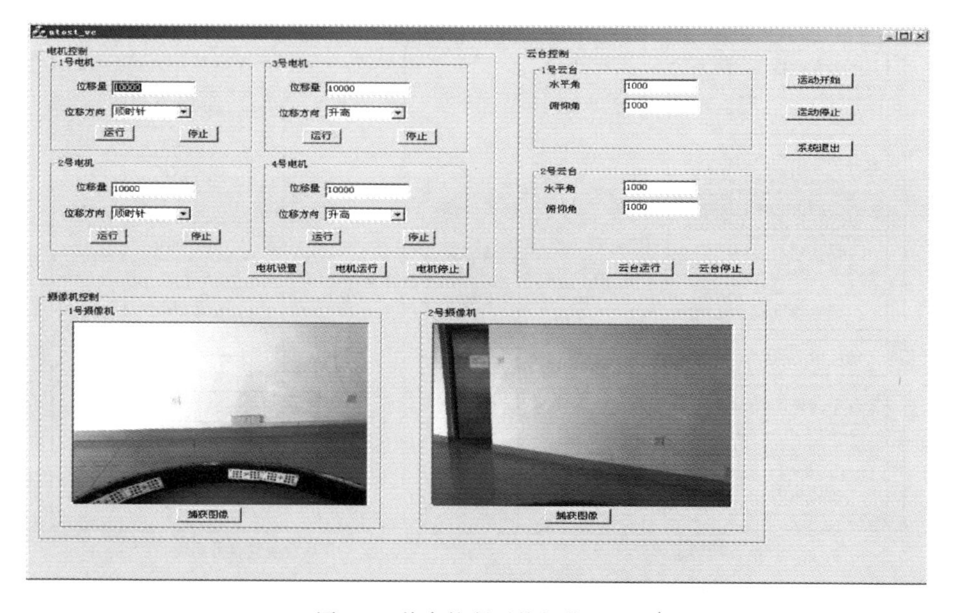

图 7-2 前台控制系统操作界面

此外，界面中添加了伺服电动机的设置按钮，可以通过此按钮对伺服电动机的速度、加速度、伺服信号进行设置，如图 7-3 所示。

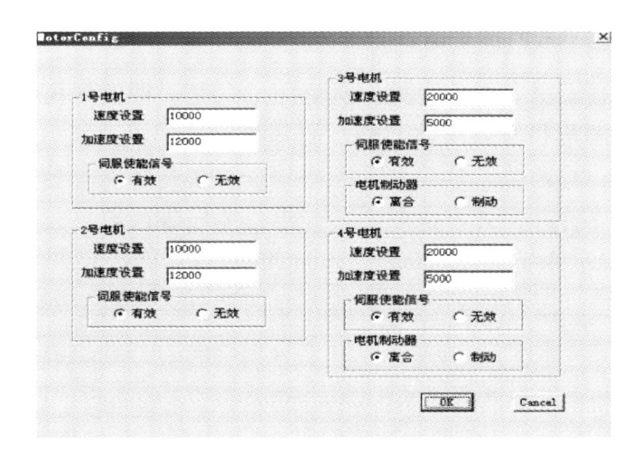

图 7-3　电动机设置界面

7.2.1　伺服电动机运动模块

伺服电动机运动模块主要通过控制板卡对伺服电动机发送指令完成伺服电动机的运动控制。本模块负责四个伺服电动机的控制，使其根据需要完成摄像机的位置调整，主要包括板卡的初始化，电动机伺服信号设置，电动机轴清零，电动机参数设置以及电动机运动等内容。电动机控制流程图如图 7-4 所示。

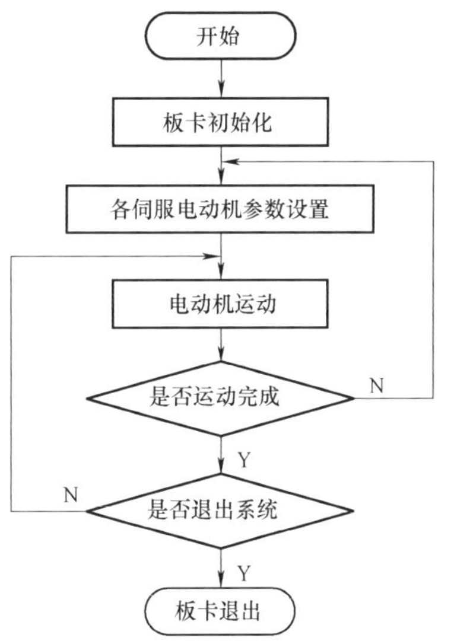

图 7-4　电动机控制流程图

（1）板卡初始化　板卡初始化是伺服电动机控制初始命令，负责启动板卡、分配资源等，包括初始化板卡上的芯片，轴位置清零，所有轴输出信号均设置为“脉冲/方向”信号。

（2）电动机参数设置　电动机参数设置是对电动机的运动参数所做的调整，主要通过相关函数完成，包括电动机轴的速度设置、加速度设置、伺服信号设置、电动机轴速度模式的设置等。

（3）电动机运动　电动机运动部分负责电动机起动和停止。电动机起动函数根据输入的目标位置和电动机运动方向，通过伺服信号的判断，使其到达目标位置。电动机停止函数负责在紧急或者危险情况下使其立即停止运动。

7.2.2 数字云台控制模块

数字云台控制模块主要负责摄像机姿态的调整，即根据视觉服务系统的需要对数字云台的摆角和俯仰角做调整，使其达到最佳观测状态。本模块负责两个数字云台控制，将两个云台分别分配串口，位姿调整相对独立，包括数字云台的初始化，串口打开，云台位姿调整，串口关闭等内容。云台控制流程图如图 7-5 所示。

在云台控制中，云台位姿调整是最重要的部分。每次位姿调整都需要发送运动指令和读取状态指令，发送运动指令负责控制云台开始运动，根据反馈信息判断指令是否执行；读取状态指令负责读取云台的状态，根据指令发出后的反馈值判断其是否已经运动到指定位置。

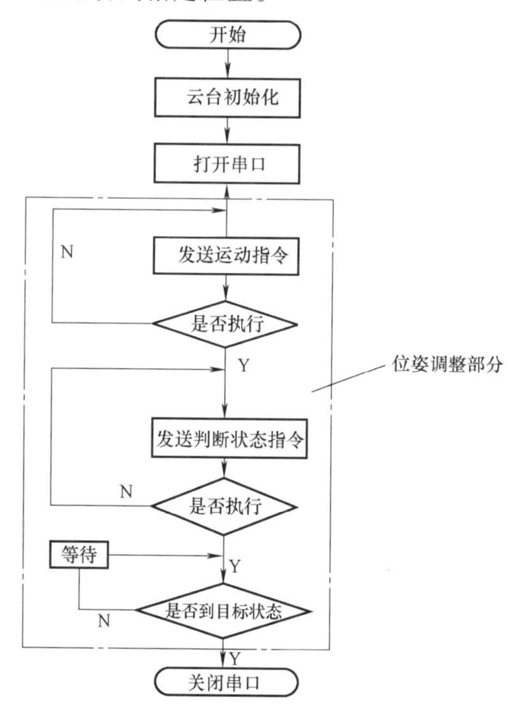

图 7-5 云台控制流程图

7.2.3 摄像机控制模块

摄像机控制模块负责摄像机对图像的采集以及图像的存储，为视觉服务系统提供拍摄图像功能。主要包括摄像机初始化、拍摄图像、图像格式转换、图像区域剪裁、特殊物体形心定位、图像保存等功能。摄像机工作流程图如图 7-6 所示。

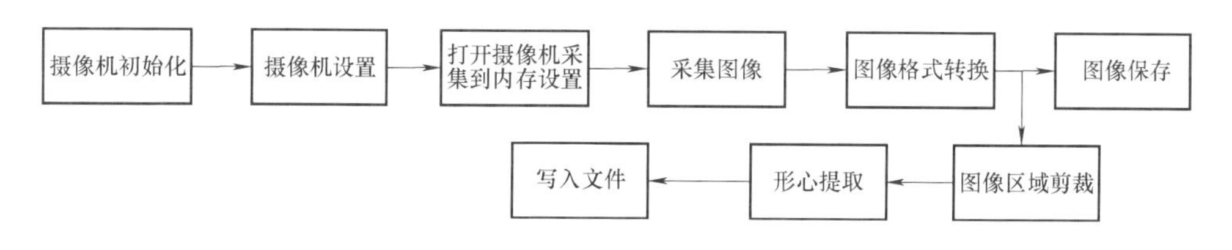

图 7-6　摄像机工作流程图

7.3　视觉服务系统软件设计

后台视觉服务系统由摄像机标定、系统参数测定及运动分析、帮助四个功能模块组成。其中摄像机标定模块分为两个子模块，即由平面棋盘靶标定摄像机的内参数和由立体标靶块动态标定摄像机的位姿外参数；系统参数测定模块分为四个子模块，即机构参数的测定、脉冲当量的测定、极限位置的测定和立体标靶块非编码标志点空间坐标的测定；运动分析模块分为三个子模块，即双目凝视控制、双目正视控制和双目正视模式下的视觉跟踪控制；帮助模块给出各功能模块的原理、算法及参数说明。视觉服务系统的功能模块如图 7-7 所示。

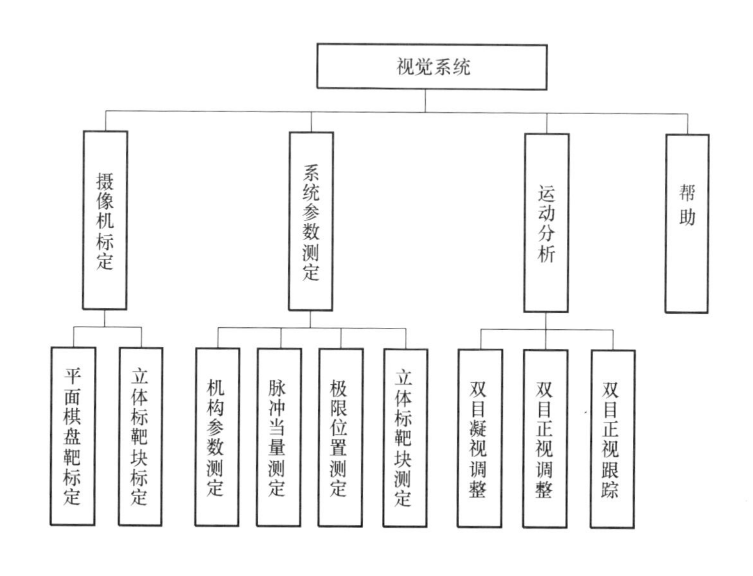

图 7-7　视觉服务系统的功能模块图

7.3.1 摄像机标定模块

本模块主要实现摄像机内外参数的标定。

内参数标定是利用摄像机在不同位置所拍摄的多幅平面棋盘靶的图像，从每幅图像中提取平面棋盘靶的格角点，根据小孔成像和摄像机畸变模型，从平面棋盘靶的格角点世界坐标与图像坐标的对应关系中，通过非线性优化的方法求解摄像机的内参数。

外参数标定是利用圆轨内侧环布的六组立体标靶块来动态测定摄像机的当前位姿，即利用图像中立体标靶块的非编码标志点像坐标及已知的空间世界坐标，通过摄像机模型，求解摄像机的外参数。摄像机标定模块流程图如图 7-8 所示。

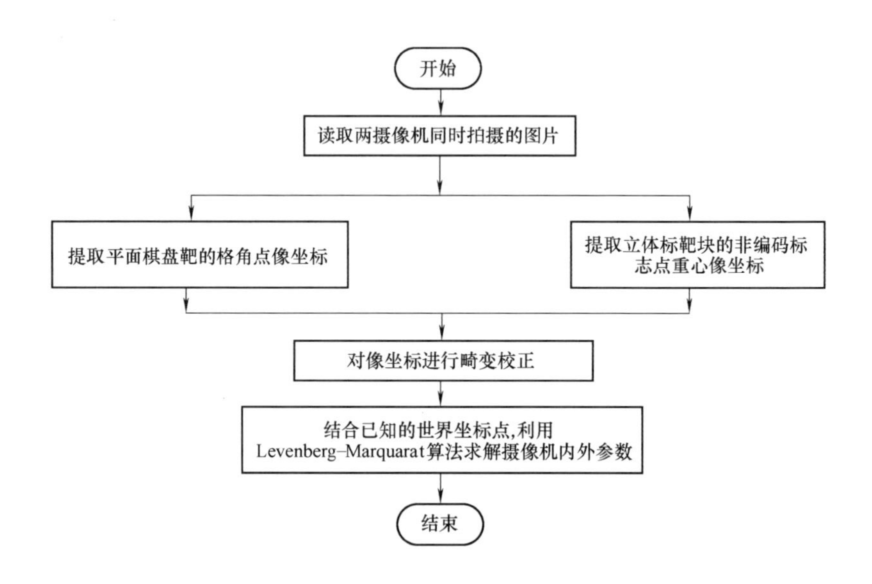

图 7-8　摄像机标定模块流程图

7.3.2 系统参数测定模块

本模块主要实现机构参数测定、脉冲当量测定、极限位置测定和立体标靶块非编码标志点的空间坐标测定。系统参数测定模块流程图如图 7-9 所示。

图 7-10 所示界面主要完成系统机构参数、脉冲当量和极限位置的测定。通过使平面棋盘靶和摄像机按一定规则进行摆放和拍摄，对拍摄的图像进行位姿标定，求出光心世界坐标，最后对其进行三维圆或者直线的拟合求得结构参数、脉冲当量和极限位置。

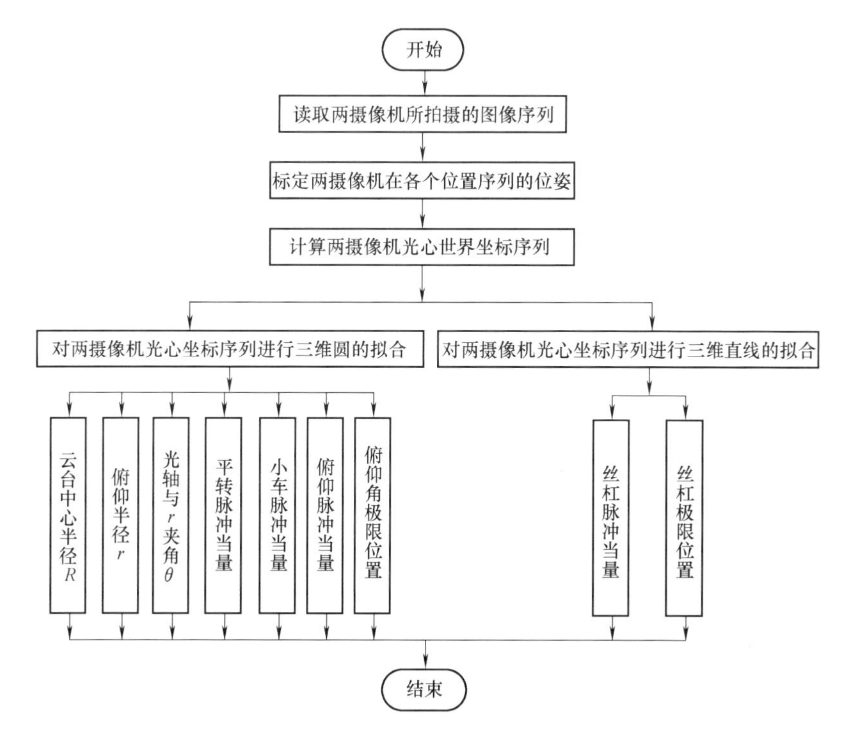

图 7-9　系统参数测定模块流程图

机构参数测定
支链
A链机构参数及控制参数测定
B链机构参数及控制参数测定
机构参数测定
俯仰半径(r)
云台中心轨迹半径(R)
光轴与俯仰半径的夹角(θ)
读取图片
求解
控制参数测定
小车电机脉冲当量
丝杠电机脉冲当量
云台平转电机脉冲当量
云台俯仰电机脉冲当量
读取图片
求解
极限位置测定
俯仰最大角
丝杠最高位置
丝杠最低位置
读取图片
求解

图 7-10　机构参数测定、脉冲当量测定和极限位置测定

7.3.3　运动分析模块

本模块主要实现凝视调整、正视调整和正视模式下的视觉跟踪，其主要过程如下：首先，以导轨圆域中心为坐标原点，建立世界坐标系，以摄像机坐标系为末端坐标系，利用坐标系矩阵变换方法，构建机构的单链运动学模型，建立系统控制参数与摄像机位姿参数间的关系；其次，通过圆轨内侧均匀分布的六组立体标靶块动态标定出各支链摄像机的当前位姿外参数；再次，通过机构运动学模型，由当前摄像机的位姿求解出当前各支链的控制参数；最后，通过前面已经建立的凝视模型、正视模型及正视模式下的运动跟踪模型进行视觉跟踪。

图 7-11 所示为并联机器人双目主动视觉运动控制系统界面，能够完成动态标定当前摄像机的位姿和确定当前目标的世界坐标，并把所得结果显示出来。

图 7-11　并联机器人双目主动视觉运动控制系统界面

图 7-12 所示界面主要完成双目凝视控制，可以根据当前各支链的控制参数，通过双目凝视模型求解出调整到凝视时的控制参数，并能计算出相应伺服电动机和数字云台电动机的脉冲增量，以实现双目凝视控制。

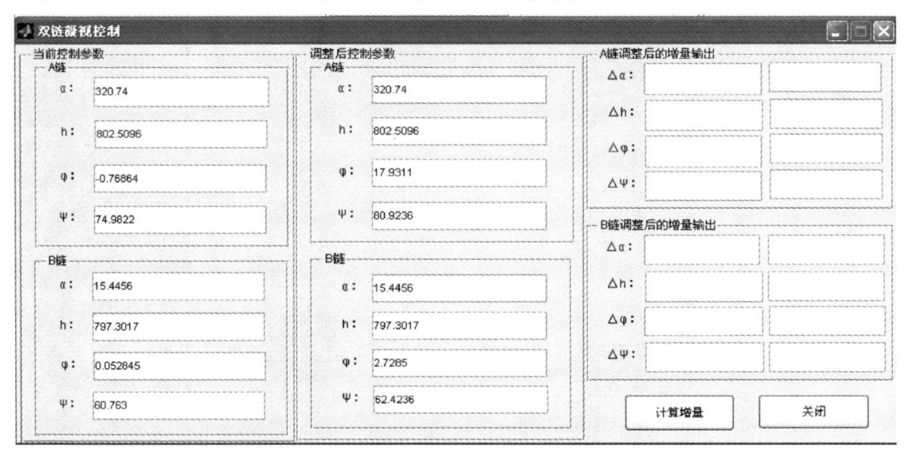

图 7-12　双目凝视控制界面

图 7-13 所示界面主要完成双目正视控制，可以根据当前各支链的控制参数、给定的基线长度、给定的高度和当前点 P 的世界坐标，通过双目正视模型求解出调整到正视时的控制参数，并能计算出相应伺服电动机和数字云台电动机的脉冲增量，以实现双目正视控制。

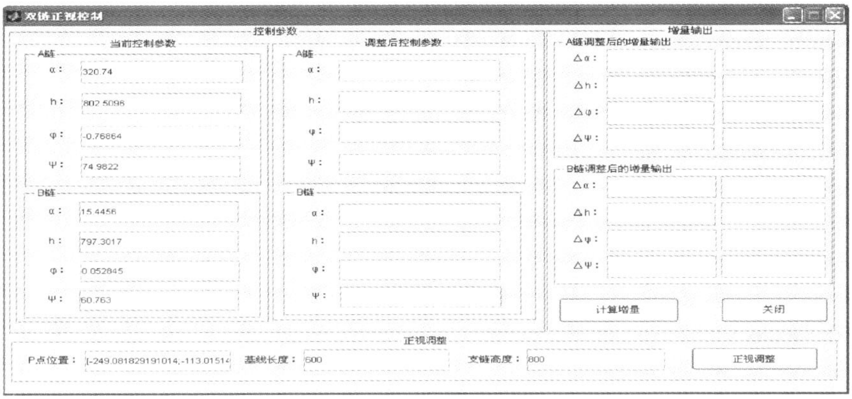

图 7-13　双目正视控制界面

图 7-14 所示界面主要完成双目正视模式下的视觉跟踪。此功能模块可以通过颜色块初始化，获取目标物体和背景在 LAB 空间的颜色值。也可以通过正视状态初始化，完成由非正式模式向正视模式的调整。此功能模块通过与控制系统的数据交换（视觉系统写入控制脉冲增量、读取目标空间位置），得到目标运动后的新位置，达到连续的双目正式模式下的视觉跟踪的目的。

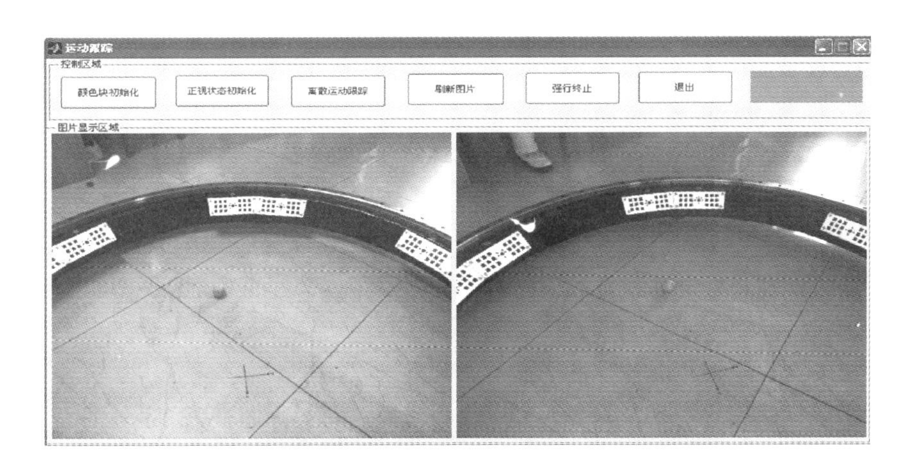

图 7-14　双目正视模式下的视觉跟踪

7.4　视觉系统和控制系统的数据交换

在并联机器人双目主动视觉监测平台中，一方面后台视觉服务系统根据前台控制系统传来的图像，完成摄像机位姿标定，根据控制策略产生系统下一步的运动控制信息，如各电动机运动控制参数、图像拍摄指令等，这些信息由后台视觉服务系统传送到前台控制系统，以驱动各控制单元完成操作任务。另一方面，小车和丝杠伺服电动机的运动、数字云台的俯仰和平转状态以及摄像机拍摄状态等信息，由前台控制系统传送到后台视觉服务系统，以获知系统状态，规划下一步的调整策略。因此，前台控制系统和后台视觉服务系统之间要建立一个共享的数据交换区，以实现前、后台系统间的数据通信。本系统以局域网文本文件共享的方式把各支链控制参数和控制动作按照图 7-15 的格式写入共享的文本文件之中。

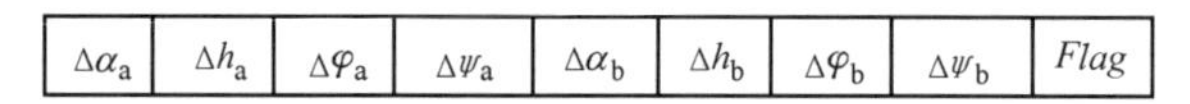

$\Delta\alpha_a$	Δh_a	$\Delta\varphi_a$	$\Delta\psi_a$	$\Delta\alpha_b$	Δh_b	$\Delta\varphi_b$	$\Delta\psi_b$	*Flag*

图 7-15　文本文件内部数据格式的定义

其中：下脚标 a、b 分别表示两支链 A、B；

Δ：脉冲增量；

$\Delta\alpha$：小车电动机脉冲增量；

Δh：丝杠电动机脉冲增量；

$\Delta\varphi$：云台平转（摆角）电动机脉冲增量；

$\Delta\psi$：云台俯仰电动机脉冲增量；

Flag：标志位。0 表示控制系统已经完成控制；1、2、3、4 表示控制系统需要按照视觉系统给出的脉冲增量值执行相对应 *Flag* 的控制动作。

Flag 的状态具体定义如下：

状态 0：控制系统已经接到控制命令及运动数据，并执行完成后的状态；

状态 1：视觉系统处理完成，已经将数据准备好，要求控制系统运动到固定位置，并拍摄图像；

状态 2：视觉系统处理完成，已经将数据准备好，要求控制系统运动到固定位置；

状态 3：控制系统中各设备位置不做调整，仅拍摄图像；

状态 4：系统初始化，数字云台摆角和俯仰角归零，伺服电动机不做位置调整；

状态 5：终止程序运行。

控制系统和视觉系统接口流程图如图 7-16 所示。

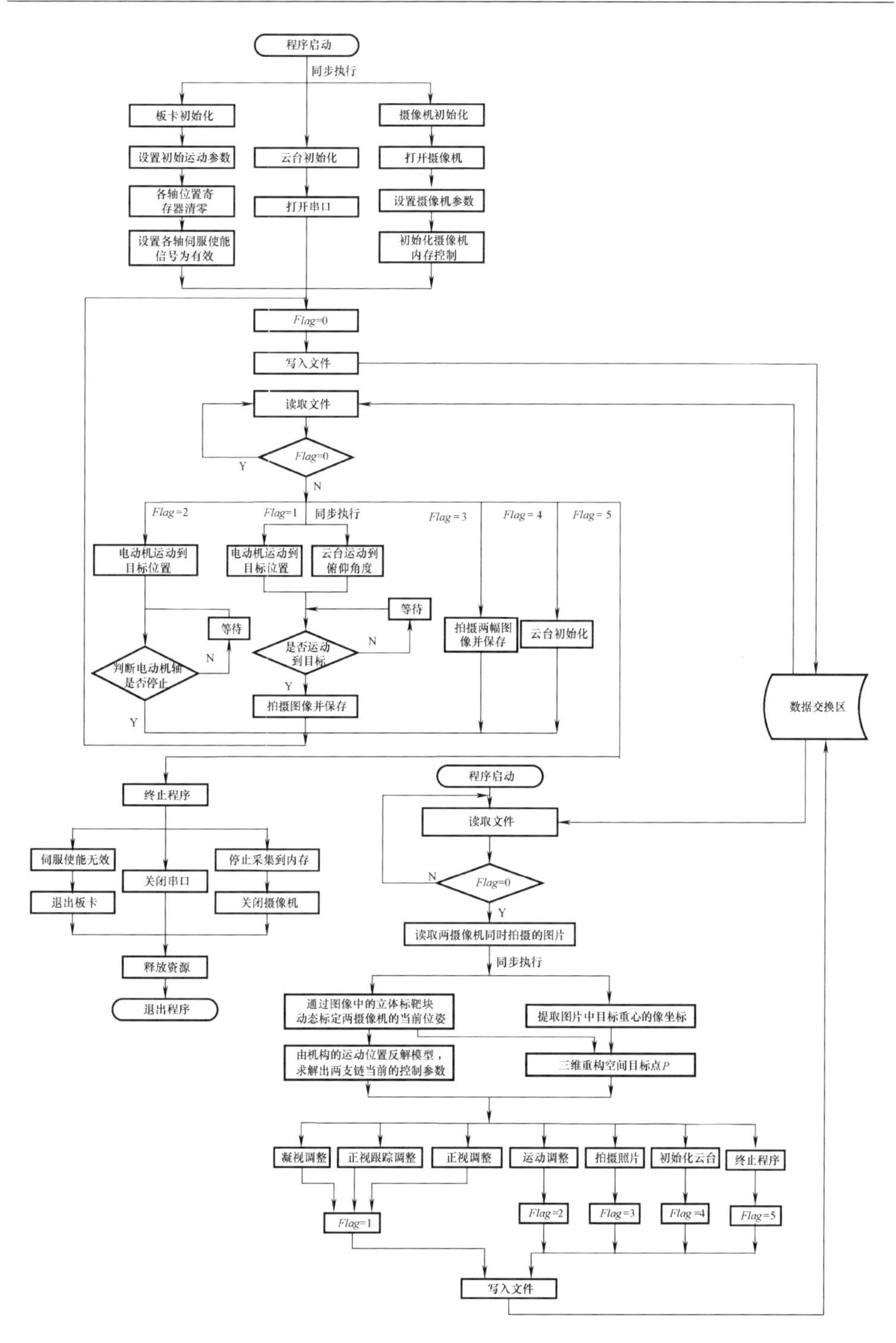

图7-16 控制系统和视觉系统接口流程图

第8章　并联机器人视觉监测与视觉导航应用研究

根据并联机器人的结构并行性和工作空间特点而设计的视觉监测平台机构具有良好的应用前景。本章以并联机器人汉字雕刻为背景，针对并联机器人视觉监测平台在并联机器人刀具检测、目标运动分析、视觉导航等领域的应用进行了探索。在刀具检测方面，将人类视觉选择性注意机制引入机器视觉系统，提出了一种基于轮廓的视觉选择性注意计算模型（SECO模型）。该模型通过分离目标、提取边缘、感知轮廓、轮廓显著度竞争、注意焦点选择及转移等策略，实现对目标的检测。在并联机器人运动监测方面，提出在刀具上加装圆台型标靶，利用标靶视觉信息计算标靶位姿，根据标靶与刀具的刚体连接关系，间接测得机器人工作过程中操作部件（刀具）位姿的方法，并且，构造了一种基于卡尔曼滤波的刀具目标运动参数估计方法。在视觉导航方面，提出了通过两摄像机采集的刀具的图像信息计算刀具像坐标，利用透视原理，直接计算刀具运行轨迹的简化方法，进而实现了并联机器人操作部件的精确加工定位。这些研究将会为并联机器人视觉应用奠定一定的基础。

8.1　视觉并联机器人汉字雕刻系统的总体设计

传统的雕刻机器人一般采用三轴联动的控制方式，在广告、模具、印刷、烟草、机械加工、汽车、包装造船及首饰加工等行业发挥了重大作用，但存在刀具只能沿固定导轨进给、设备加工灵活性和机动性不够等固有缺陷，从而具有一定的局限性。将并联机构应用于雕刻领域，可充分发挥其固有优势，克服或弥补传统雕刻机的固有缺陷。为了使视觉并联机器人实现汉字雕刻功能，在前述已有的并联机器人双目主动视觉监测平台软、硬件基础上，还需要设计实现与汉字雕刻相关的软、硬件功能。本节对视觉并联机器人汉字雕刻系统的总体结构、硬件设计及软件功能进行了介绍，为后续分析和应用奠定了基础。

8.1.1　工作原理

首先利用雕刻系统软件对待雕刻图形、文字进行图像处理，形成雕刻刀路信息，然后以刀路信息为依据，在并联机器人双目主动视觉监测平台装置辅助下通过控制并联机构带动雕刻刀具做相应运动，并结合刀具在电动机驱动下的旋转运动，最终雕刻出预定的图形或文字。

8.1.2　主要功能

视觉并联机器人汉字雕刻系统可以进行雕刻、铣切和钻孔加工。雕刻是按图形区域在材料表面（包括二维、三维）进行加工，可分为区域雕刻和轮廓雕刻两种。此外，对于文字、图形的区域雕刻还分阳文（凸字雕刻）和阴文（凹字雕刻）两种效果；铣切是按图形轮廓进行边缘切割；钻孔即简单的按点加工。该雕刻系统原型机实物图如图 8-1 所示。

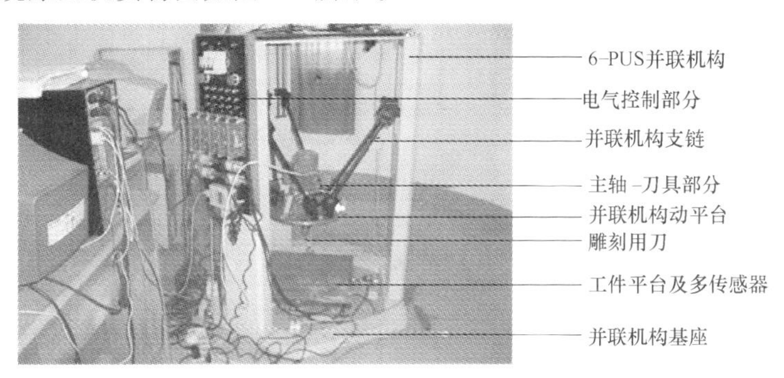

图 8-1　雕刻系统原型机实物图

8.1.3　系统硬件组成

系统硬件主要由并联机器人双目主动视觉监测平台装置、6-PUS 并联机构、计算机、控制卡和雕刻刀具系统（包括主轴—刀具子系统、工件平台及多传感器子系统、弱电/强电电气控制子系统）五部分组成。硬件系统中的并联机器人双目主动视觉监测平台装置主要辅助完成雕刻过程中的刀具定位、刀具检测、工况监测等功能，计算机选用一般高档 PC，负责提供人机交互接口、刀路规划和各种控制功能，其主板上插有电机控制卡，控制卡接收计算机发送的控制命令和参数，并转化为安装在 6-PUS 并联机构立柱中 6 个电动机（分别驱动 6 个支链）的控制命令，完成对电动机转动角度、速度和方向的控制，达到驱动 6-PUS并联机构运动的目的，从而实现对基于 6-PUS 并联机构的雕刻系统的运动控制。雕刻刀具系统实现工件夹持、刀具进给、雕刻信息反馈等功能。

8.1.4　雕刻系统软件功能

雕刻系统的软件采用 VC ++ 开发，包括图像处理和雕刻控制两部分功能。图像处理部分主要完成对被雕刻工件（汉字）图像的预处理功能，包括二值化、轮廓线提取、加工模拟、笔画抽取、细化等；雕刻控制部分主要完成各种型面上的刀路生成、传感器信号处理、实际加工控制等操作。雕刻系统软件功能图如图 8-2 所示。

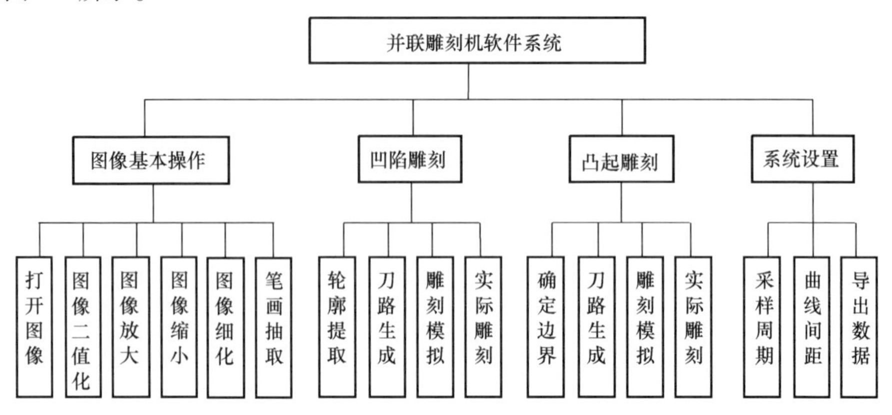

图 8-2 雕刻系统软件功能图

8.2 基于视觉注意机制的视觉并联雕刻机器人刀具检测

轮廓是物体形状的重要表征要素，从视觉认知机理来说，基于轮廓的描述更能反映物体的形状特征，而且由于轮廓信息远比基于区域的图像信息浓缩，计算量大为降低，所以使用轮廓进行物体形状特征表示和识别是自然的选择。因此，在视觉并联雕刻机器人系统中利用物体轮廓进行刀具检测，可显著提高系统的实时性，提高整个系统的运行效率。

直接由摄像机摄取的图像信息中包含庞大且具有较高冗余度的视觉信息，以原始图像为对象直接进行物体轮廓提取，通常会因计算量过大而导致系统的计算效率降低。人类的视觉系统（Human Visual System，HVS）在面对一个复杂场景时，能够迅速地将注意力集中到少数几个显著区域上，该机制被称为视觉选择性注意，这些显著区域被称为注意焦点（Focus of Attention，FOA）。将视觉选择性注意机制引入到目标轮廓的提取算法中，可有效地减小信息处理量，便于实现复杂场景下图像的处理。

目前，在机器视觉系统中嵌入视觉选择性注意机制主要有两类模型。

（1）基于空间的视觉选择性注意模型　该类模型认为视觉注意的焦点为空间某区域，试图从图像处理角度出发构造一个通用算子以实现图像显著区域的检测。但该模型也存在不足：一是当感兴趣区域与其背景的差别不是很大时，感兴趣区域的选取将会较为困难；二是注意焦点在空间转移时没有考虑区域的完整性。在机械加工中，往往对刀具及工件的轮廓比较关注，基于空间的视觉选择性注意模型往往只是能快速定位到感兴趣的区域，用于对刀具及工件的检测并不理想。

（2）基于目标的视觉选择性注意模型　大量研究表明，人类视觉注意的焦点是基于目标的。基于目标的视觉选择性注意模型往往能更好地对图像中的特定目标进行检测，但这类模型通常所得到的是感知目标的图像，而不是完整的物体。

本节提出了一种基于轮廓的视觉注意计算模型——SECO（Segmentation Edge Contour Object）模型。该模型以目标的轮廓作为视觉注意的焦点，按照目标轮廓的显著度相互竞争，采用抑制返回机制实现注意焦点在目标之间的转移。该模型的算法简洁，计算效率高，可直接提取出特定目标的轮廓，便于后期的识别及定位控制处理，可在视觉并联雕刻机器人系统中直接应用。同时该算法具有很强的抗噪性和环境适应能力，在强干扰及复杂环境下，同样能够提取出较为完整的目标。

8.2.1　SECO 模型

SECO 模型由目标分割、边缘检测、轮廓感知、注意焦点选择及注意焦点转移 5 个模块组成。输入图像依据 Fisher 准则将目标进行分割后形成二值图，利用 Canny 算子对此二值图进行边缘检测，引入 Gestalt 规则感知目标轮廓，提取出目标轮廓图，然后以目标轮廓作为注意单元，采用抑制返回机制完成注意焦点的转移。

8.2.2　目标图像的分割

在并联雕刻机器人加工系统中，刀具往往是由金属材料做成的，因此拍摄出来的图像中该部分区域较暗，而背景相对较亮，该图像的灰度分布具有较强的规律性。通过分析刀具图像的直方图可以发现，其灰度分布直方图满足明显的双峰特性，因此可以先对图像进行分割，以减少背景对目标的干扰。为能对两类灰度进行有效地鉴别，必须衡量两类灰度的分离度。与最大类间方差的二值化方法相比，Fisher 准则自适应门限方法能够较好地解决类别数目不平衡的问题，更有利于对刀具进行二值化图像处理。

针对刀具图像分割的阈值选取问题，引入 Fisher 评价函数作为分割准则，其定义为

$$J(t)=\frac{|\theta(t)\mu_1(t)-[1-\theta(t)]\mu_2(t)|^2}{\theta(t)\delta_1^2(t)+[1-\theta(t)]\delta_2^2(t)} \tag{8-1}$$

式中，$\mu_1(t)$、$\theta(t)$、$\delta_1^2(t)$ 分别为目标的均值、先验概率以及方差；$\mu_2(t)$、$1-\theta(t)$、$\delta_2^2(t)$ 分别为背景的均值、先验概率以及方差。

当 $J(t)$ 达到最大值时，目标和背景分离度达到最佳，图像的分割效果最好，因此阈值选取问题可归结为对式(8-1)的极值求解问题。

8.2.3 目标轮廓的感知

获得了刀具二值图像后，首先采用 Canny 算子进行边缘提取，获得刀具图像的边缘图，然后在边缘图的基础之上引入格式塔规则进行轮廓感知。

由于 Canny 边缘检测算法的核心是检测亮度的变化，当亮度变化达到设定的阈值时就会产生边缘，它是一个局部的边缘检测。对于在视觉引导下的机器人加工系统来说，人们更关心的是刀具整体。检测算法得到的边缘图像中某些边缘并不属于刀具。为了感知刀具的轮廓，需要解决两个问题：一是排除不属于目标轮廓的无意义边缘；二是根据某种规则将属于目标轮廓的边缘进行编组。为了解决以上两个问题，本书对 Gestalt 规则中的接近律、连续律、相似律进行了量化并利用这些规则进行无意义边缘的排除和目标边缘的编组。

设图像中边缘的集合为 $E(e_i)$，其中 e_i 表示该集合中的第 i 条边缘。每一条边缘 e_i 都是由许多相邻的像素组成的，令 $N(e_i)$表示边缘 e_i 中的像素数，$N_i(p_j)$（$j=1, 2, \cdots, N(e_i)$，p_j 为边缘 e_i 中像素点的序号）表示边缘 e_i 中的第 j 个像素，$L(e_i)$表示边缘 e_i 的长度。若连接两相邻像素所组成的线段的方向是水平或垂直的，则记这两个像素间的距离为 1，否则记为 1.4。边缘 e_i 的长度 $L(e_i)$用下式计算：

$$L(e_i) = \sum_{j=1}^{N(e_j)-1} |N_i(p_j) - N_i(p_{j+1})| \tag{8-2}$$

刀具边缘图中的每一条边缘 e_i 在其灰度图中与其邻域的灰度都有差别，用 $C(e_i)$表示，称之为对比度，其计算方法如下：

$$C(e_i) = \sum_{j=1}^{N(e_i)-1} N_i(p_j)h \tag{8-3}$$

式中，h 为 3×3 模板，如图 8-3 所示。

-1	-1	-1
-1	8	-1
-1	-1	-1

图 8-3 计算边缘中点与其邻域灰度差的 3 ×3 模板 h

用 $S(e_i)$ 表示边缘 e_i 的显著度，它由边缘的长度 $L(e_i)$及边缘的对比度 $C(e_i)$共同决定：

$$S(e_i) = \alpha L(e_i) + \beta C(e_i) \tag{8-4}$$

式中，α、β 为加权值，本处均取为 0.5。

设 d_{ij}为边缘 e_i 与边缘 e_j 间的距离：

$$d_{ij} = \min\{|N_i(p_m) - N_j(p_n)|\} \tag{8-5}$$

式中，$N_i(p_m)$为边缘 e_i 中的点，$m=1, 2, \cdots, N(e_i)$；$N_j(p_n)$为边缘 e_j 中的点，$n=1, 2, \cdots, N(e_j)$。

按照边缘的显著度排序，并略去较小显著度的边缘，得到以边缘的显著度

为元素的向量 $\boldsymbol{P}=(p_1,\ p_2,\ \cdots,\ p_{E(e)})$。按照 P 中元素的顺序把边缘 e_1，e_2，…，$E(e)$ 分别作为矩阵的行与列，两条边缘之间的距离 d_{ij} 作为矩阵的值来构造轮廓感知基础矩阵 $\boldsymbol{D}$：

$$\boldsymbol{D}=\begin{pmatrix} 0 & d_{12} & d_{13} & \cdots & d_{1E(e)} \\ d_{12} & 0 & d_{23} & \cdots & d_{2E(e)} \\ d_{13} & d_{23} & 0 & \cdots & d_{3E(e)} \\ \vdots & \vdots & \vdots & & \vdots \\ d_{1E(e)} & d_{2E(e)} & d_{3E(e)} & \cdots & 0 \end{pmatrix} \tag{8-6}$$

在确定轮廓感知基础矩阵 $\boldsymbol{D}$ 后，依下述步骤确定各目标的轮廓：

1）设定 f 为判断两边缘是否属于同一目标的阈值，该值需根据经验和实际场景设定，本文设定 f 的值为3。

2）从显著度最大的边缘开始，在 $\boldsymbol{D}$ 的第1行中找最小的 $d_{1j}(j\neq 1)$，若 $d_{1j}<f$，则认定边缘 e_j 和边缘 e_1 属于同一个目标，并设 $d_{1j}=-1$；否则，则认为该边缘为独立边界，转5）。

3）在 j 列中寻找最小的 $d_{ji}(j\neq i,\ d_{ji}\neq -1)$，若 $d_{ji}<f$，则认定边缘 e_i 和边缘 e_j 属于同一个目标，并设 $d_{ji}=-1$；否则，则认为该目标的边缘已全部找到，转5）。

4）重复3），就可以在 $\boldsymbol{D}$ 中找到一个边缘序列 e_1，e_j，e_i，e_k，…，它们构成一个目标的轮廓。

5）从矩阵中删去组成同一目标的边缘所在的行与列，并返回1）进行下一个目标的搜索，最终可以得到原图的所有目标的轮廓。

8.2.4　实验结果及分析

以视觉并联雕刻机器人系统为实验平台，采用 Pentium 4 2.4GHz 处理器、256MB 内存的计算机，在 Matlab7.0 环境下编程实现。

图8-4a为典型的刀具及工件的照片，图8-4b所示为SECO算法所提取出的刀具及工件的外轮廓。整个提取过程耗费CPU时间0.781s，所得到的刀具外轮廓完整清晰。图8-4c所示为Walther等人在文献[52]中所提算法的处理结果，该算法是当前最受关注的基于空间的视觉注意模型之一。

图8-5a和图8-6a分别是对图8-4a叠加了标准差为0.02和0.1的椒盐噪声后所得到的图像，相应的目标检测结果如图8-5b和图8-6b所示。图8-5a边界提取过程共耗费CPU时间45s，图8-6a边界提取过程共耗费CPU时间59s。

当图像中的噪声增强时，从轮廓提取的角度看，相当于图像中的短边缘数量大幅增加。模型建立了基于轮廓显著度的竞争机制，只处理大于一定阈值的边缘而舍弃小于该阈值的边缘，从而有效地抑制了短边缘的干扰，获得了很强

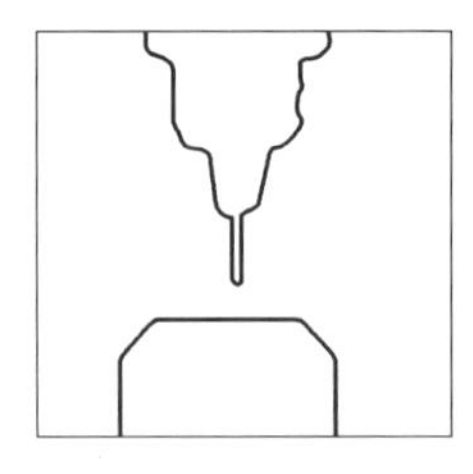

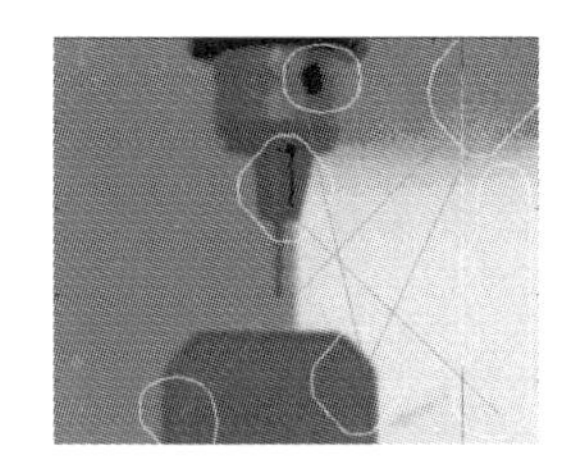

a) 原图　　b) SECO算法处理结果　　c) Walther处理结果

图 8-4　刀具原图及检测结果

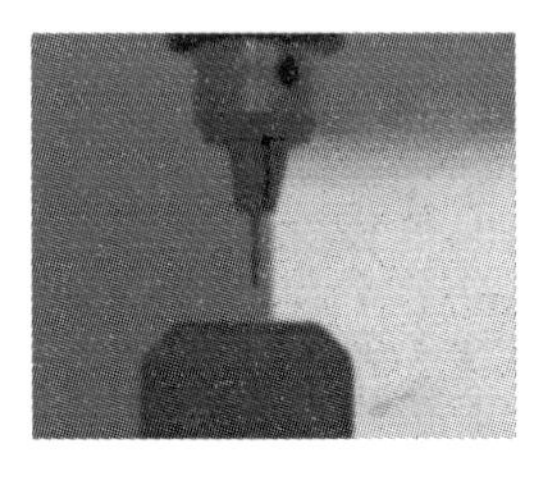

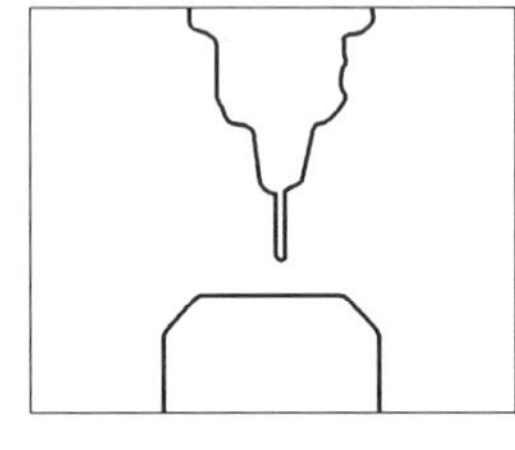

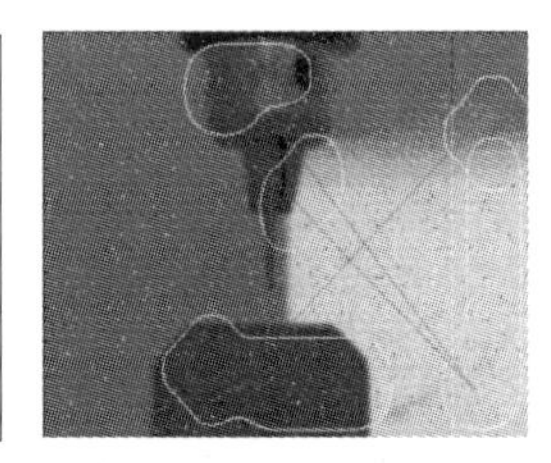

a) σ=0.02　　b) SECO算法处理结果　　c) Walther处理结果

图 8-5　叠加了标准差为 0.02 的椒盐噪声刀具图及检测结果

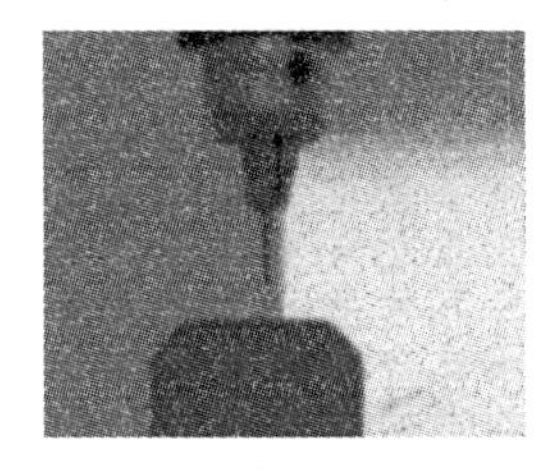

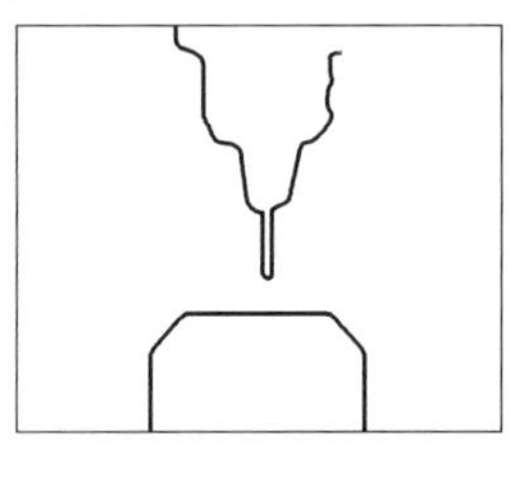

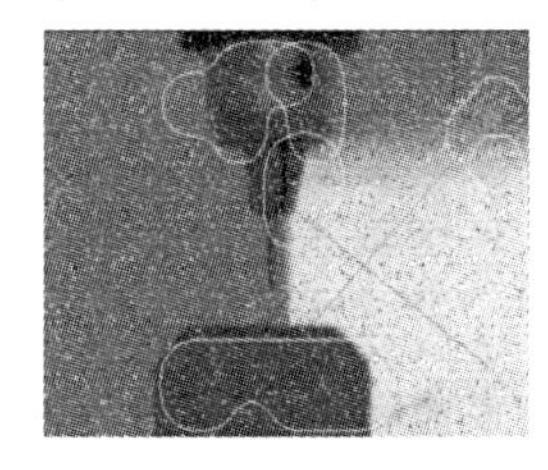

a) σ=0.1　　b) SECO算法处理结果　　c) Walther处理结果

图 8-6　叠加了标准差为 0.1 的椒盐噪声刀具图及检测结果

的抗干扰能力。尤其是对于如图 8-6 所示混入高噪声的图像，其轮廓提取效果是令人满意的。但随着噪声强度的增加，刀具及工件轮廓提取过程中所需计算的边缘数量大幅增加，总体计算时间显著增长，因此在实际工作中应尽量减少干扰，以提高系统的计算效率。图 8-5c 和图 8-6c 分别为 Walther 算法的处理结果。

图 8-7a 和图 8-7d 为复杂场景下的刀具照片，图 8-7b 及图 8-7e 所示为提取的刀具外轮廓。整个提取过程耗费 CPU 时间分别为 1.469s 和 1.82s，所得到的外轮廓基本完整准确。图 8-7d 中的噪声比图 8-7a 中的噪声要强，因此耗时也稍微长一些。由于刀具是视觉注意的目标，因此尽管图 8-7a 中粗黑线也具有较为完整清晰的边缘，SECO 算法提出的算法依然可以有效地将其屏蔽掉。可见该算法对于解决复杂场景下目标轮廓的提取问题是十分有效的。图 8-7c 与图 8-7f 分别为 Walther 算法的处理结果。与 Wather 为代表的其他视觉注意模型相比，SECO 模型的最大优势在于直接提取出了刀具的外轮廓线，从而为后续的刀具定

位及姿态识别奠定了良好的基础。

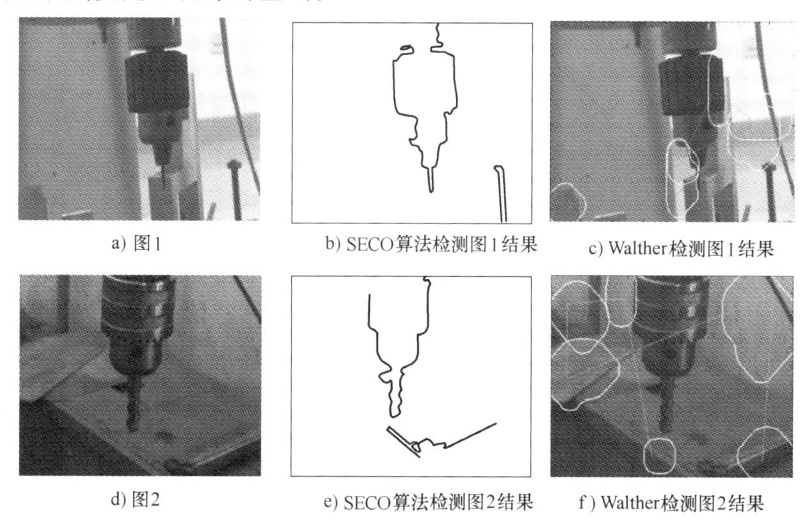

图 8-7　复杂场景下的刀具图及检测结果与 Walther 结果的比较

通过对视觉并联雕刻机器人的实验，可得到如下结论：

1）所提出的基于空间和物体的视觉注意计算模型，可直接提取出目标物体的外轮廓，便于在视觉引导的机器人加工系统中直接应用。

2）利用基于轮廓显著度的竞争机制可有效提高模型的抗干扰能力，但大量的噪声信号会导致图像的处理时间大幅增加。

3）构建的模型适用于复杂场景下的图像处理，并具有较高的计算效率。

8.3　视觉并联机器人刀具位姿及运动参数分析

刚体三维运动视觉监测是采用视觉手段对运动目标的空间位置和姿态进行无接触跟踪测量的技术，在机械加工刀具、机器人操作手、医学手术器械等操作部件的精确定位、状态检测、跟踪和伺服控制等方面有着广泛的应用。不同于将目标看作空间质点的视觉检测，刚体三维运动视觉监测需要从目标的图像中提取目标的三维特征点，根据特征点的三维几何特征来估计刚体操作点(加工点)的位置和刚体的姿态。一些学者提出了从连续图像序列中提取三维点和直线的三维数据估计三维运动的方法。T. J. Broida 等人[53]提出了从单摄像机图像序列中恢复目标 3D 运动信息的方法；Z. Zhang 等人[54]提出利用两幅图像中匹配的直线段进行运动估计的方法；N. Andreff 等人[47-49]通过观测并联机构腿的侧影，提取腿的直线信息，实现了对机构活动平台的三维运动分析，P. Renaud 等人[42,43]利用监测设置在并联机构活动平台上的平面标靶，完成并联机构的运动标定。综上所述，借助于目标本身的特征或加装人造标靶，利用刚体运动中标靶几何特征不变性估计运动参数，已成为刚体运动分析的有效方法。

基于双目视觉，本节提出一种利用圆台型立体标靶对刚体进行三维运动估计的方法。基本思想是通过从圆台侧表面图像对序列中提取点和经线视觉信息，借鉴三维点匹配、三维直线匹配估计运动的方法，采用最小二乘法和扩展卡尔曼滤波方法实现刚体目标位置和姿态的运动估计。

8.3.1 圆台标靶设计及其视觉信息计算

考虑一些特殊的场景，如在并联雕刻机器人刀具的入刀位置和角度检测中，雕刻时由于雕刻点会产生火花或切屑；在医学手术时手术刀定位和下刀方向检测中，刀头可能进入人体体内。在实际应用中，很多类似的情况使得直接监测操作点难以实现。一种可行的方法就是在操作部件的不影响加工的位置上加装人造标靶。通过监测标靶，视觉系统可间接测量各时刻操作部件的位姿。

图 8-8 给出了在加工刀具上加装圆台标靶及双目视觉系统的坐标关系示意图。坐标系 $O_Px_Py_Pz_P$ 为活动平台坐标系，原点 O_P 是圆台上底面的圆心。圆台标靶安装在刀具上，且刀具中轴与圆台的中轴重合，标靶圆台的几何尺寸、刀头与圆台底面的距离已知。坐标系 $O_Wx_Wy_Wz_W$ 为世界坐标系，$O_{C1}x_{C1}y_{C1}z_{C1}$ 和 $O_{C2}x_{C2}y_{C2}z_{C2}$ 分别为两台摄像机的坐标系，原点 O_{C1}、O_{C2} 为两台已标定的摄像机的光心，它们从圆台侧面获取圆台与操作部件的运动图像，圆台侧表面为视觉观测的靶面，印有均匀分布的经线、纬线，经线、纬线的交点和经线(母线)是提取的特征信息。如图 8-9 所示，按棋盘布局将网格填充成为对比度大的两种颜

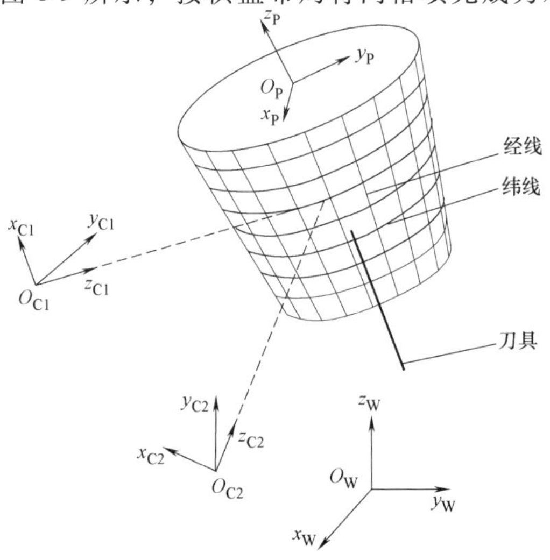

图 8-8　圆台标靶及双目视觉系统的坐标关系示意图

色，以方便采用 X 型交点的亚像素提取算法，提高特征点的提取精度，而在中间三层网格内加入几种图案标志，便于两摄像机的立体匹配和运动前后对应经线的匹配。

图 8-9　圆台标靶靶面展开图

采用圆台标靶设计基于以下几点考虑：

1）圆台具有轴对称性，摄像机从标靶侧面拍摄的图像具有相似的图像特征，因此可采取同样的图像分析方法提取靶面上的特征点和经线的信息。

2）摄像机摄取的图像为圆台可见侧的视图，为圆台侧表面的一部分。空间布置的两台摄像机从不同角度对圆台标靶侧表面进行观测时，只要观测距离和角度合适，必有部分靶面在两个摄像机公共视域中。利用公共视域中的靶面特征信息，采用立体视觉重建的方法，计算圆台的空间位姿和运动参数。

3）监测目标（刀具）和圆台标靶间有着固定的几何关系，根据刚体运动约束，可以通过圆台的位姿和运动参数推算监测目标的位姿和运动参数。

8.3.2　圆台标靶特征点的提取与坐标计算

从两个摄像机同步采集的圆台标靶侧面图像中，提取位于公共视域内经线和纬线的交点 P_{ij}，令其像坐标为$(u_{ij}^c,\ v_{ij}^c)^{\mathrm{T}}$，世界坐标为$(x_{\mathrm{W}i},\ y_{\mathrm{W}i},\ z_{\mathrm{W}i})^{\mathrm{T}}$，其中 i、j 分别代表公共视域中第几经线和纬线，$c=\{1,\ 2\}$ 代表摄像机。根据小孔成像原理，则有：

$$\lambda_1\begin{pmatrix}u_{ij}^1\\ v_{ij}^1\\ 1\end{pmatrix}=M^{(1)}\begin{pmatrix}x_{ij}\\ y_{ij}\\ z_{ij}\\ 1\end{pmatrix};\quad \lambda_2\begin{pmatrix}u_{ij}^2\\ v_{ij}^2\\ 1\end{pmatrix}=M^{(2)}\begin{pmatrix}x_{ij}\\ y_{ij}\\ z_{ij}\\ 1\end{pmatrix} \tag{8-7}$$

式中，$M^{(c)}$为摄像机 c 的透视投影矩阵，$c=1,\ 2$。由于摄像机 1、2 已经标定，则 $M^{(c)}$已知，由式(8-7)可以通过 P_{ij}像坐标计算其世界坐标：

$$AX_{ij}=b \tag{8-8}$$

$$A=\begin{pmatrix} u_{ij}^{1}m_{31}^{1}-m_{11}^{1} & u_{ij}^{1}m_{32}^{1}-m_{12}^{1} & u_{ij}^{1}m_{33}^{1}-m_{13}^{1} \\ v_{ij}^{1}m_{31}^{1}-m_{21}^{1} & v_{ij}^{1}m_{32}^{1}-m_{22}^{1} & v_{ij}^{1}m_{33}^{1}-m_{23}^{1} \\ u_{ij}^{2}m_{31}^{2}-m_{11}^{2} & u_{ij}^{2}m_{32}^{2}-m_{12}^{2} & u_{ij}^{2}m_{33}^{2}-m_{13}^{2} \\ v_{ij}^{2}m_{31}^{2}-m_{21}^{2} & v_{ij}^{2}m_{32}^{2}-m_{22}^{2} & v_{ij}^{2}m_{33}^{2}-m_{23}^{2} \end{pmatrix};\quad b=\begin{pmatrix} m_{14}^{1}-u_{ij}^{1}m_{34}^{1} \\ m_{24}^{1}-v_{ij}^{1}m_{34}^{1} \\ m_{14}^{2}-u_{ij}^{2}m_{34}^{2} \\ m_{24}^{2}-v_{ij}^{2}m_{34}^{2} \end{pmatrix}$$

式中，$m_{rs}^{c}(c=1,2;\ r=1,\cdots,3;\ s=1,\cdots,4)$为$M^{(c)}$的第$r$行第$s$列元素；$X_{ij}=(x_{Wi},\ y_{Wi},\ z_{Wi})^{\mathrm{T}}$。

8.3.3 目标刀具位姿的计算

如图8-10所示，圆台侧表面可以通过其对应的圆锥面作如下描述：令圆锥的顶点为$P_0(x_0,\ y_0,\ z_0)$，中轴方向为$\boldsymbol{A}=(a_x,\ a_y,\ a_z)^{\mathrm{T}}$，圆锥面的半顶角为$\boldsymbol{\Phi}$，顶点$P_0$到圆台上下两底的距离分别为$h_1$、$h_2$。设圆台侧表面任一点为$P$，则圆台侧表面方程如下：

$$\frac{(P-P_0)\cdot\boldsymbol{A}}{\|P-P_0\|}=\cos\boldsymbol{\Phi},h_1\leqslant\|P-P_0\|\cos\phi\leqslant h_2 \tag{8-9}$$

根据前面视觉重建的圆台侧表面的特征点集$\{P_{ij}\}$，建立3-D圆台曲面的最小二乘拟合模型。

$$J(P_0,\boldsymbol{A})=\min\sum_{i,j}w_{ij}d_{ij}^{2} \tag{8-10}$$

式中，d_{ij}代表特征点P_{ij}到拟合圆台表面的距离；w_{ij}为权值。

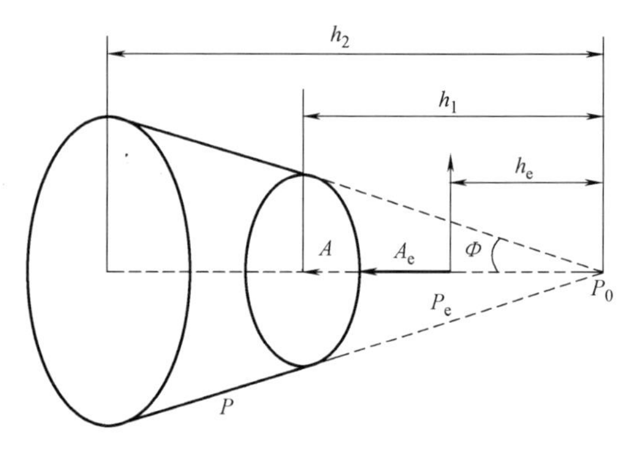

图8-10 圆台参数定义

采用EUROMETROS的拟合工具包[51]实现式(8-10)的优化求解，拟合得到当前标靶圆台的顶点P_0和轴线A的最优估计，即当前状态下圆台的位置和姿态参数$(P_0,\ \boldsymbol{A})$。

根据标靶设计，监测目标(操作部件)点P_e在圆台中轴线上，与P_0的距离为h_e，目标的姿态$\boldsymbol{A}_e$(方向)与中轴方向$\boldsymbol{A}$一致。则有

$$P_e=P_0+h_e\boldsymbol{A};\quad \boldsymbol{A}_e=\boldsymbol{A} \tag{8-11}$$

8.3.4 基于扩展卡尔曼滤波的目标刀具运动分析

根据刚体运动理论，刚体的运动都可以唯一地分解成一个绕坐标系原点的转动和一个平移。令$\boldsymbol{P}$和$\boldsymbol{P}'$分别为某三维点运动前后的位置向量，其关系可表示为

$$\boldsymbol{P}'=\boldsymbol{RP}+\boldsymbol{t} \tag{8-12}$$

式中，$\boldsymbol{R}$ 是旋转矩阵；$\boldsymbol{t}$ 是平移向量；由于圆台标靶相对于监测目标刚体连接，因此两者具有相同的运动特性。

圆台侧表面印有均匀分布的经线和纬线，则其上的交点、直线和曲线等多种视觉特征信息均可用来进行圆台的运动估计。下面选用一种基于圆台经线的运动分析方法，通过卡尔曼滤波实现运动参数的最优估计。

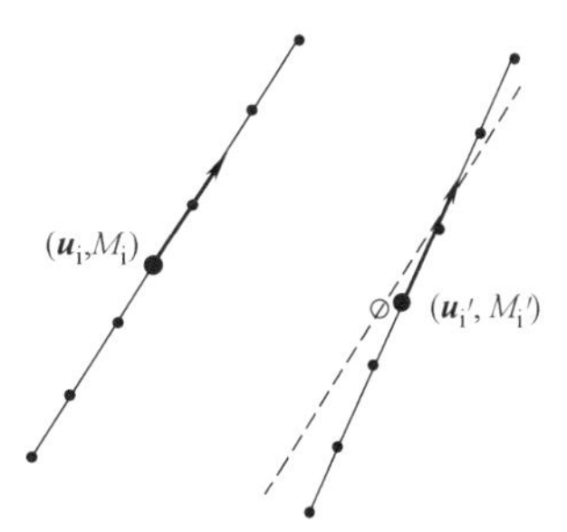

图 8-11　三维直线的运动

（1）圆台经线的表示与误差估计　如图 8-11 所示，圆台母线即经线，用$(\boldsymbol{u}_i, M_i)$表示，其中 $\boldsymbol{u}_i$ 表示经线的单位方向向量，M_i 表示经线上一点，这里取经线的中点 $M_i(x_i, y_i, z_i)$。由于图像噪声和摄像机标定误差等因素的影响，提取的交点坐标存在随机误差。为更精确地确定经线的中点及方向，利用同一经线上特征点等间隔分布的特点，计算其均值估计和协方差估计。

令$\{X_{ij}\}$表示第 i 条经线上的 $2n+1$ 个交点，$j=1, 2, \cdots, 2n+1$，则经线中点 M_i 有 $n+1$ 个估计值 $\hat{M}_i^b=(X_{ib}+X_{i(2n+2-b)})/2$，$b=1, 2, \cdots, n+1$，$M_i$ 点的估计及协方差为

$$\begin{cases}\hat{M}_i = \dfrac{1}{n+1}\displaystyle\sum_{b=1}^{n+1}\hat{M}_i^b \\ \Lambda_{M_i} = \dfrac{1}{n+1}\displaystyle\sum_{b=1}^{n+1}(\hat{M}_i^b-\hat{M}_i)(\hat{M}_i^b-\hat{M}_i)^{\mathrm{T}}\end{cases} \tag{8-13}$$

同理，$\hat{\boldsymbol{u}}_i^l=\begin{cases}\dfrac{\hat{M}_i-X_{il}}{\|\hat{M}_i-X_{il}\|}, & l>n+1 \\ \dfrac{X_{il}-\hat{M}_i}{\|X_{il}-\hat{M}_i\|}, & l<n+1\end{cases}$，$l=1, \cdots, n, n+2, \cdots, 2n+1$。

经线的方向 $\boldsymbol{u}_i$ 估计及协方差为

$$\begin{cases}\hat{\boldsymbol{u}}_i = \dfrac{1}{2n}\displaystyle\sum_{l\neq n+1}\hat{\boldsymbol{u}}_i^l \\ \Lambda_{u_i} = \dfrac{1}{2n}\displaystyle\sum_{l\neq n+1}(\hat{\boldsymbol{u}}_i^l-\hat{\boldsymbol{u}}_i)(\hat{\boldsymbol{u}}_i^l-\hat{\boldsymbol{u}}_i)^{\mathrm{T}}\end{cases} \tag{8-14}$$

（2）圆台标靶的运动估计模型　假设在采样时刻 m，获得一组圆台经线$(\boldsymbol{u}_i, M_i)$数据，在下一采样时刻 $m+1$，获得运动后的匹配经线数据$(\boldsymbol{u}_i', M_i')$，根据刚体运动理论，每对匹配经线应满足：

$$\boldsymbol{u}_i' = \boldsymbol{R}\boldsymbol{u}_i;\quad M_i' = \boldsymbol{R}M_i + \boldsymbol{t} \tag{8-15}$$

式中，$\boldsymbol{R}$ 为旋转矩阵；$\boldsymbol{t}$ 为平移向量。

由 u_i'与 Ru_i 平行，可得 $\boldsymbol{u}_i' \times \boldsymbol{R}\boldsymbol{u}_i = \boldsymbol{0}$，写成矩阵乘法形式为$(\boldsymbol{u}_i')_\times \boldsymbol{R}\boldsymbol{u}_i = \boldsymbol{0}$。为方便运动参数表达，旋转变换矩阵 $\boldsymbol{R}$ 采用旋转向量 $\boldsymbol{r}$ 表示，其中 $\boldsymbol{r} = \theta\boldsymbol{\tau}$，$\boldsymbol{\tau}$ 为旋转轴单位方向，θ 为旋转角度，则 $\boldsymbol{R}$ 与 $\boldsymbol{r}$ 的关系可由 Rodrigues 公式给出，如下所示：

$$\boldsymbol{R} = e^{(\boldsymbol{r})_\times} = I_3 + \frac{\sin\theta}{\theta}(\boldsymbol{r})_\times + \frac{1-\cos\theta}{\theta^2}(\boldsymbol{r})_\times^2 \tag{8-16}$$

式中，$(\cdot)_\times$表示向量的反对称矩阵。

令 $\boldsymbol{x}_i = (\boldsymbol{u}_i^{\mathrm{T}},\ M_i^{\mathrm{T}},\ \boldsymbol{u}_i'^{\mathrm{T}},\ M_i'^{\mathrm{T}})^{\mathrm{T}}$ 表示 12×1 维的观测向量，$\boldsymbol{s} = (\boldsymbol{r}^{\mathrm{T}},\ \boldsymbol{t}^{\mathrm{T}})^{\mathrm{T}}$ 表示 6×1 维当前运动状态向量。

定义函数 $f(\boldsymbol{x}_i,\ \boldsymbol{s}) = \begin{pmatrix} [\boldsymbol{u}_i']_\times \boldsymbol{R}\boldsymbol{u}_i \\ M_i' - \boldsymbol{R}M_i - t \end{pmatrix}$，则系统观测方程为

$$f(\boldsymbol{x}_i, \boldsymbol{s}) = 0 \tag{8-17}$$

若 $\hat{\boldsymbol{x}}_i$、$\hat{\boldsymbol{s}}$，表示当前观测向量和运动状态向量的估计值，由于存在检测误差，则函数$f(\hat{\boldsymbol{x}}_i,\ \hat{\boldsymbol{s}})$表示系统观测偏差函数。因此，圆台运动参数 $\boldsymbol{s} = (\boldsymbol{r}^{\mathrm{T}},\ \boldsymbol{t}^{\mathrm{T}})^{\mathrm{T}}$ 的估计转化为偏差函数的最小二乘优化问题。

$$J(\boldsymbol{s}) = \min\sum_i \| f(\hat{\boldsymbol{x}}_i, \hat{\boldsymbol{s}}) \|^2 \tag{8-18}$$

(3) 用扩展卡尔曼滤波的方法估计目标的运动　采用扩展卡尔曼滤波的方法计算模型式(8-18)的最优解。由于在每个采样时刻，仅能得到两摄像机公共视域中有限条经线，为保证卡尔曼滤波最终收敛，可以将两个采样时刻的经线对$(\boldsymbol{u}_i,\ M_i,\ \boldsymbol{u}_i',\ M_i')$重复代入滤波器，并用下标 k 重标记滤波器的输入序列。

因为原观测方程 $f(\boldsymbol{x},\ \boldsymbol{s}) = 0$ 中 $f(\boldsymbol{x},\ \boldsymbol{s})$是关于 $\boldsymbol{s}$ 的非线性函数，将其在$(\hat{x}_k$，$\hat{s}_k$ 处泰勒展开：

$$f(\boldsymbol{x},\boldsymbol{s}) = f(\hat{\boldsymbol{x}}_k,\hat{\boldsymbol{s}}_k) + \frac{\partial f(\hat{\boldsymbol{x}}_k,\hat{\boldsymbol{s}}_k)}{\partial x}(\boldsymbol{x}-\hat{\boldsymbol{x}}_k) + \frac{\partial f(\hat{\boldsymbol{x}}_k,\hat{\boldsymbol{s}}_k)}{\partial s}(\boldsymbol{s}-\hat{\boldsymbol{s}}_k) + o[(\boldsymbol{x}-\hat{\boldsymbol{x}}_k)^2] + o[(\boldsymbol{s}-\hat{\boldsymbol{s}}_k)^2] \tag{8-19}$$

定义符号：

$$\boldsymbol{y}_k = -f(\hat{\boldsymbol{x}}_k,\hat{\boldsymbol{s}}_k) + \frac{\partial f(\hat{\boldsymbol{x}}_k,\hat{\boldsymbol{s}}_k)}{\partial s}\hat{\boldsymbol{s}}_k \tag{8-20}$$

$$\boldsymbol{H}_k = \frac{\partial f(\hat{\boldsymbol{x}}_k,\hat{\boldsymbol{s}}_k)}{\partial s} \tag{8-21}$$

$$\boldsymbol{\eta}_k = \frac{\partial f(\hat{\boldsymbol{x}}_k,\hat{\boldsymbol{s}}_k)}{\partial x}(\boldsymbol{x}-\hat{\boldsymbol{x}}_i) \tag{8-22}$$

则线性化式(8-20)得到新的观测方程：

$$\boldsymbol{y}_k = \boldsymbol{H}_k \boldsymbol{s} + \boldsymbol{\eta}_k \tag{8-23}$$

式中，$\boldsymbol{y}_k$ 是新的观测向量；$\boldsymbol{\eta}_k$ 为新观测向量的噪声向量；$\boldsymbol{H}_k$ 为线性变换矩阵。

噪声 $\boldsymbol{\eta}_i$ 的均值和协方差矩阵可由下式计算：

$$\begin{cases} E(\boldsymbol{\eta}_k) = 0 \\ \Lambda_{\eta_k} = \dfrac{\partial f(\hat{\boldsymbol{x}}_k, \hat{\boldsymbol{s}}_k)}{\partial x} \Lambda_{\xi_k} \dfrac{\partial f(\hat{\boldsymbol{x}}_k, \hat{\boldsymbol{s}}_k)^{\mathrm{T}}}{\partial x} \end{cases} \tag{8-24}$$

式中，$\Lambda_{\xi_k} = \mathrm{diag}\{\Lambda_{M_k}, \Lambda_{u_k}, \Lambda_{M'_k}, \Lambda_{u'_k}\}$。

定义状态更新方程：

$$\boldsymbol{s}_k = \boldsymbol{\Phi}_k \boldsymbol{s}_{k-1} \tag{8-25}$$

式中，$\boldsymbol{s}_k$ 为状态向量的第 k 次估计；$\boldsymbol{\Phi}_k$ 为状态变换矩阵，且 $\boldsymbol{\Phi}_k$ 为 6×6 的单位阵。

由此可得扩展卡尔曼滤波的迭代公式：

状态向量的更新方程：

$$\hat{\boldsymbol{s}}_{k+1} = \boldsymbol{\Phi}_k \hat{\boldsymbol{s}}_k + \boldsymbol{K}_{k+1}(\boldsymbol{y}_{k+1} - \boldsymbol{H}_{k+1} \boldsymbol{\Phi}_k \hat{\boldsymbol{s}}_k) \tag{8-26}$$

滤波增益矩阵：

$$\boldsymbol{K}_{k+1} = \widetilde{\boldsymbol{P}}_{k+1} \boldsymbol{H}_{k+1}^{\mathrm{T}} (\boldsymbol{H}_{k+1} \widetilde{\boldsymbol{P}}_{k+1} \boldsymbol{H}_{k+1}^{\mathrm{T}} + \Lambda_{\eta_{k+1}})^{-1} \tag{8-27}$$

状态向量协方差矩阵预报方程：

$$\widetilde{\boldsymbol{P}}_{k+1} = \boldsymbol{\Phi}_k \boldsymbol{P}_k \boldsymbol{\Phi}_k^{\mathrm{T}} \tag{8-28}$$

状态向量协方差更新方程：

$$\boldsymbol{P}_{k+1} = (I - \boldsymbol{K}_{k+1} \boldsymbol{H}_{k+1}) \widetilde{\boldsymbol{P}}_{k+1} \tag{8-29}$$

根据运动的连续性，m 时刻的目标运动参数（状态向量）的初始值可用前一采样时刻 $m-1$ 的运动参数，则状态 $\hat{\boldsymbol{s}}_0(m) = \hat{\boldsymbol{s}}(m-1)$ 和协方差 $\boldsymbol{P}_0(m) = \boldsymbol{P}(m-1)$。

8.3.5　实验结果

采用 Matlab 编程实现基于圆台标靶进行三维运动估计算法。为了验证算法的鲁棒性，在图像数据中加入了噪声，以模拟在图像特征点提取中由摄像机畸变等因素引起的误差。实验中圆台参数下底半径为 35mm，上底半径为 50mm，高为 120mm，伸出的刀具的长度为 100mm。摄像机 1 位置参数为（649.52，375，600），姿态参数为（-649.52，-375，-516）；摄像机 2 位置参数为（194.11，724.44，600），姿态参数为（-194.11，-724.44，-516）。

（1）用最小二乘法估计圆台中轴姿态的实验　图 8-12、图 8-13 表示了圆台两个相邻采样时刻目标位姿的估计结果。

运动前中轴向量的值为（0.133，0.333，-0.933），预设目标运动平移量为（1，1，1），三个轴旋转角均为 $\pi/40$。运动后中轴向量的理论值为（0.034，0.413，-0.914），估计值为（0.030，0.409，-0.912），估计偏差为（0.004，0.004，

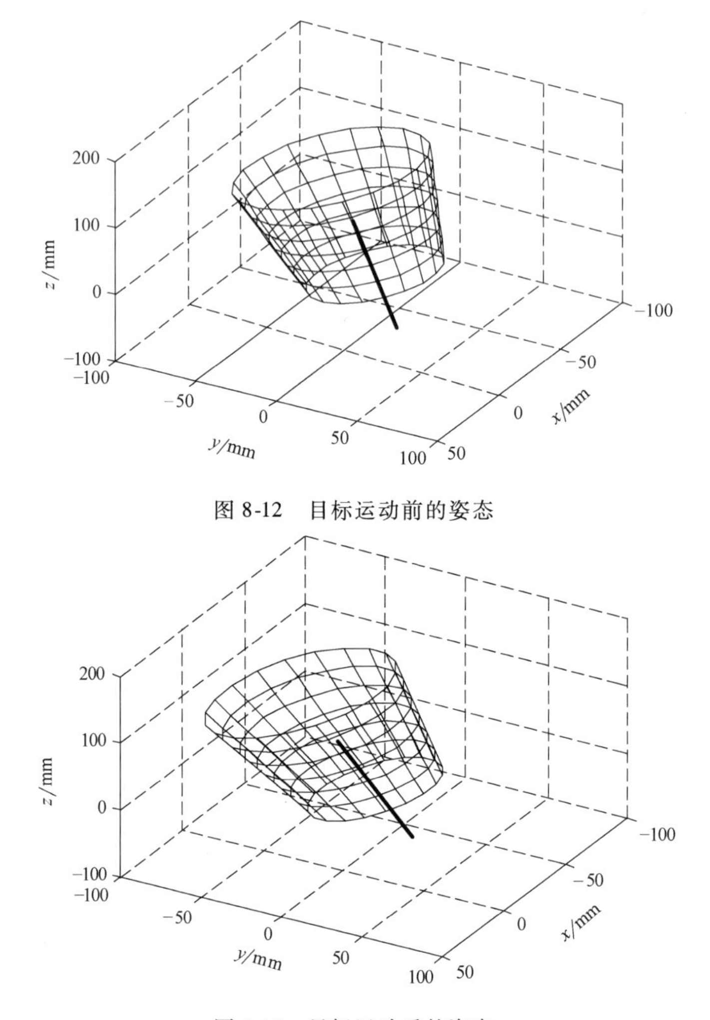

图 8-12 目标运动前的姿态

图 8-13 目标运动后的姿态

-0.002)。

(2) 用卡尔曼滤波方法估计圆台标靶运动的实验　图 8-14、图 8-15 分别表示在上述采样周期内圆台标靶的旋转向量(r_x, r_y, r_z)和平移向量(t_x, t_y, t_z)卡尔曼滤波迭代过程。设定的收敛阈值为 10^{-3},收敛迭代次数为 20,最终计算得到圆台旋转向量为(0.0774, 0.0799, 0.0767),平移量为(1.0054, 0.9964, 0.9986),运动估计偏差分别为(0.0011, -0.0014, 0.0018)和(-0.0054, 0.0036, 0.0014)。

实验结果表明,用圆台拟合的方法估计目标的空间位姿和用扩展卡尔曼滤波估计目标运动参数的算法具有很好的收敛性、稳定性和抗噪能力。

一方面,该方法借助人造标靶的靶面特征,可以简化特征目标提取和图像分析计算;另一方面,人造标靶的结构可以根据需要设计成圆柱、棱台、球等其他规

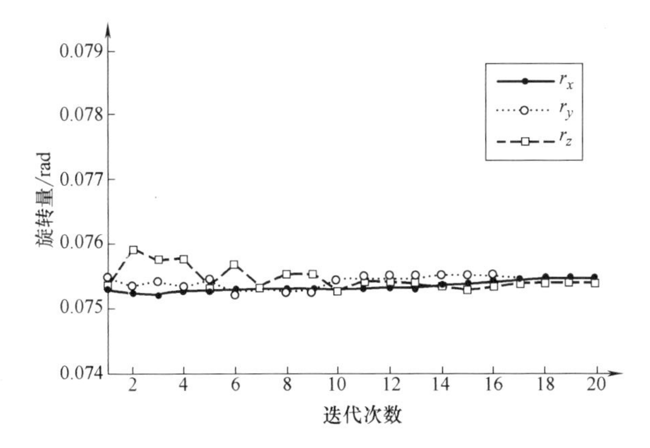

图 8-14　卡尔曼滤波估计旋转向量(r_x, r_y, r_z)变化结果

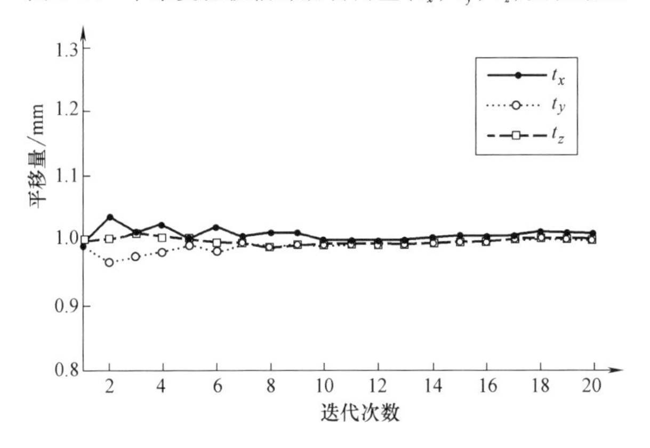

图 8-15　卡尔曼滤波估计平移向量(t_x, t_y, t_z)变化结果

则几何体,本方法同样适用;此外,通过人造标靶间接估计目标的位姿和运动参数,为无法直接获取加工点图像的特殊应用场景下的目标监测提出了可行的解决方案。

8.4　视觉并联雕刻机器人刀具导向期望加工位置研究

理论上讲,为了实现并联机器人的汉字雕刻功能,可先对待雕刻汉字进行图像处理,然后根据图像处理结果生成一定的刀路,形成由一系列的直线段组成的雕刻路径。但在并联机器人进行实际雕刻的过程中,雕刻刀具对工件的雕刻工作点位置并没有得到很好的确定,因此不能精确地控制刀具导向雕刻的理想起始点位置进行雕刻。此外,如果不具备视觉功能的话,并联雕刻机器人在雕刻过程中可能会面临如下问题:

1）雕刻并联机器人对其末端执行器的实际位置、雕刻物体的形态、工作环境中其他对象的存在和变化缺乏精确、主动的认知能力。

2）在走刀导向上没有实时的反馈信息，因此增加了刀具损伤的概率，影响了刀具寿命。

3）雕刻机器人在因意外（比如停电、刀具损坏等）中止雕刻而又要求必须重新雕刻的情况下，往往不能找到雕刻中止点而无法继续进行雕刻。因此，利用并联机器人双目主动视觉监测平台解决这些问题的关键在于雕刻并联机器人刀具的视觉导航，即建立将雕刻并联机器人刀具导向任意期望加工位置的方法。本节提出一种利用两摄像机采集的刀具的图像信息，直接计算刀具运行轨迹的简化方法。

8.4.1 并联雕刻机器人刀具的视觉坐标与世界坐标

本书图1-11已展示了并联雕刻机器人以及为其设计的双目主动视觉监测平台装置示意模型。模型中，并联雕刻机器人在主动视觉监测平台的中心部分工作，主动视觉监测平台中的两摄像机受两支链的各运动副控制，调整到对并联雕刻机器人刀具和雕刻对象的合适观测位置，形成双目立体观测模式。

定义并联机器人双目主动视觉监测平台的坐标系如图8-16所示。其中 $O_Wx_Wy_Wz_W$ 为世界坐标系，$O_{C1}x_{C1}y_{C1}z_{C1}$ 为摄像机1坐标系，$O_{C2}x_{C2}y_{C2}z_{C2}$ 为摄像机2坐标系。

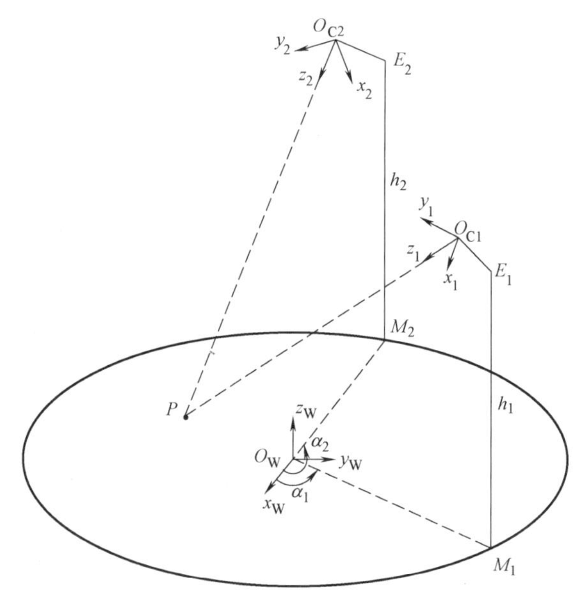

图8-16 并联机器人双目主动视觉监测平台的坐标系

以此坐标系为基础，假设两摄像机已经调整到位，并完成了两摄像机内外参数的标定，则两摄像机的透视投影矩阵 $\boldsymbol{F}_1$、$\boldsymbol{F}_2$ 已知。若刀具点 $P(x,y,z)$ 在两摄像

机中像平面中的像点分别为 $P_1(u_1, v_1)$ 与 $P_2(u_2, v_2)$，则有

$$z_{C1}\begin{pmatrix} u_1 \\ v_1 \\ 1 \end{pmatrix} = \boldsymbol{F}_1 \begin{pmatrix} x \\ y \\ z \\ 1 \end{pmatrix} \tag{8-30}$$

$$z_{C2}\begin{pmatrix} u_2 \\ v_2 \\ 1 \end{pmatrix} = \boldsymbol{F}_2 \begin{pmatrix} x \\ y \\ z \\ 1 \end{pmatrix} \tag{8-31}$$

8.4.2　并联雕刻机器人刀具导向理想工作点的方法研究

如图 8-17 所示，刀具的工作刀头为 S 点，工件需要雕刻的精确位置为 T 点，刀具的刀头需要从 S 点移动到工件工作位置 T 点才能进行精确位置加工，O_{C1} 点和 O_{C2} 点分别为摄像机在世界坐标系中的坐标位置，刀具的刀头点 S 以及工件需要雕刻的理想点 T 在摄像机 1 的投影平面上的投影点分别是 S_1、T_1，在摄像机 2 的投影平面上的投影点分别是 S_2、T_2。摄像机 1 和摄像机 2 的投影平面分别为 I_1、I_2，摄像机 1 和 2 已经标定，其投影矩阵分别为 $\boldsymbol{F}_1$、$\boldsymbol{F}_2$，则刀具导向理想加工点应该是刀头从 S 点移动到雕刻点 T，最省时、最好控制的路径为空间线段 ST。空间线段 ST 在摄像机 1 的投影平面上的线段为 S_1T_1，在摄像机 2 的投影平面的投影线段为 S_2T_2。

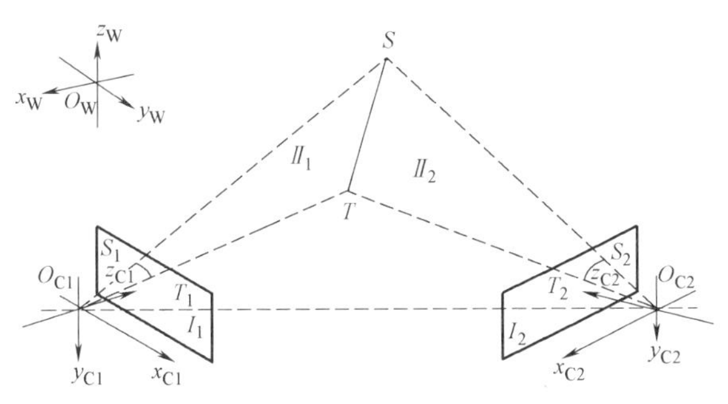

图 8-17　投影点与摄像机坐标系

如果线段 S_1T_1 所在的直线称为 L_1，而线段 S_2T_2 所在的直线称为 L_2。直线 L_1 有两个点坐标已知，即 S_1 在摄像机 1 投影平面 I_1 上的坐标为 (u_{S1}, v_{S1})，T_1 在投影平面 I_1 上的坐标为 (u_{T1}, v_{T1})，则投影平面 I_1 上的直线 L_1 的方程可表示为

$$\begin{cases} u_{S1} = k_1 v_{S1} + b_1 \\ u_{T1} = k_1 v_{T1} + b_1 \end{cases} \tag{8-32}$$

式中，k_1 和 b_1 分别代表直线 L_1 的斜率和截距。

同理,在摄像机 2 投影平面 I_2 上的 S_2 坐标为(u_{S2},v_{S2}),T_2 在投影平面 I_2 上的坐标为(u_{T2},v_{T2}),则投影平面 I_2 上的直线 L_2 的方程可表示为

$$\begin{cases} u_{S2} = k_2 v_{S2} + b_2 \\ u_{T2} = k_2 v_{T2} + b_2 \end{cases} \tag{8-33}$$

式中,k_2 和 b_2 分别代表直线 L_2 的斜率和截距。

下面分三种情况讨论方程(8-32)、方程(8-33)的解。

第一种情况:满足 $S_2 \neq T_2$ 且 $S_1 \neq T_1$,即空间点 S、T 在任意摄像机投影平面上的点不重合,也就是满足$(u_{S1} \neq u_{T1}, v_{S1} \neq v_{T1}, u_{S2} \neq u_{T2}, v_{S2} \neq v_{T2})$。

满足以上条件后,方程(8-32)中的 k_1 和 b_1 以及方程(8-33)中的 k_2 和 b_2 都有唯一的解并且可以获得,求解方程分别得出$(-1,k_1,b_1)$和$(-1,k_2,b_2)$。此时,在投影图像平面 I_1 内直线 L_1 的方程为

$$\begin{pmatrix} -1 & k_1 & b_1 \end{pmatrix} \begin{pmatrix} u_1 \\ v_1 \\ 1 \end{pmatrix} = 0 \tag{8-34}$$

式中,(u_1,v_1)表示直线 L_1 上的任意点(包括线段 S_1T_1 上的点)。

同样,投影图像平面 I_2 内直线 L_2 的方程为

$$\begin{pmatrix} -1 & k_2 & b_2 \end{pmatrix} \begin{pmatrix} u_2 \\ v_2 \\ 1 \end{pmatrix} = 0 \tag{8-35}$$

式中,(u_2,v_2)表示直线 L_2 上的任意点(包括线段 S_2T_2 上的点)。

对摄像机 1,如果将式(8-30)两边左乘$(-1,k_1,b_1)$,则有如下关系:

$$\begin{pmatrix} -1 & k_1 & b_1 \end{pmatrix} z_{C1} \begin{pmatrix} u_1 \\ v_1 \\ 1 \end{pmatrix} = \begin{pmatrix} -1 & k_1 & b_1 \end{pmatrix} \boldsymbol{F}_1 \begin{pmatrix} x \\ y \\ z \\ 1 \end{pmatrix} \tag{8-36}$$

在式(8-36)中,(u_1,v_1)表示线段 S_1T_1 上的点,左边的式中的 z_{C1} 可以提到前面,由式(8-35)可知式(8-36)的左边为零,即可以得出:

$$\begin{pmatrix} -1 & k_1 & b_1 \end{pmatrix} F_1 \begin{pmatrix} x \\ y \\ z \\ 1 \end{pmatrix} = 0 \tag{8-37}$$

在式(8-37)中,$(x,y,z)^{\mathrm{T}}$ 为世界坐标中线段 ST 中的任意空间位置 P,如图 8-17 所示,由 STO_{C1} 三点所确定的平面为 Π_1,则空间平面 Π_1 上的空间点在平面 I_1 的投影点一定在直线 L_1 上,可知式(8-37)的几何意义就是表示 Π_1 这样一个平

面。设式(8-37)最终化解成的平面方程为

$$A_1x + B_1y + C_1y + D_1 = 0 \tag{8-38}$$

同理,对摄像机 2,由 STO_{C2}三点所确定的平面为 Π_2,可表示为

$$A_2x + B_2y + C_2y + D_2 = 0 \tag{8-39}$$

刀具刀头要从 S 点移动到加工目标点 T,ST 线段就为刀具从原始位置到加工操作点的移动控制路径。直线方程可以由式(8-38)、(8-39)联立获得,这样刀具到理想加工点 T 的移动向量如式(8-40)所示。

$$\begin{pmatrix} \vec{x} & \vec{y} & \vec{z} \\ A_1 & B_1 & C_1 \\ A_2 & B_2 & C_2 \end{pmatrix} = \left(\begin{vmatrix} B_1 & C_1 \\ B_2 & C_2 \end{vmatrix} \vec{x}, \begin{vmatrix} A_1 & C_1 \\ A_2 & C_2 \end{vmatrix} \vec{y}, \begin{vmatrix} A_1 & B_1 \\ A_2 & B_2 \end{vmatrix} \vec{z} \right) \tag{8-40}$$

式(8-40)中的$\vec{x}$、$\vec{y}$、$\vec{z}$分别表示在 x_W、y_W、z_W 轴的方向向量，获得刀具移动向量参数后，通过计算机控制刀具按向量方向进行移动，从而将刀具的刀头点 S 导向理想加工点 T，进而使雕刻并联机器人精确加工工件。

第二种情况：满足 $S_1 = T_1$ 且 $S_2 \neq T_2$，或者满足 $S_1 \neq T_1$ 且 $S_2 = T_2$ 的情况，即空间点 S、T 在其中一个摄像机投影平面上的点不重合，在另一个摄像机投影平面上的点是重合的。也就是满足($u_{S1} = u_{T1}$，$v_{S1} = v_{S2}$且 $u_{S2} \neq u_{T2}$，$v_{S2} \neq v_{T2}$)或者($u_{S1} \neq u_{T1}$，$v_{S1} \neq v_{T1}$，$u_{S2} = v_{T2}$，$v_{S2} = v_{T2}$)。这里只研究摄像机 1 投影点 $S_1 = T_1$、摄像机 2 投影点 $S_2 \neq T_2$ 的情况，对另一种情况的研究方法是一样的。

如图 8-18 所示，此时 S_1 和 T_1 为重合点，可以由控制系统获得刀具刀头 S 点坐标为(x_S，y_S，z_S)，以及摄像机光学中心位置 O_{C1}点坐标为(x_1，y_1，z_1)，然后根据空间两点可得出 ST 的直线方程如下：

$$\frac{x - x_1}{x_S - x_1} = \frac{y - y_1}{y_S - y_1} = \frac{z - z_1}{z_S - z_1} \tag{8-41}$$

刀具的刀头从 S 点到理想加工点 T 的移动向量方向为 $x_1 - x_S$，$y_1 - y_S$，$z_1 - z_S$，获得刀具移动向量参数后通过计算机去控制刀具向精确加工点移动。

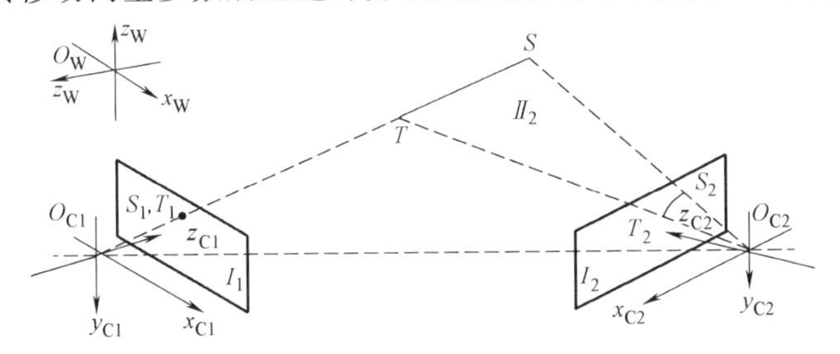

图 8-18　某一投影平面两投影点重合的示意图

第三种情况：满足 $S_1 = T_1$ 且 $S_2 = T_2$，即空间点 S、T 在两个摄像机投影平面上的点都是重合的，也就是满足($u_{S1} = u_{T1}$，$v_{S1} = v_{S2}$，$u_{S2} = v_{T2}$，$v_{S2} = v_{T2}$)。在这

一情况下，证明刀具的刀头 S 点与期望加工点 T 接触，可以对期望加工点进行加工。条件 $S_1=T_1$ 且 $S_2=T_2$ 是判定刀具的刀头 S 点与期望加工点 T 是否接触的依据。

通过以上步骤，可以判断出刀具刀头是否与加工点位置接触。当刀头靠近工作点时，可以控制刀具速度，防止刀具接触操作面时下刀过快过猛，防止刀具运动幅度过大以损伤刀具或雕刻工件，从而有利于延长刀具寿命，提高雕刻精度。

另外，如果雕刻机器人因为停电、雕刻刀损坏等意外事故中止雕刻后，雕刻机器人工作条件恢复时，雕刻机器人刀具的工作刀头可认为是 S 点，而雕刻物体上的中止点为 T 点，要找到雕刻中止点对雕刻物继续雕刻，实际上就是前面研究的雕刻机器人刀具刀头 S 点导向期望点 T 点(雕刻物体上的中止点)的问题。

综上所述，利用主动视觉监测平台两摄像机采集的刀具的图像信息，通过刀具像坐标，利用透视原理，给出了直接计算并联雕刻机器人刀具运行轨迹的简化方法。

第9章　并联机器人结构光视觉系统总体设计

前文已经对并联机器人双目主动视觉监测平台从外围观测角度出发解决并联机器人工作状态的实时监测问题进行了详细论述。从本章开始将对我们研究的并联机器人的另一种视觉方式——基于结构光和单摄像机实现的并联机器人结构光视觉系统进行论述。研究该系统的主要目的是为了进一步解决并联机器人的视觉问题，使其自身具有视觉功能，以便更好的感知工作状态和环境的变化，完成指定作业。本章主要介绍并联机器人结构光视觉系统的意义、工作原理、总体结构及模型分析等方面的内容。

9.1　系统研究背景和意义

结构光投影法是20世纪80年代发展起来的直接获取目标三维图像的方法，是一种将结构光和单摄像机相结合的具有双目视觉功能的立体视觉变通方式，具有非接触、高精度、易实现等优点。它的基本思想是利用结构光投影的几何信息来求得物体的三维信息，通过向物体投射各种结构光(如点、线、空间符号结构光等)，然后从不同于投影光轴的方向进行观测，利用被测物、投影点以及观测点所形成的三角关系获取物体的三维信息。利用结构光方法实现的三维视觉技术，是计算机视觉的重要组成部分，已广泛应用于自动加工、高速在线检测、质量控制、CAD/CAM、医学诊断、航空航天、实物仿形等领域。所以，我们将结构光技术引入并联机器人领域以增加其视觉功能。

基于结构光技术实现的具有视觉功能的并联机器人系统中，由于并联机构本身具有刚度大、承载能力强、动力性能好、精度高等诸多优点，所以在应用过程中，无论并联机构作为摄像机的载体还是作为视觉目标或作业对象的载体，都可借助其精确、灵活的方位控制能力并通过记录其运动过程中的位姿信息，来简化或利于解决系统中摄像机及结构光的标定、多视点点云数据的采集、自动配准等问题，具有重要的现实意义。同时，并联机构较强的支撑能力可使系统工作在振动、风场及夹持重目标等特殊环境或场合时，仍能以其高刚度、高强度的优势保持不变形，从而保证系统获得较好的视觉或作业效果。

综上可知，将结构光技术应用于并联机器人领域，使其具有视觉功能，既可利用结构光技术非接触、高精度、易实现的特点，又可充分发挥并联机器人的固有优势，具有特殊的研究意义和实用价值。鉴于此，本书设计并构建了并联机器人结构光视觉系统，使并联机器人增加了视觉功能，利用该系统可使并联机器人实现或辅助完成视觉目标数据获取、点云自动配准、目标识别、三维重构等多种功能或作业，从而大大提升了并联机器人的主动性和智能性。

9.2 系统工作原理

9.2.1 光学三角测量法原理

并联机器人结构光视觉系统的技术基础是光学三角测量法原理，如图 9-1 所示。

光学三角测量法是指被测物、投影点、观测点在空间成三角关系。当投影仪光源照射到被测物体表面时，入射点在空间的散射光由接收透镜 L 接收并会聚到 CCD 光耦合传感器上，形成物点 O 的像点 O'。当被测物体表面某一位置点相对于该光学系统发生垂直方向的上下位移 d 时，引起像点在 CCD 成像平面上发生位移 d'，从而引起 CCD 输出信号的变化。通过检测该数字信号的变化可求出位移 d'，进而通过空间关系的建模和相机成像原理求得位移 d，从而也就获得了被测物体表面该位置点相对于基准平面的高度。

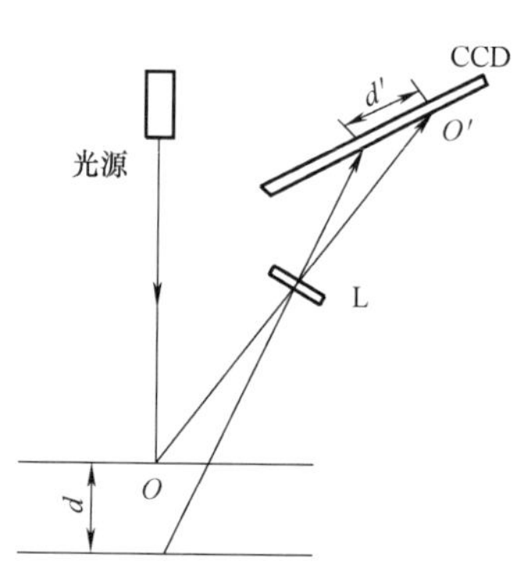

图 9-1 光学三角测量法原理

9.2.2 结构光的分类及选择

通常情况下，结构光可分为点式结构光、线式结构光、面式结构光、编码结构光和彩色结构光五大类。

点式结构光法是最早发展起来的结构光方法。该方法通过分别向物体的不同位置投影单束光，计算出物体上所有检测点的三维坐标，获取物体的整体三维信息。由于点结构光投影法属于点检测方法，测量时间长，数据空间分辨率低，信息量少，每次只能获得物体表面一个点的信息，计算量较大，现在已很少把其作为一种实用方法。

线式结构光法是结构光法中比较有代表性的一种方法。在室内条件下，穿过狭缝的一个光平面投影到物体上形成一条畸变亮条纹，通过旋转体的步进旋转，光平面依次扫描过物体的表面，摄像机拍摄到物体的一系列结构光图像，从而获取物体表面形状三维信息。采用线光源代替点光源，虽然可以减少对物体表面的扫描时间，通过简单的运算就能够进行图像匹配，但仍存在顺序扫描时间长、需要机械扫描装置辅助实现的缺点。

面式结构光法可以在一幅图像中同时处理多条光条，是通过一次性瞬间投影获取被测物体表面形状三维信息的结构光法。该方法显著提高了图像的处理效率，增加了测量的信息量，获得了物体表面更大范围的深度信息。与线结构光投影法相比具有准确、快捷、数据空间分辨率高等特点。

编码结构光法是在面式结构光法的基础上，为了区分出投影在物体表面每条结构光条纹的序数，而进行的一种对条纹编码的方法。编码法分为时间编码法、空间编码法和直接编码法。通过将多个不同的编码图案按时序先后投射到物体表面，得到相应的编码图像序列，将编码图像序列组合起来进行解码，得到投影在物体表面的每条条纹的序数，再由结构光法基本公式得到物体的三维坐标。

彩色结构光法是以颜色作为物体三维信息的加载和传递工具，通过彩色CCD摄像机来获取图像，然后经过计算机软件处理，对颜色信息进行分析、解码，最终获取物体的三维面形数据。

本书选择具有普遍代表性和广泛应用价值的编码结构光为例对并联机器人结构光视觉系统进行研究。

9.2.3　编码结构光三维视觉原理

并联机器人结构光视觉系统利用结构光和单摄像机结合的方式实现立体视觉功能，即系统利用结构光投影的几何信息、单摄像机获取的视觉目标图像并结合三角测量法原理来求得物体的三维信息。首先向物体表面投射带有编码信息的结构光，当基准结构光投影到目标物时，从不同于投影光轴方向的观测点来看，基准结构光条纹会随着物体表面形状的凹凸变化而发生畸变，如图9-2所示。

由于这种畸变是基准结构光条纹受物体表面形状的调制所致，因此包含了物体表面形状的三维信息，沿条纹显示的位移（或偏移）与物体表面高度成比例，条纹的扭结表明曲面的变化，不连续显示了表面的物理间隙。因此，只要通过解码确定条纹序数并建立反映畸变条纹与被测物体表面形状之间对应关系的数学模型，就可以从结构光畸变条纹图像中推断出被测物体的表面形状。

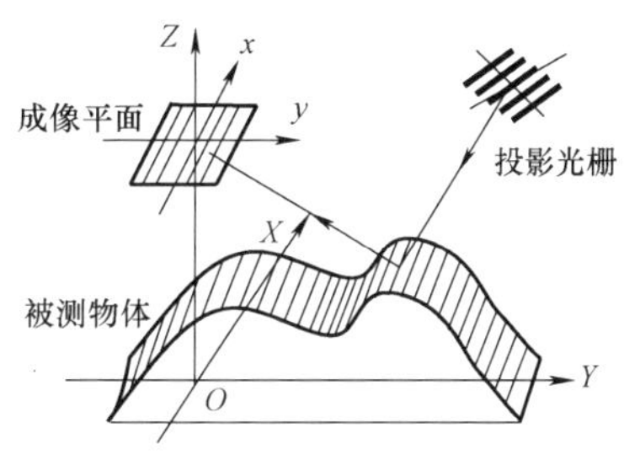

图9-2　编码结构光三维视觉原理

9.3 系统结构与建模

9.3.1 系统结构

并联机器人结构光视觉系统的示意图如图9-3所示。其中，d为投影仪镜头光心和摄像机光心之间的距离，θ为d所在直线与过投影仪镜头中心且和参考平面平行的平面的夹角，l为摄像机光心到参考平面的距离。

该视觉系统完全去除了传统结构光视觉系统结构中垂直度与平行度的约束条件，投影仪镜头光心和摄像机光心的连线与参考平面可以成一定角度，摄像机镜头光轴也不必垂直于参考平面。采用面结构光主动投影式原理，向视觉目标投影编码结构光，利用摄像机采集反射光，然后从包含视觉目标信息的二维图像中提取出物体的三维信息。

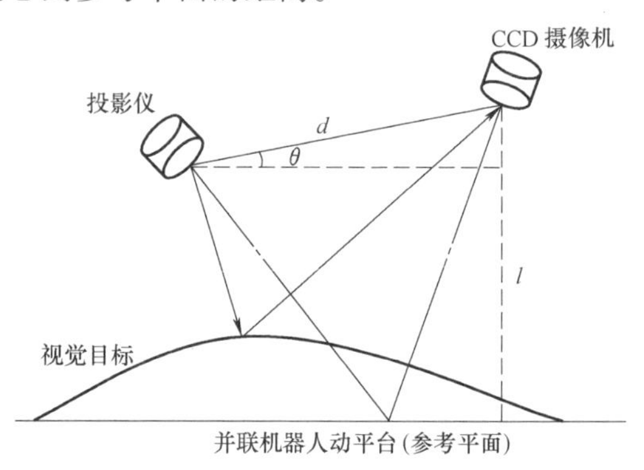

图9-3 系统示意图

我们构建的并联机器人结构光视觉系统实物图如图9-4所示。系统硬件主要由6-PUS并联机构(同8.1节的雕刻系统部分)、摄像机、投影仪、计算机等几部分组成，并以此为对象开展研究。

摄像机选用Basler A302fc的工业级数字摄像机，它采用1394总线，可以高速传输数据，而且提供二次开发工具包，可以很方便地对其进行编程控制，适用于多种机器视觉应用领域。

投影仪选用PLUS V-1100c高精度液晶投影仪作为结构光投影设备，它具有真彩色、高分辨率、投影光线均匀性好等诸多优点。投影仪投射的结构光通过计算机软件来实现。利用计算机软件可

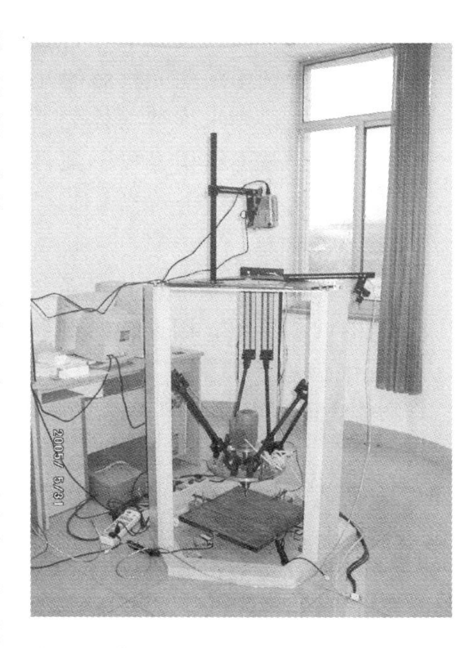

图9-4 并联机器人结构光视觉系统实物图

以方便、精确地以像素为基本单位对结构光模式(灰度、宽度、位置等)进行变化与控制，并可根据被测物体的具体情况来对结构光模式进行调整。

选用主流双核计算机实现对并联机构控制、图像采集及结构光处理等。

并联机器人结构光视觉系统功能流程图如图 9-5 所示。

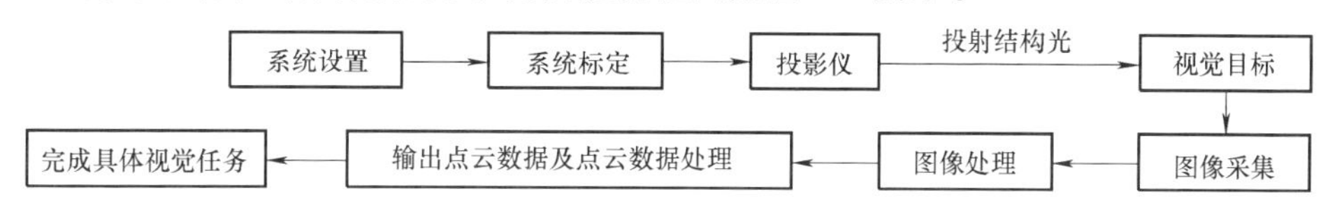

图 9-5　并联机器人结构光视觉系统功能流程图

9.3.2　系统模型

并联机器人结构光视觉系统的坐标系示意图如图 9-6 所示。

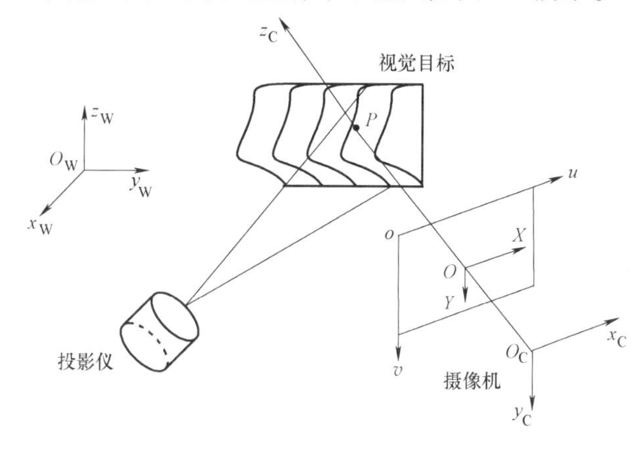

图 9-6　系统的坐标系示意图

图中的几个坐标系分别为世界坐标系 $O_W x_W y_W z_W$，摄像机坐标系 $O_C x_C y_C z_C$，图像坐标系 OXY，像素坐标系 ouv。其中世界坐标系与摄像机坐标系均为右手坐标系。通过摄像机标定可以由物点的空间坐标唯一确定它的像点的图像坐标，而由像点的图像坐标只可以确定一条经过该物点的空间射线，即摄像机在投影过程中丢失了物点的深度信息。因此，必须附加一个条件，才能根据图像点唯一确定物点的空间坐标。投影仪投射出的结构光条纹与视觉目标表面相交，产生一个能反映物体表面信息的截面曲线，投影条纹和截面曲线构成结构光平面。曲线上的点 P 为目标点，点 P 与其对应的图像点所确定的空间射线与光平面交于点 P。因此，通过标定摄像机及结构光平面，根据光平面上的目标点与摄像机成像平面上对应点的投影关系，就可以计算出目标点的三维坐标值。

设视觉目标上任意一点 P 在世界坐标系、像素坐标系下的齐次坐标分别为$(x_W, y_W, z_W, 1)$和$(u, v, 1)$。两者之间的关系如下：

$$\lambda\begin{pmatrix}u\\v\\1\end{pmatrix}=\boldsymbol{M}\begin{pmatrix}x_{\mathrm{W}}\\y_{\mathrm{W}}\\z_{\mathrm{W}}\\1\end{pmatrix} \tag{9-1}$$

式中，λ 为比例系数；$\boldsymbol{M}$ 为世界坐标与像素坐标的关系矩阵。

设点 P 所在光平面在世界坐标系下的方程为

$$ax_{\mathrm{W}}+by_{\mathrm{W}}+cz_{\mathrm{W}}+d=0 \tag{9-2}$$

式中，a、b、c、d 为光平面方程的系数。

将式(9-1)和式(9-2)联立，便能求得视觉目标表面与该光平面交点 P 的三维信息，联立方程可写为

$$\begin{cases}\lambda\begin{pmatrix}u\\v\\1\end{pmatrix}=\boldsymbol{M}\begin{pmatrix}x_{\mathrm{W}}\\y_{\mathrm{W}}\\z_{\mathrm{W}}\\1\end{pmatrix}\\ ax_{\mathrm{W}}+by_{\mathrm{W}}+cz_{\mathrm{W}}+d=0\end{cases} \tag{9-3}$$

由此可知，只要已知世界坐标与像素坐标的关系矩阵 $\boldsymbol{M}$，给定目标点的像素坐标及其所在光平面方程，便可求得目标点的三维信息。

第10章　并联机器人结构光视觉系统标定及数据获取

并联机器人结构光视觉系统在使用之前首先应进行标定，主要包括摄像机标定和结构光标定两部分，而在某些摄像机标定方法中，角点检测通常是其前提和基础，它的准确性将直接影响到摄像机标定的精度，故本章先对角点检测方法进行研究，然后再介绍摄像机、结构光标定及数据获取方面的工作。

10.1　一种棋盘格图像内外角点检测算法

棋盘格角点作为一种特殊的角点，被广泛应用于摄像机标定中。在角点检测的通用算法中，Harris 算法使用灰度的高斯梯度作为响应值判断图像中的角点，在定位性和鲁棒性上具有优势，但计算量较大，而且在棋盘格图像中，由于角点处图像的模糊现象使得实际角点附近的一个或者多个点的 Harris 响应值较高，很难确定角点的确切位置。SUSAN(Smallest Univalue Segment Assimilating Nucleus)算法具有不依赖图像的导数、抗噪能力强等优点，但它的运算速度比较慢，不利于实时性的场合。且在棋盘格图像中，边界点与棋盘格角点的吸收核同值区 USAN(Univalue Segment Assimilating Nucleus)都约为圆形窗口的一半大小，因此 SUSAN 算法对棋盘格角点的识别具有一定困难。在棋盘格专用角点检测算法中，多数算法对于边缘检测算法的准确程度有较强的依赖性，而 SV(Symmetry and Variance)算法[55]原理简单、计算量小，无需人工参与检测，且对旋转、尺度、灰度等变化具有鲁棒性，同时能够抵抗噪声和边缘模糊现象，但 SV 算法不能检测棋盘格图像中的外围角点。

鉴于此，本节提出一种棋盘格图像内外角点检测算法。通过引入透视投影变换实现角点初定位；采用 SV 算法实现内部角点检测，并引入 SUSAN 算法中吸收核同值区的概念，通过定义 Q 算子(Quarter operator)实现外围角点检测；利用多项式拟合将角点精确到亚像素级。该算法针对性强、计算量小，避免了对边缘检测算法的依赖且具有较强的鲁棒性，并能抵抗边缘模糊的现象，对棋盘格图像内部及外围角点均可进行准确定位。在后续摄像机标定工作的真实实验部分，使用该算法对二维平面棋盘格中的角点进行了检测，获得了较好的检测结果。

10.1.1 角点初定位

图像中的角点数量只占整个图像像素数量的极少部分，因此没有必要对每个像素使用角点响应函数，可首先确定角点可能出现的位置，将这些位置的点确立为候选角点，再将角点响应函数应用于候选角点。后续工作中将利用并联机构带动二维棋盘格模板做平移及旋转运动来构造虚拟三维标靶，以实现摄像机标定。因此，将摄像机成像模型中的透视投影变换引入到角点识别中，通过透视投影矩阵自动计算出所有角点可能出现的位置。

当不考虑摄像机镜头畸变时，棋盘格角点的世界坐标(x_W，y_W，z_W)与其像素坐标(u，v)之间满足以下关系：

$$\lambda\begin{pmatrix}u\\v\\1\end{pmatrix}=\boldsymbol{M}\begin{pmatrix}x_W\\y_W\\z_W\\1\end{pmatrix}=\begin{pmatrix}m_{11}&m_{12}&m_{13}&m_{14}\\m_{21}&m_{22}&m_{23}&m_{24}\\m_{31}&m_{32}&m_{33}&m_{34}\end{pmatrix}\begin{pmatrix}x_W\\y_W\\z_W\\1\end{pmatrix}\tag{10-1}$$

式中，$\boldsymbol{M}$ 为 3×4 的透视投影变换矩阵；λ 为比例因子。

通常设 $m_{34}=1$，为求解 $\boldsymbol{M}$ 矩阵中剩余的 11 个未知数，必须同时已知至少 6 个角点的世界坐标及其像素坐标。棋盘格角点的世界坐标在构造虚拟三维标靶时是已知的，其像素坐标可通过图像处理得到。

由于图像中心附近点的畸变较小，因此首先利用接近图像中心的 6 个角点求解出 $\boldsymbol{M}$ 矩阵的初始值。然后利用初始矩阵 $\boldsymbol{M}$ 进行投影，以检测出该 6 个角点所在行和所在列上所有角点的像素坐标，求取适用于整幅图像的矩阵 $\boldsymbol{M}$ 的值。一旦求得 $\boldsymbol{M}$ 矩阵的精确值，只要给定世界坐标，就可由式(10-1)求得其像素坐标，并将其作为棋盘格图像中角点的初始位置。

上述处理可保证在精确检测角点前剔除大部分的背景点、边界点及噪声点。角点初始位置确定后，可以只在以该初始位置为中心的一个小窗口内计算角点响应函数，因此不仅可以减少角点检测算子的计算量，还可以针对不同的搜索窗口自动确定不同的阈值，以便适应不同的光照条件。同时，由于角点的初始位置是根据棋盘格角点的世界坐标计算出来的，因此该方法在角点检测的同时自动建立了角点世界坐标与其像素坐标的一一对应关系，为后期进行摄像机标定提供了方便。

10.1.2 内部角点检测

首先采用棋盘格图像专用角点检测算子 SV 进行内部角点检测。对于每个像素(i，j)，将以该像素为中心的窗口记为 W，此处采用圆形窗口，窗口内像素数设为 n。

对称算子 S(Symmetry operator)的响应值为窗口 W 中关于(i, j)对称的每一对像素的灰度差绝对值和的均值，其表达式为

$$C^{S}(i,j)=\Big(\sum_{(i+p,j+q)\in W}|I(i+p,j+q)-I(i-p,j-q)|\Big)/n \qquad (10\text{-}2)$$

式中，$I(i+p, j+q)$与$I(i-p, j-q)$为窗口 W 中关于(i, j)对称的每一对像素的灰度值，如图 10-1 所示；C^S反映了以该像素为中心的小窗口像素灰度分布的空间对称性。

方差算子 V(Variance operator)的响应值为反映周围像素灰度值变化剧烈程度的灰度方差，其表达式为

$$C^{V}=\Big[\sum_{(i,j)\in W}(I(i,j)-\bar{I})^{2}\Big]/(n-1) \qquad (10\text{-}3)$$

式中，$\bar{I}$为窗口 W 中像素的灰度平均值。

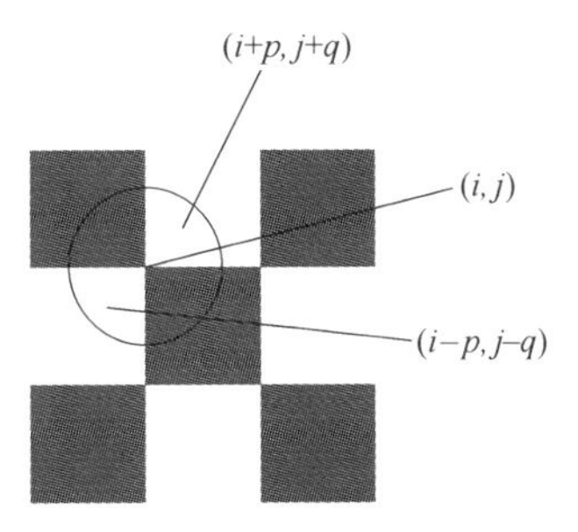

图 10-1 棋盘格内部角点对称示意图

SV 算子定义为

$$C^{SV}=k\times C^{V}-C^{S} \qquad (10\text{-}4)$$

式中，k 为经验常数，一般取 0.1 ~ 0.5。设定阈值 $C_{\min}^{SV}$，则棋盘格内部角点满足 $C^{SV}>C_{\min}^{SV}$且是 C^{SV}值局部最大的点。

由于 SV 算法本身利用的是对称性，因此天然具有旋转不变性，而且由于其利用的是统计信息，因此还可增强抗噪声能力，对图像整体明暗程度的变化具有鲁棒性。

10.1.3 外围角点检测

由于 SV 算法在棋盘格图像中并不能检测出外围角点，受 SUSAN 算法思想的启发，此处通过定义 Q 算子，对棋盘格外围角点进行检测。

在图像上移动圆形窗口，将窗口内各点与窗口中心像素点(核)的灰度进行比较，比较函数为

$$C(i,j,i_0,j_0)=\mathrm{e}^{-\left(\frac{I(i,j)-I_0}{t}\right)^{6}} \qquad (10\text{-}5)$$

式中，(i_0, j_0)为当前窗口中心像素点；(i, j)为窗口内其他像素点；I_0 为点(i_0, j_0)的灰度值；$I(i, j)$为点(i, j)的灰度值；t 为区分目标与背景相似程度的阈值，称为灰度差阈值，由图像中目标与背景的对比程度确定，对比度越大，t 应越小，一般在 10 ~ 25 之间选取。

SUSAN 算法提出了吸收核同值区的概念。由窗口内所有与窗口中心像素具有相近灰度的像素组成的区域叫做吸收核同值区 USAN。平坦区域像素点的 USAN 值最大，边界点次之，角点最小，而且角点越尖，吸收核同值区越小。棋盘

格图像外围角点的吸收核同值区约为圆形窗口的四分之一，如图 10-2 所示。

由此引出进行外围角点检测的 Q 算子。定义 Q 算子的响应值为吸收核同值区的大小，其表达式为

$$C^{Q} = \sum_{(i,j) \in W} C(i,j,i_0,j_0) \tag{10-6}$$

对 $C^{SV} \leqslant C^{SV}_{\min}$ 的点进行 Q 算子检测，具体过程如下：

1）窗口中心点置于候选角点处，利用式(10-5)将窗口中的各点与中心点的灰度值进行比较。

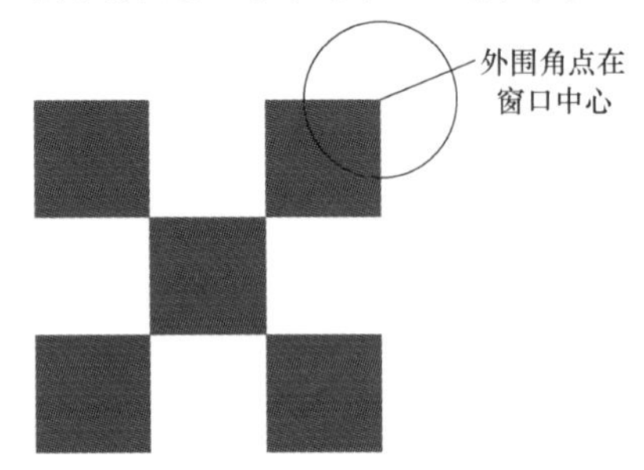

图 10-2　外围角点检测原理示意图

2）采用式(10-6)计算核值相似区的大小，确定检测点的 Q 算子响应值 C^{Q}。

3）在理想情况下，当 $C^{Q} = 1/4 \times (n-1)$ 时，窗口中心像素为棋盘格图像外围角点。但实际图像容易受噪声、光照等因素的影响而并非理想图像，所以当 C^{Q} 在局部最接近 $1/4 \times (n-1)$ 时，即可将该点确定为棋盘格外围角点。

10.1.4　亚像素级角点定位

采用二次多项式来逼近角点响应函数 $R(i,\ j)$，从而找到角点的亚像素级精确位置。二次多项式定义为

$$ai^2 + bj^2 + cij + di + ej + f = R(i,j) \tag{10-7}$$

以已经检测出来的像素级角点$(i,\ j)$为中心，选取一个$(2n+1) \times (2n+1)$的小窗口，以窗口内像素建立含有 $a \sim f$ 6 个未知量的超定方程组，应用最小二乘法求解该超定方程。角点$(i,\ j)$的亚像素级坐标$(i_s,\ j_s)$对应的是二次多项式的极大值点。由式(10-8)对二次多项式进行求导，可以直接得到角点的亚像素级的坐标。

$$\begin{cases} \dfrac{\partial R}{\partial i} = 2ai + cj + d = 0 \\ \dfrac{\partial R}{\partial j} = 2bj + ci + e = 0 \end{cases} \tag{10-8}$$

10.1.5　算法实现

综上所述，棋盘格图像内外角点检测算法的实现过程如下：

1）通过透视投影变换实现角点初定位。

2）以该初始位置为中心确定一个小窗口，一般取 3×3 到 7×7 即可。遍历小窗口内每个像素点，计算其 SV 算子的响应值 C^{SV}，如果 $C^{SV} > C^{SV}_{\min}$，且 C^{SV} 局部最大，那么将该点确定为像素级棋盘格图像内部角点。

3）对 $C^{SV} \leqslant C_{min}^{SV}$ 的点进行 Q 算子检测，当 C^{Q} 在局部最接近 $1/4 \times (n-1)$ 时，将窗口中心像素点确定为像素级棋盘格图像外围角点。

4）以角点的像素级坐标 (i, j) 为中心，选取一个 $(2n+1) \times (2n+1)$ 的小窗口，进行多项式拟合，进一步确定亚像素级精度角点位置。

10.1.6　实验及分析

首先生成 5×5 的棋盘格图像。由于真实环境中存在光照、噪声以及摄像机镜头畸变等因素的影响，所以这并非理想的棋盘格图像。为了更接近实际情况，实验时首先对图像进行了增加亮度、添加噪声以及均值滤波等处理，然后分别对自然条件、增加亮度、添加随机噪声、均值滤波、先均值滤波再添加随机噪声等条件下的棋盘格图像进行了角点检测。实验结果如图 10-3 所示，图中“×”和“+“代表检测出的角点位置。

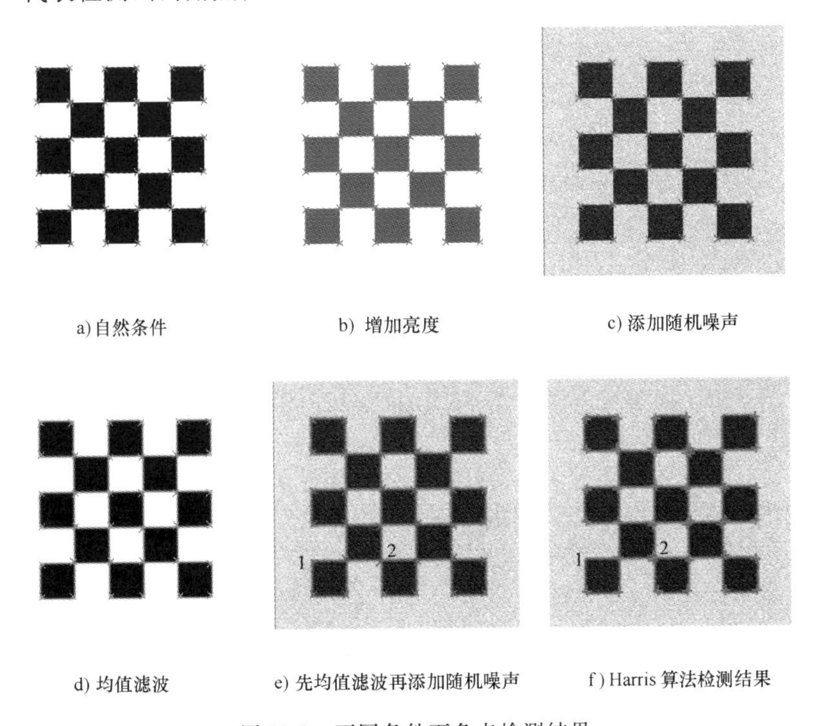

a) 自然条件　b) 增加亮度　c) 添加随机噪声

d) 均值滤波　e) 先均值滤波再添加随机噪声　f) Harris 算法检测结果

图 10-3　不同条件下角点检测结果

图 10-3a ~ 图 10-3e 为所提算法检测结果，由图 10-3a 和图 10-3b 可以看出，在自然条件和增加亮度两种情况下角点检测的结果一致，说明本算法对光线的明暗变化具有很好的适应性。图 10-3c ~ 图 10-3e 的角点检测结果说明该算法对包含噪声的图像及模糊图像也具有很好的适应性。图 10-3f 为使用 Harris 算法对先均值滤波再添加噪声后的图像进行检测的结果，从图中可以看出，图像模糊

时，Harris 算法使得实际角点附近的一个或者多个点的 Harris 响应值较高，很难准确确定角点所在位置，甚至出现部分角点没有检测到的情况。

表 10-1 为图 10-3e 和图 10-3f 中编号 1 处的外围角点周围局部图像灰度值，理想角点位置在表 10-1 中 4 个加阴影数字所在区域的中心，加下画线数字对应的像素为 Q 算子检测的结果，Harris 算法此时不能检测到角点。

表 10-1　外围角点周围局部图像灰度值及检测结果

y \ x	39	40	41	42	43	44	45	46	47	48
188	198	234	231	201	225	204	222	234	213	213
189	207	228	195	219	207	219	207	219	216	222
190	219	198	213	180	189	162	165	189	177	183
191	198	189	153	156	141	159	138	147	138	171
192	195	162	138	135	90	138	123	123	99	117
193	183	147	120	150	93	75	45	72	78	84
194	177	177	126	78	66	66	39	57	57	33
195	174	141	105	93	48	66	33	21	51	18
196	195	162	99	117	51	51	39	24	60	45
197	189	162	90	90	30	51	33	33	36	57

表 10-2 为编号 2 处的内部角点周围局部图像灰度值，理想角点位置在表 10-2中加阴影数字所在区域的中心，加下画线并加粗数字对应的像素为 SV 算子检测的结果，加下画线斜体数字所对应的像素为 Harris 算法检测出的角点，有两处响应值较高。从表中数据可以看出，所提算法不仅能够检测出模糊图像中 Harris 算法不能检测到的角点且检测出的位置更接近实际角点位置。

表 10-2　内部角点周围局部图像灰度值及检测结果

y \ x	109	110	111	112	113	114	115	116	117	118
186	18	42	30	39	63	42	87	96	162	189
187	54	48	33	54	36	48	93	111	168	201
188	69	15	3	57	48	39	81	117	144	174
189	36	42	24	36	45	36	54	129	141	171
190	78	69	81	66	54	66	90	123	147	144
191	111	84	75	96	108	114	114	132	129	153
192	144	117	123	138	*132*	135	**117**	141	132	129
193	171	192	171	189	135	168	141	135	90	90
194	204	207	186	222	192	189	159	132	108	60
195	192	192	201	204	225	234	177	123	99	48

在亚像素检测精度方面，对多项式拟合法和Forstner算子法进行了比较，前者的最大误差像素为0.071，而后者的最大误差像素为0.355。可见，本算法不但具有很好的鲁棒性，而且内外角点均可准确定位并达到较高的亚像素级检测精度。

综上可知，所提算法继承了SV算法及SUSAN算法的优点，弥补了它们对棋盘格图像角点检测的不足。实验结果表明，该算法计算速度较快，对不同条件下的棋盘格图像均有良好的适应性，且检测精度较高。本算法在实现时，将初定位时角点的空间三维坐标及通过透视投影变换确定的与其对应的初始像素坐标存储为一组基础数据，角点亚像素级精度定位后，再用精确的像素坐标代替初始像素坐标作为新的基础数据。摄像机标定时可直接应用这些新的基础数据，故该算法不但解决了角点检测中的排序问题，而且基础数据的获得也为摄像机标定提供了方便。

10.2　视觉系统中基于并联机构的摄像机线性标定方法

对摄像机进行标定，是利用并联机器人结构光视觉系统的摄像机获取视觉目标信息的必要步骤，而在摄像机标定方法中，线性标定法可避免非线性标定法繁琐、速度慢及不稳定的缺陷，但传统的线性法没有考虑镜头畸变。另外，从标定靶类型看，基于三维标靶的摄像机标定方法同基于二维标靶的标定方法相比有助于提高标定准确性，但三维标靶制造精度要求较高，且其标定点三维空间坐标的精确测量也比较困难。基于这些因素，我们认为虽然前述并联机器人双目主动视觉监测平台部分的标定思想也可用于此处结构光视觉系统的摄像机标定工作，但它毕竟结合了双目视觉监测平台中圆形导轨的特殊情况，是为了满足动态标定摄像机的需要而提出的一种相对专用的非线性标定方案。为了向读者提供更多可选择的摄像机标定方法，下面介绍我们在并联机器人结构光视觉系统中采用的基于并联机构和二维平面模板合成虚拟三维标靶且考虑镜头畸变因素在内的摄像机线性标定方法。

10.2.1　一阶径向畸变摄像机模型

理想的透镜成像模型是针孔模型，但实际中透镜并不完全满足该条件。本节采用图10-4所示的一阶径向畸变针孔摄像机模型展开研究。

图10-4中的四套坐标系分别描述如下。

1）世界坐标系：$O_W x_W y_W z_W$，设物体点P在世界坐标系下的坐标为(x_W, y_W, z_W)。

2）摄像机坐标系：$O_C x_C y_C z_C$，O_C是摄像机的光心，光轴与z_C轴重合。物体

上同一点 P 在摄像机坐标系下的坐标为(x_C，y_C，z_C)。世界坐标系与摄像机坐标系均为右手坐标系。

3）图像坐标系：OXY，O 为光轴与图像坐标系的交点，X、Y 轴分别平行于摄像机坐标系的 x、y 轴。设 $P_u(X_u, Y_u)$是在理想针孔摄像机模型下 P 点投影到图像坐标系上的投影点坐标，$P_d(X_d, Y_d)$是由透镜径向畸变引起的偏离理想投影点坐标的实际投影点坐标。

4）像素坐标系(计算机帧存坐标系)：ouv，原点位于图像坐标系左上角。(u，v)是像素坐标系中 P 点的投影点坐标，有效焦距 f 是光心到图像平面的距离。

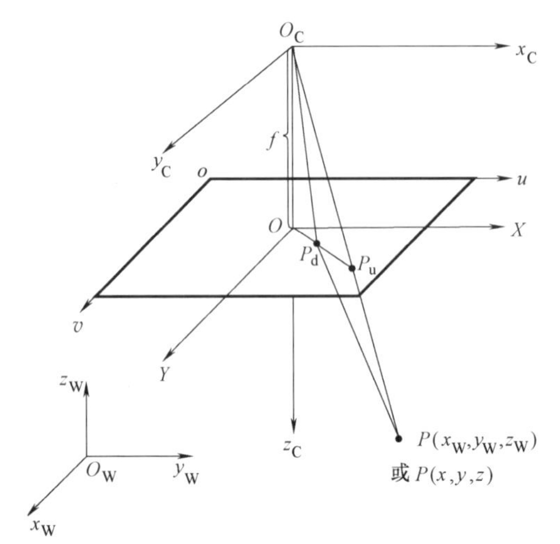

图 10-4 一阶径向畸变针孔摄像机模型

从世界坐标系到像素坐标系的完整变换可分为以下四步。

1）世界坐标系到摄像机坐标系的变换，即世界坐标(x_W，y_W，z_W)到摄像机坐标(x_C，y_C，z_C)的变换

$$\begin{pmatrix} x_C \\ y_C \\ z_C \end{pmatrix} = \boldsymbol{R} \begin{pmatrix} x_W \\ y_W \\ z_W \end{pmatrix} + \boldsymbol{T} \tag{10-9}$$

式中，$\boldsymbol{R}$ 和 $\boldsymbol{T}$ 分别为从世界坐标系到摄像机坐标系的旋转和平移变换，$\boldsymbol{R}$ 是一个 3×3 的单位正交矩阵；$\boldsymbol{T}$ 是 3×1 的平移向量。

2）摄像机坐标系到图像坐标系的变换(针孔摄像机模型下的理想透视投影变换)：

$$\begin{cases} X_u = f\dfrac{x_C}{z_C} \\ Y_u = f\dfrac{y_C}{z_C} \end{cases} \tag{10-10}$$

3）一阶径向畸变的影响

由于一阶径向畸变的存在，因此实际投影点坐标 $P_d(X_d, Y_d)$与理想投影点坐标 $P_u(X_u, Y_u)$间有着一定偏差，两者的关系可以表示为

$$\begin{cases} X_u = (1 + kr_d^2)X_d \\ Y_u = (1 + kr_d^2)Y_d \end{cases} \tag{10-11}$$

式中，r_d^2 为实际投影径向半径的平方，即 $r_d^2 = X_d^2 + Y_d^2$；k 为径向畸变系数。

4）图像坐标系到像素坐标系下投影点坐标间的变换：

$$\begin{cases} u = s_x d_y^{-1} X_d + u_0 \\ v = d_y^{-1} Y_d + v_0 \end{cases} \tag{10-12}$$

式中，(u_0, v_0)为图像坐标系中心在像素坐标系中的坐标，称为主点坐标；$s_x = d_y/d_x$ 为图像纵横比，d_x，d_y 分别为单位像素在图像平面 X 轴、Y 轴方向的物理尺寸。

将式(10-9)～式(10-12)依次代入后式，经推导、整理可得如下用齐次坐标表示的结果。

$$z\begin{pmatrix} u - u_0 \\ v - v_0 \\ 1 \end{pmatrix} = \begin{pmatrix} s_x d_y^{-1} & 0 & 0 \\ 0 & d_y^{-1} & 0 \\ 0 & 0 & 1 \end{pmatrix}\begin{pmatrix} (1 + kr_d^2)^{-1} & 0 & 0 \\ 0 & (1 + kr_d^2)^{-1} & 0 \\ 0 & 0 & 1 \end{pmatrix} \times$$

$$\begin{pmatrix} f & 0 & 0 & 0 \\ 0 & f & 0 & 0 \\ 0 & 0 & 1 & 0 \end{pmatrix}\begin{pmatrix} \boldsymbol{R} & \boldsymbol{T} \\ \boldsymbol{0}^{\mathrm{T}} & 1 \end{pmatrix}\begin{pmatrix} x_W \\ y_W \\ z_W \\ 1 \end{pmatrix}$$

$$= \begin{pmatrix} (1 + kr_d^2)^{-1} & 0 & 0 \\ 0 & (1 + kr_d^2)^{-1} & 0 \\ 0 & 0 & 1 \end{pmatrix}\begin{pmatrix} s_x d_y^{-1} & 0 & 0 \\ 0 & d_y^{-1} & 0 \\ 0 & 0 & 1 \end{pmatrix} \times$$

$$\begin{pmatrix} f & 0 & 0 & 0 \\ 0 & f & 0 & 0 \\ 0 & 0 & 1 & 0 \end{pmatrix}\begin{pmatrix} \boldsymbol{R} & \boldsymbol{T} \\ \boldsymbol{0}^{\mathrm{T}} & 1 \end{pmatrix}\begin{pmatrix} x_W \\ y_W \\ z_W \\ 1 \end{pmatrix}$$

$$= \begin{pmatrix} (1 + kr_d^2)^{-1} & 0 & 0 \\ 0 & (1 + kr_d^2)^{-1} & 0 \\ 0 & 0 & 1 \end{pmatrix}\begin{pmatrix} \alpha_x & 0 & 0 & 0 \\ 0 & \alpha_y & 0 & 0 \\ 0 & 0 & 1 & 0 \end{pmatrix} \times$$

$$\begin{pmatrix} \boldsymbol{R} & \boldsymbol{T} \\ \boldsymbol{0}^{\mathrm{T}} & 1 \end{pmatrix}\begin{pmatrix} x_W \\ y_W \\ z_W \\ 1 \end{pmatrix}$$

$$= \boldsymbol{M}_0 \boldsymbol{M}_1 \boldsymbol{M}_2 \begin{pmatrix} x_W \\ y_W \\ z_W \\ 1 \end{pmatrix} = \boldsymbol{M}_0 \boldsymbol{M} \begin{pmatrix} x_W \\ y_W \\ z_W \\ 1 \end{pmatrix} \tag{10-13}$$

式中，k 和 r_d^2 的含义同式(10-11)；$\alpha_x = s_x d_y^{-1} f$，$\alpha_y = d_y^{-1} f$；$\boldsymbol{M}_0$ 为畸变矩阵；$\boldsymbol{M}_1$ 为摄像机内参数矩阵；$\boldsymbol{M}_2$ 为摄像机外参数矩阵；$\boldsymbol{M}$ 为透视投影矩阵；$\boldsymbol{M} = \begin{pmatrix} m_{11} & m_{12} & m_{13} & m_{14} \\ m_{21} & m_{22} & m_{23} & m_{24} \\ m_{31} & m_{32} & m_{33} & m_{34} \end{pmatrix}$。

描述从世界坐标系到像素坐标系变换过程的式(10-13)即为考虑一阶径向畸变针孔摄像机模型的完整表达式。

10.2.2 借助并联机构构造虚拟三维标靶

为了获得较高的标定精度，通常需要足够大的标靶，并在其上设置大量的标定点。这不仅给机械加工带来了一定的困难，而且大标靶在现场使用中也具有较大的不便性。基于此，考虑由二维平面模板构造虚拟三维标靶，从而实现摄像机标定。

将二维平面模板固定在并联机器人结构光视觉系统中并联机构的动平台上，并将并联机构动平台坐标系(原点位于平台面中心，z 轴垂直于平台面)设定为世界坐标系，则二维平面模板上标定点的三维空间坐标可知，并将此时模板所在位置设为初始位置，将世界坐标系设为初始世界坐标系。二维平面模板与世界坐标系相对位置固定不变，控制并联机构动平台带动二维平面模板做平移及旋转运动。由于动平台每次运动信息已知，所以可将不同位置时二维平面模板上标定点的坐标全部转换成初始世界坐标系下的坐标，由此，构成同一世界坐标系下的虚拟三维标靶。并联机构动平台的运动为刚体运动，所以坐标变换为刚体变换。

设二维平面模板上共有 n 个标定点，初始位置时第 i 个标定点在世界坐标系下的坐标为 $P_{W_i}^0(x_{Wi}^0, y_{Wi}^0, z_{Wi}^0)$。将动平台从第 $k-1$ 个位置到第 k 个位置的运动信息表示为($\boldsymbol{R}_k^*$，$\boldsymbol{T}_k^*$)，其中 $\boldsymbol{R}_k^*$ 为旋转矩阵，$\boldsymbol{T}_k^*$ 为平移向量，第 k 个位置时第 i 个标定点在初始世界坐标系下的坐标为 $P_{Wi}^k(x_{Wi}^k, y_{Wi}^k, z_{Wi}^k)$。

动平台从初始位置运动到第一个位置，平面模板上第 i 个标定点在初始世界坐标系下的坐标可表示为

$$\begin{pmatrix} x_{Wi}^1 \\ y_{Wi}^1 \\ z_{Wi}^1 \end{pmatrix} = {}_0^1\boldsymbol{R}^* \begin{pmatrix} x_{Wi}^0 \\ y_{Wi}^0 \\ z_{Wi}^0 \end{pmatrix} + {}_0^1\boldsymbol{T}^* \tag{10-14}$$

式中，${}_0^1\boldsymbol{R}^*$ 为初始位置变换到第一个位置旋转矩阵；${}_0^1\boldsymbol{T}^*$ 为平移向量；此时，${}_0^1\boldsymbol{R}^* = \boldsymbol{R}_1^*$，${}_0^1\boldsymbol{T}^* = \boldsymbol{T}_1^*$。

由此分析可得，动平台运动到第 k 个位置时，二维平面模板上第 i 个标定点

在初始世界坐标系下的坐标为

$$\begin{pmatrix} x_{\mathrm{W}i}^{k} \\ y_{\mathrm{W}i}^{k} \\ z_{\mathrm{W}i}^{k} \end{pmatrix} = {}_{0}^{k}\boldsymbol{R}^{*} \begin{pmatrix} x_{\mathrm{W}i}^{0} \\ y_{\mathrm{W}i}^{0} \\ z_{\mathrm{W}i}^{0} \end{pmatrix} + {}_{0}^{k}\boldsymbol{T}^{*} \quad (k > 1) \tag{10-15}$$

式中，${}_{0}^{k}\boldsymbol{R}^{*} = \prod_{l=k}^{1} \boldsymbol{R}_{l}^{*}$ 为初始位置变换到第 k 个位置的旋转矩阵；${}_{0}^{k}\boldsymbol{T}^{*} = \left[\sum_{j=1}^{k-1} \left(\prod_{h=k}^{j+1} \boldsymbol{R}_{h}^{*}\right) \boldsymbol{T}_{j}^{*}\right] + \boldsymbol{T}_{k}^{*}$ 为初始位置变换到第 k 个位置的平移向量。

二维平面模板在并联机构的带动下，每运动到一个位置，就会拍摄其图像，然后经过图像处理，可以得到二维平面模板上每个标定点的实际像素坐标值。这样，二维平面模板就组合成了虚拟三维标靶，且已知各标定点的三维空间坐标及其对应的图像点的实际像素坐标。

10.2.3 摄像机参数标定

基于交比不变性首先求解出一阶径向畸变系数 k，并将主点坐标 (u_0, v_0) 取为图像中心坐标。在此基础上，设 $(x_{\mathrm{W}i}, y_{\mathrm{W}i}, z_{\mathrm{W}i}, 1)$ 和 $(u_i, v_i, 1)$ 分别是第 i 个标定点在世界坐标系和像素坐标系下的齐次坐标，由前文推导出的式(10-13)可得

$$z_i \begin{pmatrix} u_i - u_0 \\ v_i - v_0 \\ 1 \end{pmatrix} = \boldsymbol{M}_0 \begin{pmatrix} m_{11} & m_{12} & m_{13} & m_{14} \\ m_{21} & m_{22} & m_{23} & m_{24} \\ m_{31} & m_{32} & m_{33} & m_{34} \end{pmatrix} \begin{pmatrix} x_{\mathrm{W}i} \\ y_{\mathrm{W}i} \\ z_{\mathrm{W}i} \\ 1 \end{pmatrix}$$

$$= \begin{pmatrix} (1 + kr_{\mathrm{d}i}^{2})^{-1} & 0 & 0 \\ 0 & (1 + kr_{\mathrm{d}i}^{2})^{-1} & 0 \\ 0 & 0 & 1 \end{pmatrix} \begin{pmatrix} m_{11} & m_{12} & m_{13} & m_{14} \\ m_{21} & m_{22} & m_{23} & m_{24} \\ m_{31} & m_{32} & m_{33} & m_{34} \end{pmatrix} \begin{pmatrix} x_{\mathrm{W}i} \\ y_{\mathrm{W}i} \\ z_{\mathrm{W}i} \\ 1 \end{pmatrix} \tag{10-16}$$

式(10-16)包含 3 个方程，消去 z_i 后，令 $K_i = (1 + kr_{\mathrm{d}i}^{2})^{-1}$，可得如下两个关于 m_{ij} 的线性方程：

$$\begin{cases} K_i x_{\mathrm{W}i} m_{11} + K_i y_{\mathrm{W}i} m_{12} + K_i z_{\mathrm{W}i} m_{13} + K_i m_{14} - (u_i - u_0) x_{\mathrm{W}i} m_{31} \\ \quad - (u_i - u_0) y_{\mathrm{W}i} m_{32} - (u_i - u_0) z_{\mathrm{W}i} m_{33} = (u_i - u_0) m_{34} \\ K_i x_{\mathrm{W}i} m_{21} + K_i y_{\mathrm{W}i} m_{22} + K_i z_{\mathrm{W}i} m_{23} + K_i m_{24} - (v_i - v_0) x_{\mathrm{W}i} m_{31} \\ \quad - (v_i - v_0) y_{\mathrm{W}i} m_{32} - (v_i - v_0) z_{\mathrm{W}i} m_{33} = (v_i - v_0) m_{34} \end{cases} \tag{10-17}$$

上式表明，如果已知 n 个标定点的世界坐标及它们的像素坐标，则有 $2n$ 个关于矩阵 $\boldsymbol{M}$ 元素的线性方程，用矩阵形式表示为

$$\begin{pmatrix} K_1x_{W1} & K_1y_{W1} & K_1z_{W1} & K_1 & 0 & 0 & 0 & 0 & -(u_1-u_0)x_{W1} & -(u_1-u_0)y_{W1} & -(u_1-u_0)z_{W1} \\ 0 & 0 & 0 & 0 & K_1x_{W1} & K_1y_{W1} & K_1z_{W1} & K_1 & -(v_1-v_0)x_{W1} & -(v_1-v_0)y_{W1} & -(v_1-v_0)z_{W1} \\ \vdots & \vdots & \vdots & \vdots & \vdots & \vdots & \vdots & \vdots & \vdots & \vdots & \vdots \\ K_nx_{Wn} & K_ny_{Wn} & K_nz_{Wn} & K_n & 0 & 0 & 0 & 0 & -(u_n-u_0)x_{Wn} & -(u_n-u_0)y_{Wn} & -(u_n-u_0)z_{Wn} \\ 0 & 0 & 0 & 0 & K_nx_{Wn} & K_ny_{Wn} & K_nz_{Wn} & K_n & -(v_n-v_0)x_{Wn} & -(v_n-v_0)y_{Wn} & -(v_n-v_0)z_{Wn} \end{pmatrix} \times$$

$$\begin{pmatrix} m_{11} \\ m_{12} \\ m_{13} \\ m_{14} \\ m_{21} \\ m_{22} \\ m_{23} \\ m_{24} \\ m_{31} \\ m_{32} \\ m_{33} \end{pmatrix} = \begin{pmatrix} (u_1-u_0)m_{34} \\ (v_1-v_0)m_{34} \\ \vdots \\ (u_n-u_0)m_{34} \\ (v_n-v_0)m_{34} \end{pmatrix} \tag{10-18}$$

在式（10-18）中指定 $m_{34}=1$，并将 $K_i=(1+kr_{di}^2)^{-1}=\{1+k\{[(u_i-u_0)d_y/s_x]^2+[(v_i-v_0)d_y]^2\}\}^{-1}$代入(设 $s_x=1$)，从而得到关于矩阵 $\boldsymbol{M}$ 其他 11 个元素的 $2n$ 个线性方程，式(10-18)可简写成

$$\boldsymbol{Km}=\boldsymbol{U} \tag{10-19}$$

式中，$\boldsymbol{K}$ 为式(10-18)左边 $2n\times 11$ 矩阵；$\boldsymbol{m}$ 为未知的 11 维向量；$\boldsymbol{U}$ 为式(10-18)右边的 $2n$ 维向量；$\boldsymbol{K}$、$\boldsymbol{U}$ 为已知向量。

当 $2n>11$ 时，用最小二乘法求出上述线性方程式的解为

$$\boldsymbol{m}=(\boldsymbol{K}^{\mathrm{T}}\boldsymbol{K})^{-1}\boldsymbol{K}^{\mathrm{T}}\boldsymbol{U} \tag{10-20}$$

$\boldsymbol{m}$ 向量与 $m_{34}=1$ 构成了所求解的矩阵 $\boldsymbol{M}$。由上可见，由空间 6 个以上已知点的坐标信息，就可求出矩阵 $\boldsymbol{M}$。在前文构造的虚拟三维标靶中，标定点可以是二维平面模板运动到任一位置上的任意一点。一般使用标定点的个数大于 6 个，从而用最小二乘法求解以降低误差造成的影响。

求出矩阵 $\boldsymbol{M}$ 后，便可求解摄像机的内外参数。将式(10-13)中矩阵 $\boldsymbol{M}$ 与摄像机的内外参数关系写为

$$m_{34}\begin{pmatrix} \boldsymbol{m}_1^{\mathrm{T}} & m_{14} \\ \boldsymbol{m}_2^{\mathrm{T}} & m_{24} \\ \boldsymbol{m}_3^{\mathrm{T}} & 1 \end{pmatrix} = \begin{pmatrix} \alpha_x \boldsymbol{r}_1^{\mathrm{T}} & \alpha_x t_x \\ \alpha_y \boldsymbol{r}_2^{\mathrm{T}} & \alpha_y t_y \\ \boldsymbol{r}_3^{\mathrm{T}} & t_z \end{pmatrix} \tag{10-21}$$

式中，$\boldsymbol{m}_i^{\mathrm{T}}(i=1,2,3)$为由矩阵 $\boldsymbol{M}$ 的第 i 行的前三个元素组成的行向量；$m_{i4}(i=1,2,3)$为矩阵 $\boldsymbol{M}$ 第 i 行第四列元素；$\boldsymbol{r}_i^{\mathrm{T}}(i=1,2,3)$为旋转矩阵 $\boldsymbol{R}$ 的第 i 行。

比较上式两边可知，$m_{34}\boldsymbol{m}_3=\boldsymbol{r}_3$，由于 $|\boldsymbol{r}_3|=1$，因此，$m_{34}=\dfrac{1}{|\boldsymbol{m}_3|}$。再由以下各式可求解摄像机其他内外参数。

$$\alpha_x = m_{34}^2|\boldsymbol{m}_1\times\boldsymbol{m}_3|;\alpha_y = m_{34}^2|\boldsymbol{m}_2\times\boldsymbol{m}_3|$$

$$f=\alpha_y d_y;s_x=\alpha_x/\alpha_y$$

$$\boldsymbol{r}_1=\frac{m_{34}}{\alpha_x}\boldsymbol{m}_1;\boldsymbol{r}_2=\frac{m_{34}}{\alpha_y}\boldsymbol{m}_2;\boldsymbol{r}_3=m_{34}\boldsymbol{m}_3$$

$$t_x=\frac{m_{34}}{\alpha_x}m_{14};t_y=\frac{m_{34}}{\alpha_y}m_{24};t_z=m_{34}$$

10.2.4　仿真实验

假设摄像机焦距为$f=10$mm，主点坐标为 $u_0=320$pixel，$v_0=240$pixel，单位像素在图像平面 X 轴、Y 轴方向的物理尺寸 d_x、d_y 均为 0.4mm/pixel，摄像机坐标系相对于世界坐标系绕 x、y、z 轴的旋转角度分别为 0°、60°、60°，则旋转矩阵 $\boldsymbol{R}=\begin{pmatrix} 0.2500 & 0.8660 & -0.4330 \\ -0.4330 & 0.5000 & 0.7500 \\ 0.8660 & 0.0000 & 0.5000 \end{pmatrix}$，平移向量为 $\boldsymbol{T}=\begin{pmatrix} 100 \\ 100 \\ 200 \end{pmatrix}$，单位：mm，一阶径向畸变系数 k 为 0。标定点的世界坐标如表 10-3 所示。

表 10-3 中第二组点（序号为 9～16）由第一组点（序号为 1～8）经旋转和平移所得，其中，旋转矩阵和平移向量分别为$\begin{pmatrix} 0.8138 & -0.4410 & 0.3785 \\ 0.4698 & 0.8826 & 0.0180 \\ -0.3420 & 0.1632 & 0.9254 \end{pmatrix}$和$\begin{pmatrix} 0 \\ 0 \\ 40 \end{pmatrix}$。

表 10-3 标定点的世界坐标 （单位：mm）

组	序号	x_W	y_W	z_W
(1)	1	0.0000	0.0000	40.0000
	2	0.0000	40.0000	40.0000
	3	0.0000	80.0000	40.0000
	4	0.0000	120.0000	40.0000
	5	40.0000	40.0000	40.0000
	6	40.0000	80.0000	40.0000
	7	40.0000	120.0000	40.0000
	8	40.0000	160.0000	40.0000
(2)	9	15.1409	0.7211	77.0167
	10	-2.4979	36.0237	83.5437
	11	-20.1367	71.3262	90.0707
	12	-37.7755	106.6288	96.5978
	13	30.0540	54.8175	69.8629
	14	12.4152	90.1201	76.3899
	15	-5.2236	125.4227	82.9170
	16	-22.8623	160.7252	89.4440

算法得到的标定结果为：一阶径向畸变系数 $k=5.2754\times10^{-17}$；图像纵横比 $s_x=1.0000$；焦距 $f=10.0000\text{mm}$；旋转矩阵 $\boldsymbol{R}=\begin{pmatrix}0.2500 & 0.8660 & -0.4330\\ -0.4330 & 0.5000 & 0.7500\\ 0.8660 & 0 & 0.5000\end{pmatrix}$；平移向量 $\boldsymbol{T}=\begin{pmatrix}100.0000\\100.0000\\200.0000\end{pmatrix}$。

由此可见，标定参数 s_x、f、$\boldsymbol{R}$、$\boldsymbol{T}$ 均与设置值一致，k 与设置值 0 可认为相等。

10.2.5 真实实验

实验基于并联机器人结构光视觉系统中的设备实现。采用 Basler A302fc 彩色数字摄像机，分辨率为 780×580，焦距为 12mm。摄像机被固定在 6-PUS 并联机构动平台上方方向滑杆的活页夹上。二维平面标定模板为一幅 6×6 的黑白相间棋盘格，每个棋盘格的尺寸为 20.5mm×20.5mm，特征点取为棋盘格角点。将二维平面模板固定在并联机构动平台上，并设定初始世界坐标系。控制并联机构动平台带动二维平面模板做平移及旋转运动，依据式(10-14)和式(10-15)计算每个位姿下二维平面模板上特征点在初始世界坐标系下的世界坐标，构造虚拟三维标靶。拍摄并联机构每个位姿下二维平面模板的图像，利用前述角点检测算法定位图像特征点并提取出特征点的像素坐标。选取虚拟三维标靶中某些点及其对应的图像点作为标定点，另外一些作为测试点，标定程序采用 Matlab 编写。用图 10-5 中的图像作为实验对象，利用所提方法标定的最终结果为：$k = 0.00039$；$(u_0, v_0) = (389.5000, 289.5000)$；$s_x = 1.0154$；$f = 12.0325\text{mm}$；$\boldsymbol{R} = \begin{pmatrix} 1.5863 & 0.9391 & 0.3164 \\ 0.5873 & -0.9936 & -0.0041 \\ -0.5874 & -0.2199 & -0.4310 \end{pmatrix}$；$\boldsymbol{T} = \begin{pmatrix} -33.2884 \\ -42.5677 \\ 1802.3112 \end{pmatrix}$。

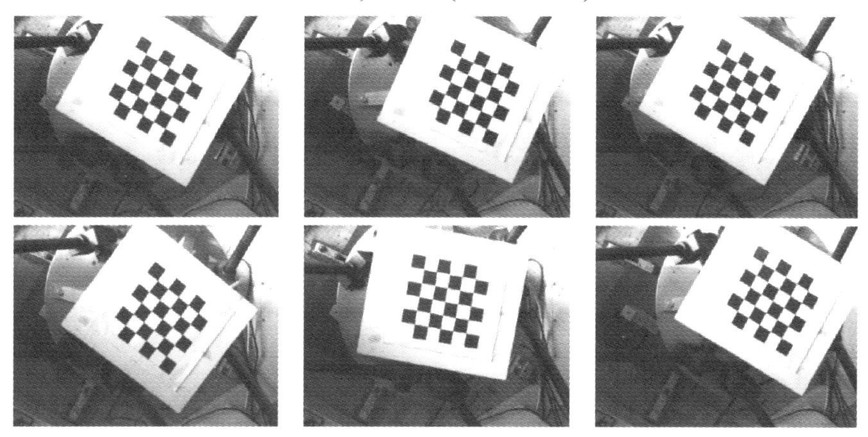

图 10-5　实验用到的图像

误差分析采用绝对误差来度量，定义为测试点的真实像素坐标与再投影后相应的像素坐标之间的均方根距离，单位为像素，即

$$E = \sqrt{(1/N)\sum_{i=1}^{N}[(u_i' - u_i)^2 + (v_i' - v_i)^2]} \tag{10-22}$$

式中，(u_i, v_i)为测试点的真实像素坐标；(u_i', v_i')为再投影后相应的像素坐标；N 为测试点的个数。

利用本标定方法求得的 $E = 0.5201$。如果不考虑畸变因素，直接利用透视投影变换矩阵算法标定结果求得的 $E = 1.0240$。可见，本算法标定精度较高。利用非线性方法标定结果求得的 $E = 0.5109$，可见，本算法与其标定精度基本相同，但本算法求解过程全部为线性。

10.3　视觉系统中基于并联机构的结构光标定方法

并联机器人结构光视觉系统发出的结构光投射到视觉目标表面时，会随着物体表面形状的凹凸变化而发生畸变，为了从经过视觉目标调制过的结构光光条图像中准确找到与其对应的结构光平面，一种便捷的方式是对结构光进行编码。编码法分为时分多路复用编码法、空间邻域编码法和直接编码法等。这里采用空间邻域编码思想，利用 De Bruijn 序列对结构光进行编码。

10.3.1 基于 De Bruijn 序列的结构光校验编码方案

De Bruijn 序列是一列最长的非线性反馈移位寄存器序列，具有良好的伪随机特性和很高的线性复杂度。k 元 m 级 De Bruijn 序列是一个长度为 k^m 的循环圈 d_0，…，d_j，…，d_{k^m-1}，其中 $d_j(j\in[0, k^m-1])$ 的值取自 k 个基元，每一子串的长度为 m。序列中任意连续的 m 位组合都是唯一的，称为 De Bruijn 序列的窗口特性。

为了避免由于拍摄角度、光照角度等原因导致的颜色识别误差而引起的光条识别错误，De Bruijn 序列的基元采用复合编码，即为一组元素的排列。由于 n 个元素构成的全排列中的每一元组由 n 个元素组成，设为 $s_1s_2\cdots s_i\cdots s_n$，若除 $s_i(i\in[1, n])$ 外，其余 $n-1$ 个元素都已知，则 s_i 也可唯一确定。即排列中的每一元组可由其 $n-1$ 个元素唯一确定。每一元组的识别可通过任意 $n-1$ 位完成，剩余的一位可作为校验位使用。因此，预先指定 $n+1$ 种颜色，使其分别与 0，1，2，…，n 共 $n+1$ 个符号(含一个结束符号)对应，若将 0 指定为结束符号放在每组排列末尾作为结束标志，则可生成 $n!$ 组由 1，2，…，n 共 n 个符号形成的排列。每组排列记为

$$p_i = s_1\cdots s_j\cdots s_n 0$$

$(i\in[0, n!-1], j\in[1, n], s_j\in[1, n])$。将所有排列 $p_i(i\in[0, n!-1])$ 作为生成 De Bruijn 序列的基元，选择一种生成算法生成 De Bruijn 序列，即可完成对结构光的编码。

例如，选定白、红、绿、蓝四种颜色分别与 0、1、2、3 对应，可得 $3!=6$ 组排列：$p_0=1230$，$p_1=1320$，$p_2=2130$，$p_3=2310$，$p_4=3120$，$p_5=3210$；选择窗口大小为 2，按快速生成 k 元 De Bruijn 序列的算法生成的 6 元 2 级序列为 $d_0d_1\cdots d_{35}=p_0p_0p_1p_0p_2p_0p_3p_0p_4p_0p_5p_1p_1p_2p_1p_3p_1p_4p_1p_5p_2p_2p_3p_2p_4p_2p_5p_3p_3p_4p_3p_5p_4p_4p_5p_5$，如图 10-6 所示。

10.3.2 结构光编码的识别

编码识别时，首先识别出由结束符号 0 分隔的基元。每个基元 $p_i=s_1\cdots s_j\cdots s_n0(i\in[0, n!-1], j\in[1, n], s_j\in[1, n])$ 可由 $s_1\cdots s_j\cdots s_n$ 校验确定或由其中任意 $n-1$ 位确定。然后识别出任意连续 m 个

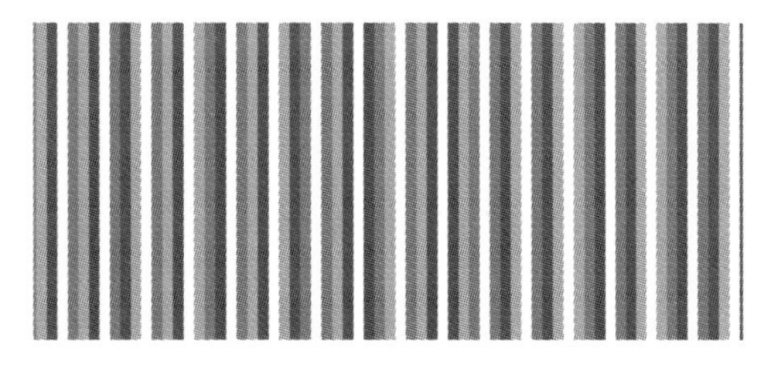

图 10-6　6 元 2 级 De Bruijn 序列生成的结构光模式

基元 $b_1 \cdots b_i \cdots b_m (i \in [1, m], b_i \in [p_0, p_{n!-1}])$ 组成的子序列。将子序列 $b_1 \cdots b_i \cdots b_m (b_i \in [p_0, p_{n!-1}], i \in [1, m])$ 与结构光编码时所采用的 De Bruijn 序列 $d_0 \cdots d_j \cdots d_{k^m-1} (d_j \in [p_0, p_{n!-1}], j \in [0, k^m-1])$ 匹配，得出子序列在 De Bruijn 序列中的位置。即确定出 j 值，使得 $d_j d_{j+1} \cdots d_{j+m-1} = b_1 \cdots b_i \cdots b_m$。

例如，通过分析拍摄的结构光图像，分析出其中八条结构光对应的编码为 12301320，识别出编码对应的基元为 $p_0 p_1$，与生成的 6 元 2 级 De Bruijn 序列 $d_0 d_1 \cdots d_{35}$ 匹配，得出 $d_1 d_2 = p_0 p_1$。则 12301320 对应编码结构光中的第 5 ~ 12 条结构光。

10.3.3　基于并联机构动平台位姿信息的视点三维坐标计算

并联机器人结构光视觉系统的结构光投射到并联机构动平台平面时的示意图如图 10-7 所示。

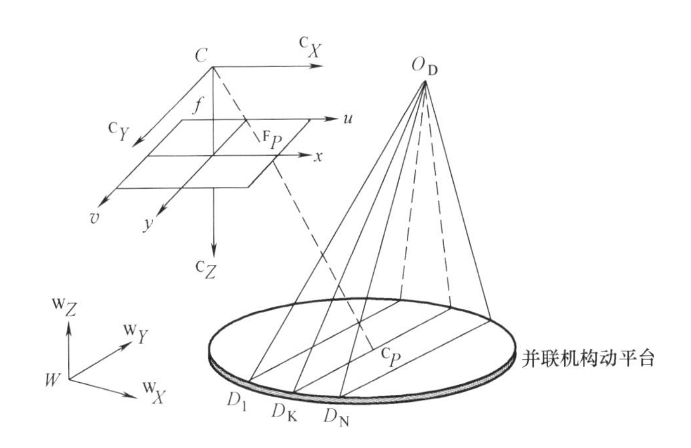

图 10-7　结构光投射到并联机构动平台平面时的示意图

其中，$\{C\}$ 为摄像机坐标系，$\{W\}$ 为世界坐标系，f 为摄像机焦距。$[{}^F P_x, {}^F P_y, 1]^T$ 为像点齐次向量，$[{}^C P_x, {}^C P_y, {}^C P_z, 1]^T$ 为物点在摄像机坐标系下的齐次向量。投影仪在空间投射出一系列已编码的光平面，根据摄像机成像原理可建立每个光平面与成像平面的透视对应关系。

设在世界坐标系中并联机构动平台的中心点坐标为 $p(x_0, y_0, z_0)$，平台面法线方向为 $n(a_W, b_W, c_W)$（只选从平台下表面至平台上表面方向的法线），则并联机构的位姿与 $F(p, n)$ 一一对应。若世界坐标系下动平台平面上任意一点的坐标用 $({}^W P_x, {}^W P_y, {}^W P_z)$ 表示，则可得并联机构相应位姿下动平台平面方程为

$$a_W({}^W P_x - x_0) + b_W({}^W P_y - y_0) + c_W({}^W P_z - z_0) = 0 \tag{10-23}$$

令 $d_W = x_0 a_W + y_0 b_W + z_0 c_W$，将方程写成矩阵形式为

$$\begin{pmatrix} a_W & b_W & c_W \end{pmatrix}\begin{pmatrix} {}^W P_x \\ {}^W P_y \\ {}^W P_z \end{pmatrix} = d_W \tag{10-24}$$

D_K 光平面与并联机构动平台平面交线上的点均满足式(10-24)。

由世界坐标系和摄像机坐标系之间的关系得$\{C\}$相对于$\{W\}$坐标系的位姿为

$$ {}^W_C\boldsymbol{T} = \begin{pmatrix} {}^W_C\boldsymbol{R} & {}^W\boldsymbol{P}_{CO} \\ \boldsymbol{0}^T & 1 \end{pmatrix} = \begin{pmatrix} m_{11} & m_{12} & m_{13} & n_x \\ m_{21} & m_{22} & m_{23} & n_y \\ m_{31} & m_{32} & m_{33} & n_z \\ 0 & 0 & 0 & 1 \end{pmatrix} \tag{10-25}$$

则有

$$\begin{pmatrix} {}^W P_x \\ {}^W P_y \\ {}^W P_z \\ 1 \end{pmatrix} = \begin{pmatrix} m_{11} & m_{12} & m_{13} & n_x \\ m_{21} & m_{22} & m_{23} & n_y \\ m_{31} & m_{32} & m_{33} & n_z \\ 0 & 0 & 0 & 1 \end{pmatrix}\begin{pmatrix} {}^C P_x \\ {}^C P_y \\ {}^C P_z \\ 1 \end{pmatrix} \tag{10-26}$$

由式(10-24)和式(10-26)可得

$$\begin{pmatrix} a_W & b_W & c_W & 0 \end{pmatrix}\begin{pmatrix} m_{11} & m_{12} & m_{13} & n_x \\ m_{21} & m_{22} & m_{23} & n_y \\ m_{31} & m_{32} & m_{33} & n_z \\ 0 & 0 & 0 & 1 \end{pmatrix}\begin{pmatrix} {}^C P_x \\ {}^C P_y \\ {}^C P_z \\ 1 \end{pmatrix} = d_W \tag{10-27}$$

令$a_C = a_W m_{11} + b_W m_{21} + c_W m_{31}$；$b_C = a_W m_{12} + b_W m_{22} + c_W m_{32}$；
$c_C = a_W m_{13} + b_W m_{23} + c_W m_{33}$；$d_C = d_W - (a_W n_x + b_W n_y + c_W n_z)$。

式(10-27)化简为

$$a_C {}^C P_x + b_C {}^C P_y + c_C {}^C P_z = d_C \tag{10-28}$$

式(10-28)为并联机构动平台平面方程在摄像机坐标系下的表达形式。

由于摄像机成像透视变换的齐次坐标表示形式为

$$ {}^C P_z \begin{pmatrix} {}^F P_x \\ {}^F P_y \\ 1 \end{pmatrix} = \begin{pmatrix} f & 0 & 0 & 0 \\ 0 & f & 0 & 0 \\ 0 & 0 & 1 & 0 \end{pmatrix}\begin{pmatrix} {}^C P_x \\ {}^C P_y \\ {}^C P_z \\ 1 \end{pmatrix} \tag{10-29}$$

式中，$({}^F P_x, {}^F P_y)$为物点$({}^C P_x, {}^C P_y, {}^C P_z)$经摄像机成像后对应的图像坐标，由式(10-29) 得

$$ {}^C P_x = {}^C P_z \, {}^F P_x / f \tag{10-30}$$

$$ {}^C P_y = {}^C P_z \, {}^F P_y / f \tag{10-31}$$

将式(10-30)和式(10-31)代入式(10-28)得

$$ {}^{C}P_z = fd_C / (a_C\,{}^{F}P_x + b_C\,{}^{F}P_y + fc_C) \tag{10-32}$$

由式(10-30)、式(10-31)和式(10-32)得出由像点${}^{F}P$计算点${}^{C}P$在摄像机坐标系下坐标的公式为

$$ p\begin{pmatrix} {}^{C}P_x \\ {}^{C}P_y \\ {}^{C}P_z \\ 1 \end{pmatrix} = \begin{pmatrix} d_C & 0 & 0 \\ 0 & d_C & 0 \\ 0 & 0 & fd_C \\ a_C & b_C & fc_C \end{pmatrix} \begin{pmatrix} {}^{F}P_x \\ {}^{F}P_y \\ 1 \end{pmatrix} \tag{10-33}$$

根据摄像机成像原理，图像坐标系下的坐标(${}^{F}P_x$,${}^{F}P_y$)和像素坐标系下的坐标(u, v)的转换关系可表示为

$$ \begin{pmatrix} {}^{F}P_x \\ {}^{F}P_y \\ 1 \end{pmatrix} = \begin{pmatrix} d_x & 0 & -u_0 d_x \\ 0 & d_y & -v_0 d_y \\ 0 & 0 & 1 \end{pmatrix} \begin{pmatrix} u \\ v \\ 1 \end{pmatrix} \tag{10-34}$$

式中，各符号的含义同摄像机标定时的含义相同，即(u_0, v_0)为主点坐标；d_x，d_y分别为单位像素在图像平面X轴、Y轴方向的物理尺寸。

由式(10-33)与式(10-34)得

$$ p\begin{pmatrix} {}^{C}P_x \\ {}^{C}P_y \\ {}^{C}P_z \\ 1 \end{pmatrix} = \begin{pmatrix} d_C & 0 & 0 \\ 0 & d_C & 0 \\ 0 & 0 & fd_C \\ a_C & b_C & fc_C \end{pmatrix} \begin{pmatrix} d_x & 0 & -u_0 d_x \\ 0 & d_y & -v_0 d_y \\ 0 & 0 & 1 \end{pmatrix} \begin{pmatrix} u \\ v \\ 1 \end{pmatrix}$$

$$ = \begin{pmatrix} d_C d_x & 0 & -d_C u_0 d_x \\ 0 & d_C d_y & -d_C v_0 d_y \\ 0 & 0 & fd_C \\ a_C d_x & b_C d_y & -a_C u_0 d_x - b_C v_0 d_y + fc_C \end{pmatrix} \begin{pmatrix} u \\ v \\ 1 \end{pmatrix} \tag{10-35}$$

式(10-35)中的变换矩阵只由摄像机的参数和并联机构动平台的参数确定，即只要已知摄像机参数和动平台平面方程即可求得与动平台表面上任意一像素点对应的三维空间坐标。在没有视觉目标而仅让结构光投射到动平台平面的情况下，D_K光平面与并联机构动平台平面的交线在摄像机上成的像为一光条。其他光平面与并联机构动平台平面的交线也在摄像机上成像，形成光栅。由于投射的面结构光为编码结构光，应用编码识别方法，可识别出D_K光平面对应的光条。通过式(10-35)，可由该光条上任一像素的二维坐标值求得该像素点所对应的D_K光平面上的三维点。而实际上，视觉系统在工作时，结构光会投射到具有不同表面形状的视觉目标上，此时视觉目标很难用方程表达，若能依据结构光

平面上已知点的信息求解出结构光平面方程，也可根据摄像机参数和结构光平面方程参数实现二维像素坐标到三维空间坐标的转换。下面对结构光平面方程进行求解。

10.3.4 结构光平面方程求解

在并联机构动平台的不同位姿下，利用前面方法求得同一光平面上的 n 个点 $M_i(x_i, y_i, z_i)(i\in[1, n]$，$n$ 个点不共线)，采用最小二乘法可拟合出光平面方程。假设所求光平面方程为 $F(x, y, z)=ax+by+cz+d=0$，对于测量点 $M_i(x_i, y_i, z_i)(i\in[1, n]$，$n$ 个点不共线)，由残差的平方和

$$\begin{aligned}\sum_{i=1}^{n} e_i^2 &= \sum_{i=1}^{n}[F(x_i,y_i,z_i)-F(x,y,z)]^2 \\ &= \sum_{i=1}^{n}(ax_i+by_i+cz_i+d)^2 \rightarrow \min\end{aligned} \tag{10-36}$$

可确定平面方程 $F(x, y, z)=ax+by+cz+d=0$，具体过程如下。

设

$$Q(a,b,c,d)=\sum_{i=1}^{n}(ax_i+by_i+cz_i+d)^2 \tag{10-37}$$

由 $\frac{\partial Q}{\partial a}=\frac{\partial Q}{\partial b}=\frac{\partial Q}{\partial c}=\frac{\partial Q}{\partial d}=0$ 得

$$2\sum_{i=1}^{n}[(ax_i+by_i+cz_i+d)x_i]=0 \tag{10-38}$$

$$2\sum_{i=1}^{n}[(ax_i+by_i+cz_i+d)y_i]=0 \tag{10-39}$$

$$2\sum_{i=1}^{n}[(ax_i+by_i+cz_i+d)z_i]=0 \tag{10-40}$$

$$2\sum_{i=1}^{n}(ax_i+by_i+cz_i+d)=0 \tag{10-41}$$

得到方程组

$$\begin{pmatrix} \sum_{i=1}^{n} x_i^2 & \sum_{i=1}^{n} x_iy_i & \sum_{i=1}^{n} x_iz_i & \sum_{i=1}^{n} x_i \\ \sum_{i=1}^{n} x_iy_i & \sum_{i=1}^{n} y_i^2 & \sum_{i=1}^{n} y_iz_i & \sum_{i=1}^{n} y_i \\ \sum_{i=1}^{n} x_iz_i & \sum_{i=1}^{n} y_iz_i & \sum_{i=1}^{n} z_i^2 & \sum_{i=1}^{n} z_i \\ \sum_{i=1}^{n} x_i & \sum_{i=1}^{n} y_i & \sum_{i=1}^{n} z_i & n \end{pmatrix}\begin{pmatrix} a \\ b \\ c \\ d \end{pmatrix}=\begin{pmatrix} 0 \\ 0 \\ 0 \\ 0 \end{pmatrix} \tag{10-42}$$

令 $\boldsymbol{A}=\begin{pmatrix}\sum_{i=1}^{n}x_i^2 & \sum_{i=1}^{n}x_iy_i & \sum_{i=1}^{n}x_iz_i & \sum_{i=1}^{n}x_i\\ \sum_{i=1}^{n}x_iy_i & \sum_{i=1}^{n}y_i^2 & \sum_{i=1}^{n}y_iz_i & \sum_{i=1}^{n}y_i\\ \sum_{i=1}^{n}x_iz_i & \sum_{i=1}^{n}y_iz_i & \sum_{i=1}^{n}z_i^2 & \sum_{i=1}^{n}z_i\\ \sum_{i=1}^{n}x_i & \sum_{i=1}^{n}y_i & \sum_{i=1}^{n}z_i & n\end{pmatrix}$，即

$$\boldsymbol{A}=\begin{pmatrix}x_1 & x_2 & \cdots & x_n\\ y_1 & y_2 & \cdots & y_n\\ z_1 & z_2 & \cdots & z_n\\ 1 & 1 & \cdots & 1\end{pmatrix}\begin{pmatrix}x_1 & y_1 & z_1 & 1\\ x_2 & y_2 & z_2 & 1\\ \vdots & \vdots & \vdots & \vdots\\ x_n & y_n & z_n & 1\end{pmatrix} \tag{10-43}$$

取 $\boldsymbol{P}=\begin{pmatrix}x_1 & x_2 & \cdots & x_n\\ y_1 & y_2 & \cdots & y_n\\ z_1 & z_2 & \cdots & z_n\\ 1 & 1 & \cdots & 1\end{pmatrix}$，则 $\boldsymbol{A}=\boldsymbol{P}\boldsymbol{P}^{\mathrm{T}}$。

因为存在测量误差，一般 $\det(\boldsymbol{A})\neq 0$，故不能求解出系数 a、b、c、d 的关系。

可将式(10-42)化为

$$\begin{pmatrix}\sum_{i=1}^{n}x_i^2 & \sum_{i=1}^{n}x_iy_i & \sum_{i=1}^{n}x_iz_i\\ \sum_{i=1}^{n}x_iy_i & \sum_{i=1}^{n}y_i^2 & \sum_{i=1}^{n}y_iz_i\\ \sum_{i=1}^{n}x_iz_i & \sum_{i=1}^{n}y_iz_i & \sum_{i=1}^{n}z_i^2\\ \sum_{i=1}^{n}x_i & \sum_{i=1}^{n}y_i & \sum_{i=1}^{n}z_i\end{pmatrix}\begin{pmatrix}a\\ b\\ c\end{pmatrix}=\begin{pmatrix}-d\sum_{i=1}^{n}x_i\\ -d\sum_{i=1}^{n}y_i\\ -d\sum_{i=1}^{n}z_i\\ -dn\end{pmatrix} \tag{10-44}$$

由于平面方程 $ax+by+cz+d=0$ 两边同乘以一个非零常数仍表示同一平面，因此，不妨假设式(10-44)中的 $d=1$。此时可按照最小二乘法原理求得总误差为最小的最优解来确定系数 a、b、c、d 的关系，进而求得光平面方程。从而实现了视觉系统中结构光平面方程的求解，为获取视觉目标数据奠定了基础。

10.4　视觉目标数据获取

并联机器人结构光视觉系统工作时的示意图如图 10-8 所示。其中，$\{C\}$ 为摄像机坐标系，f 为摄像机焦距，$({}^{F}P_x, {}^{F}P_y, 1)^{T}$ 为像点齐次向量，$({}^{C}P_x, {}^{C}P_y, {}^{C}P_z, 1)^{T}$ 为物点在摄像机坐标系下的齐次向量。

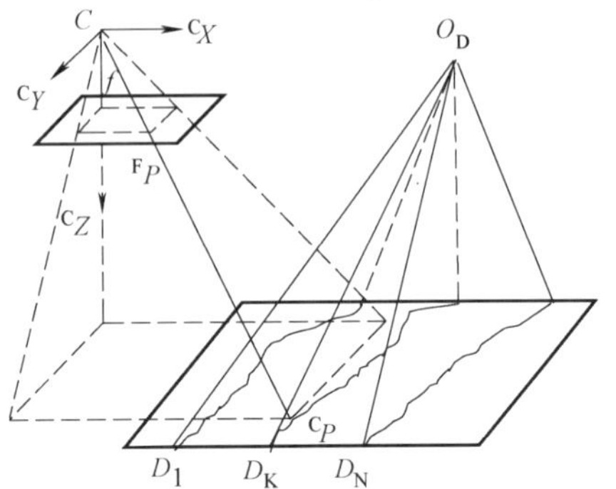

图 10-8　结构光视觉系统工作时的示意图

若已知 D_K 光平面在摄像机坐标系下用前面方法求得的方程为

$$a_K x_C + b_K y_C + c_K z_C = d_K \tag{10-45}$$

由于该光平面与视觉目标交点处产生的像素点同样满足式(10-29) 和式(10-34)，故由式(10-45)、式(10-29) 和式(10-34) 三式联立可推导出由像点 ${}^{F}P$ 的像素坐标计算点 ${}^{C}P$ 在摄像机坐标系下坐标的公式为

$$p\begin{pmatrix} {}^{C}P_x \\ {}^{C}P_y \\ {}^{C}P_z \\ 1 \end{pmatrix} = \begin{pmatrix} d_K & 0 & 0 \\ 0 & d_K & 0 \\ 0 & 0 & fd_K \\ a_K & b_K & fc_K \end{pmatrix}\begin{pmatrix} d_x & 0 & -u_0 d_x \\ 0 & d_y & -v_0 d_y \\ 0 & 0 & 1 \end{pmatrix}\begin{pmatrix} u \\ v \\ 1 \end{pmatrix}$$

$$= \begin{pmatrix} d_K d_x & 0 & -d_K u_0 d_x \\ 0 & d_K d_y & -d_K v_0 d_y \\ 0 & 0 & fd_K \\ a_K d_x & b_K d_y & -a_K u_0 d_x - b_K v_0 d_y + fc_K \end{pmatrix}\begin{pmatrix} u \\ v \\ 1 \end{pmatrix} \tag{10-46}$$

对于摄像机拍摄的图像，任取一像素点，可知其在像素坐标系下的坐标。通过编码的识别方法可识别出该像素点所在光条，在此基础上可求其对应的结构光平面方程，然后由式(10-46)即可求得该像素点对应的三维点在摄像机坐标系下的三维坐标值。由于式(10-46)仅与摄像机参数和结构光平面方程参数有关，而这些参数目前均已求得，所以式(10-46)即为二维像素坐标和三维空间坐标的转换公式。但式(10-46)求得的三维坐标是摄像机坐标系下的，还需将其转换到世界坐标系下。由于在摄像机标定一节中已求得从世界坐标系到摄像机坐标系的旋转矩阵 $\boldsymbol{R}$ 和平移向量 $\boldsymbol{T}$，故摄像机坐标系到世界坐标系的变换公式为

$$\begin{pmatrix} {}^{W}P_x \\ {}^{W}P_y \\ {}^{W}P_z \end{pmatrix} = \boldsymbol{R}^{-1}\left(\begin{pmatrix} {}^{C}P_x \\ {}^{C}P_y \\ {}^{C}P_z \end{pmatrix} - \boldsymbol{T}\right) \tag{10-47}$$

至此,完成了并联机器人结构光视觉系统视觉目标表面任意一点二维像素坐标到世界坐标系下三维坐标的转换工作,从而可实现其数据获取功能,为系统完成各种视觉任务奠定了基础。

第11章　并联机器人结构光视觉系统点云配准及三维重构

利用标定好的并联机器人结构光视觉系统，可获得视觉目标的点云数据。当系统从不同方位观测视觉目标时，可获得目标的多视点点云数据，此时需要将多视点点云数据进行配准，并在此基础上完成各种具体的视觉任务。本章首先着重介绍并联机器人结构光视觉系统中基于并联机构的多视点点云数据自动配准方法，然后介绍三维重构及其现状，最后给出了并联机器人结构光视觉系统在三维重构领域的应用实例。

11.1　基于并联机构的结构光视觉系统多视点点云数据自动配准研究

并联机器人结构光视觉系统在实际应用时，其并联机构动平台既可作为视觉目标的机械载体，也可根据需要将其作为系统中摄像机的载体。无论哪种应用方式，系统在获取视觉目标的每一组点云数据时，都有一个并联机构的位姿与之对应，也就是说，并联机构的位姿决定着视觉目标、摄像机、投影仪之间的相对位置。因此，系统多次采集的多组点云数据之间的相对空间位置关系与并联机构的位姿有着密切的联系。所以，只要建立起两者之间的数学模型，就能将多视点点云数据自动配准到同一坐标系中。下面分别就视觉目标运动和摄像机运动两种情况进行讨论。

11.1.1　视觉目标运动模式时的多视点点云自动配准

此模式下，并联机构作为视觉目标的机械载体，如图11-1所示。

图11-1中，坐标系$\{W\}$为世界坐标系，$\{C\}$为摄像机坐标系，$\{D\}$为投影仪坐标系，$\{E\}$为三维物体坐标系。坐标系$\{C\}$相对于$\{W\}$的位姿用齐次变换矩阵${}_{C}^{W}\boldsymbol{T}$描述。并联机构带动视觉目标做连续位姿变换，相应位姿下的动坐标系$\{E\}$记为$\{E_i\}(i\in[1,n])$，$\{E_i\}$相对于$\{W\}$坐标系的位姿为${}_{E_i}^{W}\boldsymbol{T}$。摄像机在相应位姿下同时拍摄，应用前述并联机器人结构光视觉系统视觉目标数据的获取方法，可得摄像机坐标系下所拍摄视觉目标表面的点云数据${}^{C}P_i(i\in[1,n])$。

坐标变换过程如下：

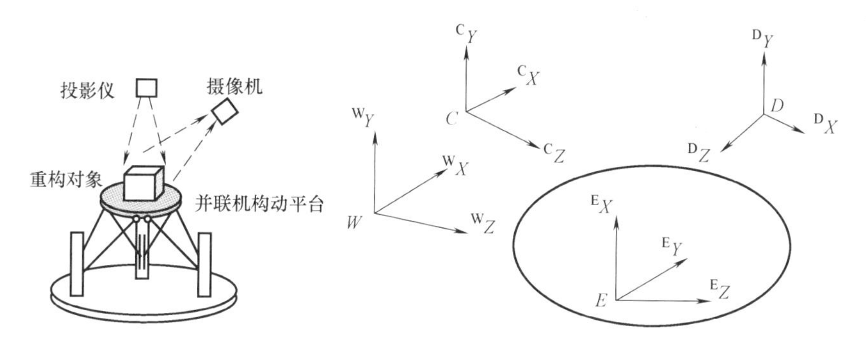

图 11-1　视觉目标运动模式示意图及坐标系

$$
{}^{\mathrm{W}}_{\mathrm{E}_i}\boldsymbol{T} = \begin{pmatrix} {}^{\mathrm{W}}_{\mathrm{E}_i}\boldsymbol{R} & {}^{\mathrm{W}}\boldsymbol{P}_{\mathrm{BO}} \\ \boldsymbol{0}^{\mathrm{T}} & 1 \end{pmatrix} \tag{11-1}
$$

式中，${}^{\mathrm{W}}_{\mathrm{E}_i}\boldsymbol{R}$ 和 ${}^{\mathrm{W}}\boldsymbol{P}_{\mathrm{BO}}$ 分别为动坐标系 $\{E_i\}$ $(i\in[1,n])$ 相对于世界坐标系 $\{W\}$ 的旋转矩阵和平移向量。

则 $\{W\}$ 坐标系相对于坐标系 $\{E_i\}$ $(i\in[1,n])$ 的位姿为

$$
{}^{\mathrm{E}_i}_{\mathrm{W}}\boldsymbol{T} = {}^{\mathrm{W}}_{\mathrm{E}_i}\boldsymbol{T}^{-1} = \begin{pmatrix} {}^{\mathrm{W}}_{\mathrm{E}_i}\boldsymbol{R}^{\mathrm{T}} & -{}^{\mathrm{W}}_{\mathrm{E}_i}\boldsymbol{R}^{\mathrm{T}}\,{}^{\mathrm{W}}\boldsymbol{P}_{\mathrm{BO}} \\ \boldsymbol{0}^{\mathrm{T}} & 1 \end{pmatrix} \tag{11-2}
$$

$\{C\}$ 坐标系相对于坐标系 $\{E_i\}$ $(i\in[1,n])$ 的位姿为

$$
{}^{\mathrm{E}_i}_{\mathrm{C}}\boldsymbol{T} = {}^{\mathrm{E}_i}_{\mathrm{W}}\boldsymbol{T}\,{}^{\mathrm{W}}_{\mathrm{C}}\boldsymbol{T} = \begin{pmatrix} {}^{\mathrm{W}}_{\mathrm{E}_i}\boldsymbol{R}^{\mathrm{T}} & -{}^{\mathrm{W}}_{\mathrm{E}_i}\boldsymbol{R}^{\mathrm{T}}\,{}^{\mathrm{W}}\boldsymbol{P}_{\mathrm{BO}} \\ \boldsymbol{0}^{\mathrm{T}} & 1 \end{pmatrix}{}^{\mathrm{W}}_{\mathrm{C}}\boldsymbol{T} \tag{11-3}
$$

点云 ${}^{\mathrm{C}}P_i$ 统一到 $\{E\}$ 坐标系下为 ${}^{\mathrm{E}_i}_{\mathrm{C}}\boldsymbol{T}\,{}^{\mathrm{C}}P_i$ $(i\in[1,n])$。令 ${}^{\mathrm{W}}_{\mathrm{E}}\boldsymbol{T}={}^{\mathrm{W}}_{\mathrm{E}_n}\boldsymbol{T}$，则点云 ${}^{\mathrm{C}}P_i$ 统一到 $\{W\}$ 坐标系下为 ${}^{\mathrm{W}}_{\mathrm{E}}\boldsymbol{T}\,{}^{\mathrm{E}_i}_{\mathrm{C}}\boldsymbol{T}\,{}^{\mathrm{C}}P_i$ $(i\in[1,n])$，其中 ${}^{\mathrm{W}}_{\mathrm{E}}\boldsymbol{T}\,{}^{\mathrm{E}_n}_{\mathrm{C}}\boldsymbol{T}\,{}^{\mathrm{C}}P_n={}^{\mathrm{W}}_{\mathrm{C}}\boldsymbol{T}\,{}^{\mathrm{C}}P_n$。

式(11-2)和式(11-3)中涉及矩阵的求逆运算，过程繁琐，可对其做进一步改进。由并联机构位姿变换信息，可知在 $\{W\}$ 坐标系下坐标系 $\{E_i\}$ $(i\in[1,n])$ 到 $\{E_n\}$ 的位姿变换 ${}^{\mathrm{W}}\boldsymbol{T}_i$ $(i\in[1,n])$，其中 ${}^{\mathrm{W}}\boldsymbol{T}_n$ 为单位阵，则有

$$
{}^{\mathrm{W}}_{\mathrm{E}_n}\boldsymbol{T} = {}^{\mathrm{W}}\boldsymbol{T}_i\,{}^{\mathrm{W}}_{\mathrm{E}_i}\boldsymbol{T} \tag{11-4}
$$

由式(11-4)可以求得 $\{W\}$ 坐标系相对于坐标系 $\{E_i\}$ $(i\in[1,n])$ 的位姿为

$$
{}^{\mathrm{E}_i}_{\mathrm{W}}\boldsymbol{T} = {}^{\mathrm{W}}_{\mathrm{E}_i}\boldsymbol{T}^{-1} = {}^{\mathrm{W}}_{\mathrm{E}_n}\boldsymbol{T}^{-1}\,{}^{\mathrm{W}}\boldsymbol{T}_i \tag{11-5}
$$

进而求得 $\{C\}$ 坐标系相对于坐标系 $\{E_i\}$ $(i\in[1,n])$ 的位姿为

$$
{}^{\mathrm{E}_i}_{\mathrm{C}}\boldsymbol{T} = {}^{\mathrm{E}_i}_{\mathrm{W}}\boldsymbol{T}\,{}^{\mathrm{W}}_{\mathrm{C}}\boldsymbol{T} = {}^{\mathrm{W}}_{\mathrm{E}_n}\boldsymbol{T}^{-1}\,{}^{\mathrm{W}}\boldsymbol{T}_i\,{}^{\mathrm{W}}_{\mathrm{C}}\boldsymbol{T}\;(i\in[1,n]) \tag{11-6}
$$

点云 ${}^{\mathrm{C}}P_i$ $(i\in[1,n])$ 统一到 $\{E\}$ 坐标系下的表达式为 ${}^{\mathrm{W}}_{\mathrm{E}_n}\boldsymbol{T}^{-1}\,{}^{\mathrm{W}}\boldsymbol{T}_i\,{}^{\mathrm{W}}_{\mathrm{C}}\boldsymbol{T}\,{}^{\mathrm{C}}P_i$ $(i\in[1,n])$，统一到世界坐标系 $\{W\}$ 下的表达式为 ${}^{\mathrm{W}}_{\mathrm{E}}\boldsymbol{T}\,{}^{\mathrm{W}}_{\mathrm{E}_n}\boldsymbol{T}^{-1}\,{}^{\mathrm{W}}\boldsymbol{T}_i\,{}^{\mathrm{W}}_{\mathrm{C}}\boldsymbol{T}\,{}^{\mathrm{C}}P_i$ $(i\in[1,n])$，即

$$ {}^{W}T_{i\ C}^{\ W}T^{C}P_i(i \in [1,n]) \tag{11-7}$$

由式(11-7)可知,只要已知并联机构带动视觉目标运动过程中的位姿变换信息(该信息可知),即可实现对点云数据的独立变换,实现多视点点云自动配准,同时避免了对矩阵的求逆运算。

11.1.2 摄像机运动模式时的多视点点云自动配准

此模式下,并联机构作为摄像机的机械载体,如图 11-2 所示。图 11-2 中,坐标系$\{W\}$为世界坐标系,$\{C\}$为摄像机坐标系,$\{D\}$为投影仪坐标系,$\{E\}$为三维物体坐标系。

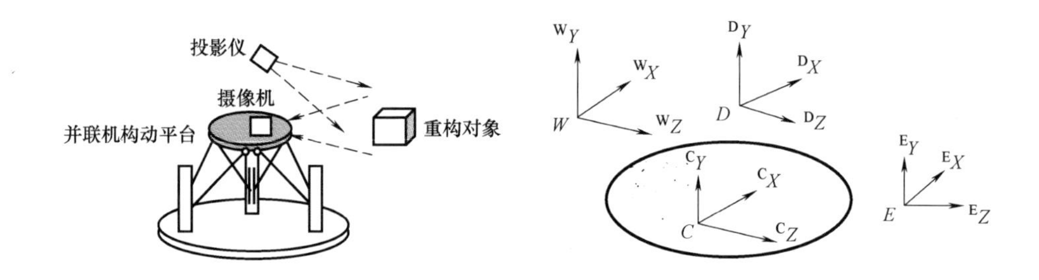

图 11-2 摄像机运动模式示意图及坐标系

并联机构连续位姿变换,动坐标系$\{C\}$在相应位姿下记为$\{C_i\}$$(i\in[1,n])$。$\{C_i\}$相对于$\{W\}$的位姿用齐次变换矩阵${}_{C_i}^{W}T$描述。$\{W\}$坐标系下$\{C_1\}$到$\{C_i\}$$(i\in[2,n])$的位姿变换记为${}^{W}T_i(i\in[2,n])$,可由并联机构位姿变换信息求得。

$$ {}_{C_i}^{W}T = {}^{W}T_{i\ C_1}^{\ W}T \tag{11-8}$$

因此,只需对摄像机进行一次初始标定。摄像机在相应位姿下同时拍摄,计算后得摄像机坐标系下的点云${}^{C}P_i(i\in[1,n])$。点云${}^{C}P_i$统一到$\{W\}$坐标系下为${}_{C_i}^{W}T^{C}P_i(i\in[1,n])$,从而实现了点云数据的自动配准。

11.1.3 点云配准分析

由以上分析可知,视觉目标运动模式多视点点云自动配准公式与摄像机运动模式多视点点云自动配准公式分别为${}^{W}T_{i\ C}^{\ W}T^{C}P_i(i\in[1,n])$和${}_{C_i}^{W}T^{C}P_i(i\in[1,n])$,其中${}_{C}^{W}T$是定值,${}^{W}T_i$、${}_{C_i}^{W}T$与${}^{C}P_i$相对应,只与并联机构的位姿信息相关。因此,对每一点云的变换与其他点云无关,具有独立性。所以对各点云无交叠区域的要求,能在有平坦区域或重复几何特征的深度图像上得到正确结果,且可以进行并行运算,实现多视点点云的同时自动配准。

11.2　三维重构及现状分析

三维重构通过获取表征实体外形、尺寸、颜色和纹理的数据来构建实体的三维模型,在工业制造、雕塑、医疗、考古、航空、军事、娱乐等应用领域意义重大。三维重构系统一般首先获取实体表面的点云数据,然后将大量配准后的散乱点云数据通过网格划分、曲面拟合、曲面拼接等步骤重构出反映原始物体表面连续变化的曲面。所以,点云数据采集是三维重构的第一步,也是关键一步。点云数据的可用性决定了重构的效果和速度。根据获取点云数据时所采用的测量或采集方案的不同,三维重构方法可分为接触式和非接触式两大类,常见的三维重构方法及分类如图 11-3 所示。

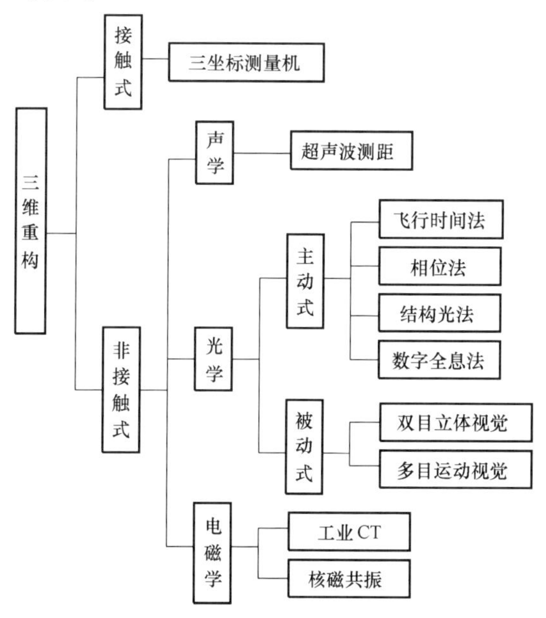

图 11-3　常见的三维重构方法及分类

其中,基于接触式测量方法实现的三维重构系统虽然精度高,但是由于测头与实体接触,故易磨损且速度慢,因此只在特定场合应用。对于基于非接触式的光学测量方法实现的三维重构系统而言,由于立体视觉算法复杂且实现图像间的准确匹配难度较大,故其典型代表是采用结构光主动视觉技术获取实体表面点云数据并进行重构,具有精度高、实时性强、主动受控等特点。但是,该类三维重构系统大多数采用手工方法将多视点点云数据进行配准,虽有少数产品采用辅助手段(如定位球、彩色标签、磁场定位等)实现了自动配准,但仍有不足,如定位球和色标配准方法,需要图像对匹配,算法复杂,精度较低;磁场定位不仅本身精度较低,还会受到周围环境的影响。由此可见,如何将多视点点云数据自动并精确地进行配准是三维重构领域亟待解决的基本问题之一。

另外,目前大多数视觉重构系统中都采用了结构光结合摄像机的硬件配置,多视点点云数据的获取主要有两种方式:第一种方式,改变光源的位置和方向;第二种方式,改变目标的位置。这两种方法的共同的特点是要求光源和目标有相对运动,对硬件支撑环境要求较高,如高精度数控旋转台或平移平台等,故外部支撑平台的选择至关重要。

本书所研制的并联机器人结构光视觉系统中的并联机构就是此外部支撑平台的一种很好的选择,这是因为重构过程中可借助并联机构精确、灵活的方位控制能力带动重构对象做各种所需运动,并且,通过记录和利用其运动过程中的位姿信息,可对三维视觉重构系统中摄像机及结构光的标定、多视点点云数据的自动配准等问题的简化产生重要影响,从而可克服一般三位重构系统测量速度慢或无法实现自动精确配准的局限性。同时,并联机构较强的支撑能力可使该重构系统工作在振动、风场及夹持重目标等特殊环境或场合时,仍能保证系统具有较高的测量精度并获得好的重构效果,这是其他重构系统无法比拟的。所以,本书将并联机器人结构光视觉系统应用于三维重构领域,利用并联机构作为重构对象的运动控制平台,采用投影仪和单摄像机结合的硬件组成方案实现对三维实体的重构,系统示意图如图 11-4 所示。

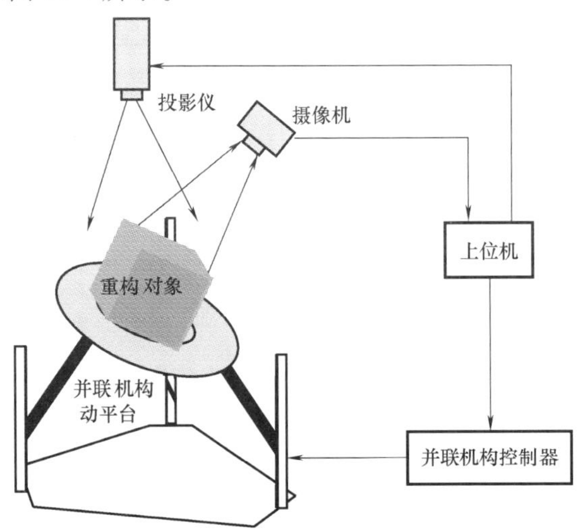

图 11-4　并联机器人结构光三维视觉重构系统示意图

11.3　并联机器人结构光视觉系统三维重构应用实例

本节以插销帽、鞍面和石膏像为重构对象,介绍并联机器人结构光视觉系统在三维重构领域的应用实例。首先通过控制并联机器人结构光视觉重构系统中摄像机和重构对象的相对运动获得多视点点云数据,同时,利用并联机构运动过程中的位姿信息,通过坐标变换,使之统一到全局的坐标系下,实现多视点点云数据的自动配准。然后进行网格划分工作。利用自动配准后的点云数据来构建曲面模型,其难点在于如何构成曲面,因为现实中的物体的表面并非都是由规则曲面所构成的,因此曲面的构成效果在很大程度上影响着实体重构的质量。待重构曲面可以用若干平面元代替。目前,流行的平面元有四边形和三角形两种,比较而言,由于三角形构造灵活,且对曲面边界的适应性更强,因此在进行网格划分时采用三角形平面元来逼近待重构的曲面,即三角网格化曲面重构。最后,通过曲面拟合、曲面拼接等步骤最终实现视觉目标的三维重构工作。图 11-5、图 11-6 和图 11-7 分别展示了插销帽、鞍面和石膏像的多视点点云数据配准和三角网格划分后的实验结果。

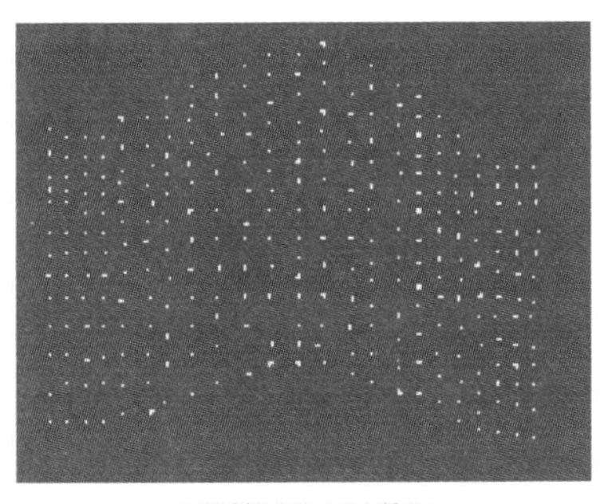

a) 插销帽的点云数据

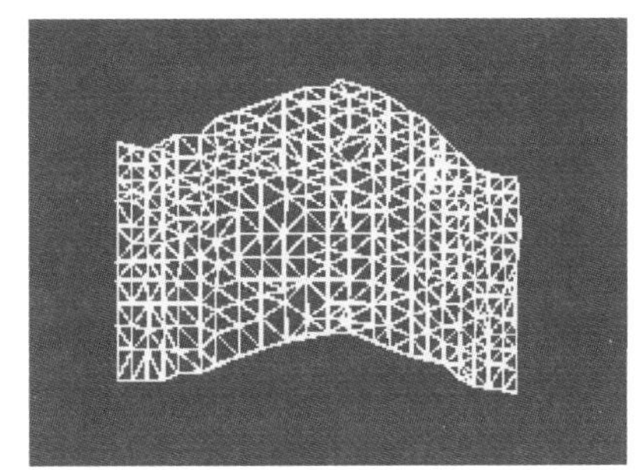

b) 插销帽的三角网格

图 11-5　插销帽实验

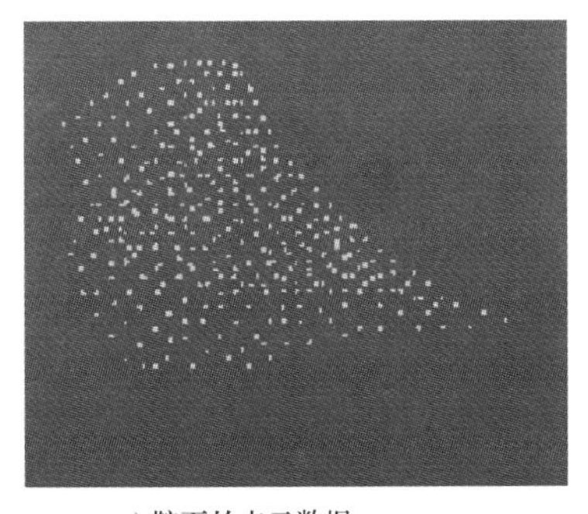

a) 鞍面的点云数据

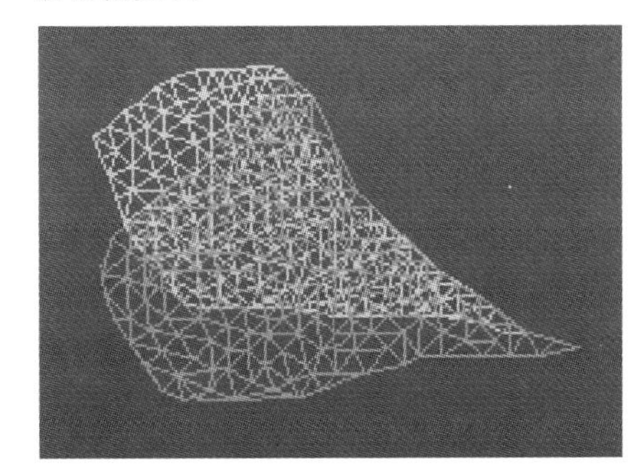

b) 鞍面的三角网格

图 11-6　鞍面实验

由实验结果可知,基于并联机构的多视点点云数据配准方法不仅可以获得较理想的配准效果,为网格划分、曲面重构等后续工作提供便利,而且能够提高三维重构的效率,因此通过并联机器人结构光视觉系统进行点云数据自动配准,进而重构三维信息的途径是可行和有效的。

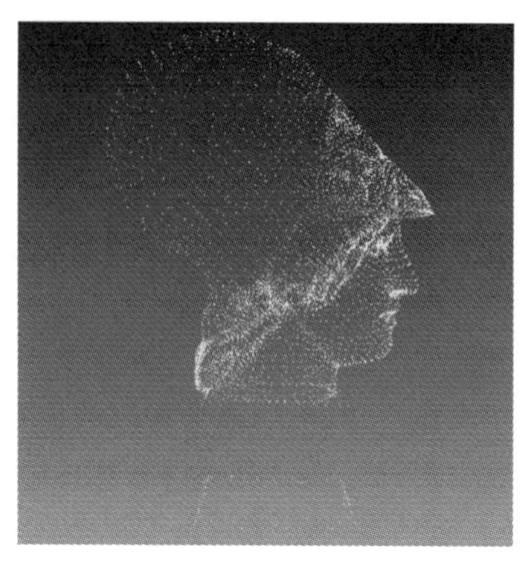

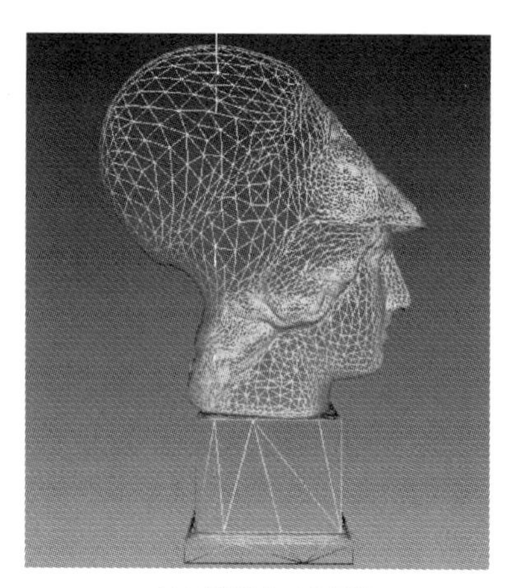

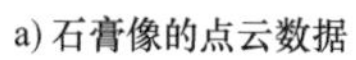

a) 石膏像的点云数据　　b) 石膏像的三角网格

图 11-7　石膏像实验

参 考 文 献

[1] 黄真，孔令富，方跃法. 并联机器人机构学理论及控制[M]. 北京：机械工业出版社，1997.

[2] 黄真. 并联机器人机构学基础理论的研究[J]. 机器人技术与应用，2001，14(6)：11-14.

[3] J E Gwinnett. Amusement Devices：US，1，789，680[P]. 1931-01-20.

[4] W L G Pollard. Spray Painting Machine：US，2，213，108[P]. 1940-08-26.

[5] V E Gough，S G Whitehall. Universal Tyre Test Machine[C]//Proceedings of the FISITA Ninth International Technical Congress，1962：117-137.

[6] D Stewart. A Platform with Six Degrees of Freedom[J]. The Institution of Mechanical Engineers，1965，180(15)：371-386.

[7] K H Hunt. Kinematics Geometry of Mechanisms[M]. New York：Oxford University Press，1978：304-374.

[8] D Marr Vision，W H Freeman，Company，et al. 视觉计算理论[M]. 姚国正，刘磊，汪云九，译. 北京：科学出版社，1988：145-180.

[9] 马颂德，张正友. 计算机视觉——计算理论与算法基础[M]. 北京：科学出版社，1998：9-52.

[10] R Bajcsy. Active Perception[C]//Proceedings of IEEE，1988，76(8)：996-1005.

[11] K Pahlavan，J Eklundh. Heads，Eyes and Head-eye Systems[C]//Proceedings of SPIE on applications of Artificial Intelligence X：Machine Vision and Robotics，1992：14-25.

[12] R Peters，M Bishay. Centering Peripheral Features in An Indoor Environment Using A Binocular Log-polar 4 DOF Camera Head[J]. Journal of Robotics and Autonomous Systems，1996，18(1)：271-282.

[13] D H Ballard. Animate vision[J]. Artificial Intelligence Journal，1991，48(1)：57-86.

[14] Y Nakabo，N Fujikawa，T Mukai，et al. High-speed and bio-mimetic control of a stereo head system[C]//Proceedings of the SICE Annual Conference，Sapporo，Japan，2004：1367-1372.

[15] M Okutomi，T Kanade. A multiple-baseline stereo[J]. IEEE Transactions on Pattern Analysis and Machine Intelligence，1993，15(4)：353-363.

[16] T S Huang，A Netravali. Motion and structure from feature correspondences：a review[C]//Proceedings of IEEE，1994，82(2)：252-268.

[17] S D Blostein，T S Huang. Error Analysis in Stereo Determination of 3-d Point Positions[J]. IEEE Transactions on Pattern Analysis and Machine Intelligence，1987，9(6)：752-765.

[18] J Batista，P Peixoto，H Araùjo. Real-Time Visual Behaviors with a Binocular Active Vision System[C]//Proceedings of the IEEE/SICE/RSJ International Conference on Multisensor Fusion and Integration for Intelligent Systems，Washington，DC，USA，1996：663-670.

[19] X Roca, J Vitriá, M Vanrell , et al. Gaze Control in A Binocular Robot Systems[C]//Proceedings of the 7th IEEE International Conference on Emerging Technologies and Factory Automation, Barcelona, Spain, 1999: 479-485.

[20] A Dankers, A Zelinsky. A real-world vision system, mechanism, control and visual processing[J]. Machine Vision and Applications, 2004, 116: 47-58.

[21] C Brown. Gaze controls with interactions and delays[J]. IEEE Trans. on Systems, Man and Cybern, 1990, 20(2): 518-527.

[22] E Rivlin, H Rotstein. Control of a Camera for Active Vision: Foveal Vision, Smooth Tracking and Saccade[J]. International Journal of Computer Vision, 2000, 39(2): 81-96.

[23] N J Cowan, J D Weingarten, D E Koditschek. Visual servoing via navigation functions[J]. IEEE Transactions on Robotics and Automation, 2002, 18(4): 521-533.

[24] M Asada, T Tanaka, K Hosoda. Adaptive Binocular Visual Servoing for Independently Moving Target Tracking[C]//Proceedings of the IEEE International Conference on Robotics and Automation, San Francisco, CA, USA, 2000: 2076-2081.

[25] A Hauck, M Sorg, G Faerber, et al. What Can be Learned from Human Reach-To-Grasp Movements for the Design of Robotic Hand-Eye System? [C]//Proceedings of the IEEE international Conference on Robotics and Automation, Detroit, MI, USA, 1999: 2521-2526.

[26] C Tomasi, T Kanade. Detection and tracking of point features[R]. Carnegie Mellon University Technical Report CMU-CS-91-132, 1991: 1-20.

[27] J A Piepmeier, G W Woodruff, G V McMurray, et al. Tracking a Moving Target with Model Independent Visual Servoing a Predictive Estimation Approach[C]//Proceedings of the IEEE International Conference on Robotics and Automation, Leuven, Belgium, 1998: 2652-2657.

[28] T Bandyopadhyay, M H AngJr, D Hsu. Motion Planning for 3-D Target Tracking among Obstacles[C]//13th International Symposium of Robotics Research, Hiroshima, Japan, 2007: 1-12.

[29] 管业鹏，童林夙. 双目立体视觉测量方法研究[J]. 仪器仪表学报，2003，24(6)：581-584.

[30] 李明富，付艳，李世其，朱文革，赵迪. 基于双目视差和主动轮廓的机器人手眼协调控制技术研究[J]. 机器人，2008，38(3)：248-253.

[31] 吴福朝，李华，胡占义. 基于主动视觉系统的摄像机自定标方法研究[J]. 自动化学报，2001，27(6)：752-760.

[32] 高庆吉，洪炳熔，阮玉峰. 基于异构双目视觉的全自主足球机器人导航[J]. 哈尔滨工业大学学报，2003，35(9)：1029-1032.

[33] E Samson, D Laurendeau, M Parizeau, et al. The agile stereo pair for active vision[J]. Machine Vision and Applications, 2006, 17(1): 32-50.

[34] C M Gosselin, E S. Pierre. Development and experimentation of a fast three-degree of freedom camera-orienting device[J]. The International Journal of Robotics Research, 1997, 16(5): 619-630.

[35] X Kong, C Gosselin. Forward displacement analysis of a quadratic spherical parallel manipula-

tor: The Agile Eye[C]//Proceedings of the ASME Design Engineering Technical Conference. San Diego, CA, United states, 2009: 1115-1121.

[36] 赵晓光，谭民，汪建华，等. 一种五自由度立体视觉监控装置：中国，200410068998.5[P]，2006-01-18.

[37] 杜欣，赵晓光，谭民. 五自由度立体视觉仿真平台设计与建模[J]. 计算机仿真，2006，23(9)：194-197.

[38] 杜欣，赵晓光，谭民. 五自由度立体视觉机器人平台建模与物体跟踪[J]. 北京交通大学学报：自然科学版，2006，30(5)：105-108.

[39] 孔令富，王月明，赵立强. 雕刻并联机器人刀具导向期望加工位置研究[J]. 高技术通讯，2007，17(10)：1039-1043.

[40] 孔令富，王月明，赵立强. 并联机器人双目主动视觉目标定位的研究[J]. 计算机集成制造系统，2007，13(11)：2284-2288.

[41] Zhao Liqiang, Kong Lingfu, Wang Yueming. Error analysis of binocular active hand-eye visual system on parallel mechanisms[C]//Proceedings of the IEEE International Conference on Information and Automation, Zhangjiajie, Hunan, China, 2008: 95-100.

[42] P Renaud, N Andreff, P Martinet, et al. Kinematic Calibration of Parallel Mechanisms: A Novel A pproach Using Legs Observation[J]. IEEE Transactions on Robotics, 2005, 21(4): 529-538.

[43] P Renaud, N Andreff, J Lavest, et al. Simplifying the Kinematic Calibration of Parallel Mechanisms Using Vision-Based Metrology[J]. IEEE Transactions on Robotics. 2006, 22(1): 12-22.

[44] P Renaud, N Andreff, F Marquet, et al. Vision-based Kinematic Calibration of a H4 parallel mechanism[C]//Proceedings of the IEEE International Conference on Robotics and Automation, Taipei, Taiwan, 2003: 1191-1196.

[45] P Renaud, N Andreff, P Martinet, et al. Kinematic Calibration of Parallel Mechanisms: A Novel Approach Using Legs Observation[J]. IEEE Transactions on Robotics, 2005, 21(4): 529-538.

[46] P Renaud, N Andreff, J Lavest, et al. Simplifying the Kinematic Calibration of Parallel Mechanisms Using Vision-Based Metrology[J]. IEEE Transactions on Robotics, 2006, 22(1): 12-22.

[47] N Andreff, P Martinet. Visual Servoing of a Gough-Stewart Parallel Robot without Proprioceptive Sensors[C]//Proceedings of the Fifth International Workshop on Robot Motion and Control, Dymaczewo, Poland, 2005: 225-230.

[48] N Andreff, T Dallej, P Martinet. Image-based Visual Servoing of a Gough-Stewart Parallel Manipulator using Leg Observations[J]. The International Journal of Robotics Research. 2007, 26(7): 677-687.

[49] N Andreff, P Martinet. Unifying kinematic modeling identification and control of a Gough-Stewart parallel robot into a Vision-based framework[J]. IEEE Transactions on Robotics. 2006, 22(4): 1077-1086.

[50] ABB. Vision and software to make packaging applications easy[G]. Packaging Magazine, 2008: 26-27.

[51] The SSfM programmer, EUROMETROS[CP]. http://www.eurometros.org/eurometros_menu.php.

[52] D Walther, U Rutishauser, C Koch, P Perona. Selective Visual Attention Enables Learning and Recognition of Multiple Objects in Cluttered Scenes[J]. Computer Vision and Image Understanding, 2005, 100(1-2): 41-63.

[53] T J Broida, S Chanrashekhar, R Chellappa. Recursive 3-D Motion Estimation from a Monocular Image Sequence[J]. IEEE Trans. Aerospace and Electronic Systems, 1990, 26(4): 639-656.

[54] Z Zhang. On the Optimization Criteria Used in Two-View Motion Analysis[J]. IEEE Transactions on Pattern analysis and Machine Intelligence, 1998, 20(7): 717-729.

[55] 刘阳成，朱枫. 一种新的棋盘格图像角点检测算法[J]. 中国图象图形学报，2006，11(5): 656-679.

[56] 孔令富，赵立强，窦燕. 适用精密机械加工的双目主动视觉监测装置：中国，200610048110.0[P]，2009-03-11.

[57] 孔令富，窦燕，赵立强. 并联机器人双目主动视觉监测机构：中国，200620127470.5[P]，2008-01-30.

[58] 孔令富，张世辉，肖文辉，李成元，黄真. 基于牛顿-欧拉方法的6-PUS并联机构刚体动力学模型[J]. 机器人，2004，26(5): 395-399.

[59] 孔令富，张世辉，杨广林. 并联机器人汉字球腔内面雕刻刀路规划算法研究[J]. 机械设计与研究，2004，20(1): 29-31.

[60] 孔令富，杨广林，张世辉，王洁. 内参数异构情况下摄像机平移位置的测定[J]. 机器人，2004，26(3): 207-211.

[61] 孔令富，吴培良，李海涛. 服务机器人目标同时识别与位姿判定研究[J]. 工程图学学报，2010，31(5): 81-88.

[62] 孔令富，吴培良，赵逢达. 服务机器人新型双目视觉系统及结构参数标定的研究[J]. 高技术通讯，2010，20(1): 75-81.

[63] 孔令富，吴培良，李贤善. 无标定摄像机手眼系统平移下的目标深度估计[J]. 计算机集成制造系统，2009，15(8): 1634-1638.

[64] 孔令富，李林，张广志. 一种并联机器人双目主动视觉监测平台避障方法的研究[J]. 燕山大学学报，2009，33(3): 189-193.

[65] 孔令富，景荣，赵立强. 圆轨双链主动视觉机构标定体系的设计[J]. 计算机工程与设计，2010，31(8): 1882-1885.

[66] 孔令富，杨大志，张世辉. 基于并联机构的三维视觉重构系统点云自动配准[J]，燕山大学学报，2008，32(2): 106-109.

[67] Kong Lingfu, Zhang Shihui. Research on a Novel Parallel Engraving Machine and Its Key Technologies[J]. International Journal of Advanced Robotic Systems, 2004, 1(4): 273-286.

[68] Kong Lingfu, Zhang Shihui. A Novel Parallel Engraving Machine Based on 6-PUS Mechanism and Related Technologies[G]. Advanced Robotic Systems Scientific Book 2005, ISBN 3-901509-45-3, Vienna: the PIV pro literature Verlag Robert mayer-Scholz DAAAM International, pp: 223-242.

[69] Zhao Liqiang, Kong Lingfu, Qiao Xiaoyong, et al. System Calibration and Error Rectification of Binocular Active Visual Platform for Parallel Mechanism[C]//Proceedings of 1st International Conference on Intelligent Robotics and Applications, Wuhan, 2008: 734-743.

[70] Wu Peiliang, Kong Lingfu, Li Xianshan, et al. A hybrid algorithm combined color feature and keypoints for object detection[C]//Proceedings of 3rd IEEE Conference on Industrial Electronics and Applications, Singapore, Singapore, 2008: 1408-1412.

[71] Zhao Liqiang, Kong Lingfu, Jing Rong, et al. Measuring Structure Parameters and Pulse Equivalents of a Double-Chained Visual Mechanism on a Circular Orbit[C]//Proceedings of the IEEE International Conference on Information and Automation, Zhuhai, China, 2009: 795-800.

[72] Zhao Liqiang, Zhang Xiaohua, Kong Lingfu, et al. Face Recognition Based on Generalized Kernel Fisher Discriminant Vectors and BP Network Classifier[C]//Proceedings of the 3rd International Conference on Intelligence Computation and Applications, Wuhan, China, 2008: 145-150.

[73] 王璿，孔令富，王月明，赵立强. 主动视觉监测平台机械误差矫正方法研究[J]. 中国机械工程，2008，19(13)：1523-1527.

[74] 赵立强，周艳红，孔令富，乔晓勇. 基于圆台标靶的刚体目标位姿及运动参数分析[J]. 中国机械工程，2009，20(21)：2531-2535.

[75] 赵立强，孔令富. 并联机器人视觉平台的系统标定及误差矫正[C]//第三届全国先进制造装备与机器人技术高峰论坛论文集，成都，中国，2007：68-74.

[76] 王月明，孔令富，赵立强. 对并联机器人的位姿进行视觉定位研究[J]. 内蒙古科技大学学报，2008，27(2)：165-168.

[77] 周艳红，孔令富，赵立强. 基于双目主动视觉系统的目标定位算法[J]. 电子技术，2009，(8)：70-72.

[78] 王柳锋，孔令富，窦燕. 基于视觉注意机制的显著物体轮廓感知[J]. 微计算机信息，2009，25(7)：205-251.

[79] 乔晓勇，孔令富，赵立强，周艳红. 双目立体视觉中标靶的设计与识别[J]. 电子技术，2009，(6)：48-49.

[80] 吴培良，孔令富，李贤善. 无标定主点坐标的双焦测距算法及精度研究[J]. 燕山大学学报，2009，33(3)：194-198.

[81] 吴培良，孔令富，李贤善. 无标定主点坐标的双焦测距算法及精度研究[J]. 燕山大学学报，2009，33(3)：194-198.

[82] 杨秀丽，窦燕，孔令富. 一种无相机标定的极线校正新方法[J]. 计算机工程，2008，34(20)：247-251.

[83] 张广志，李林，孔令富. 交流伺服系统在视觉监测平台中的应用[J]. 电子技术，2008，

45(11)：34-36.

[84] 窦燕，孔令富．一种基于视觉注意机制的刀具检测方法[J]．中国机械工程，2008，19(17)：2024-2027.

[85] Dou Yan, Kong Lingfu. A Novel Approach Based on Saliency Edge to Contour Detection [C]//Proceedings of International Conference on Audio, Language and Image Processing, Shanghai, China, 2008：552-556.

[86] Dou Yan, Kong Lingfu. Salient Closed Contour Detection based on Multiscale Analysis and Minimum-Angle[C]//Proceedings of International Colloquium on Computing, Communication, Control, and Management, Guangzhou, China, 2008：290-293.

[87] 窦燕，孔令富．一种基于极值和方向的滤波算法[J]．计算机工程与应用，2007，43(28)：41-43.

[88] 窦燕，孔令富．基于视觉注意的并联雕刻机器人工作场景分析机制[C]//第三届全国先进制造装备与机器人技术高峰论坛，成都，中国，2007：88-92.

[89] 窦燕，孔令富．基于不同摄像机配置的空间点检测模型及精度研究[J]．燕山大学学报，2007，31(4)：348-351.

[90] 窦燕，王柳锋，孔令富．一种视皮层非经典感受野的模型[J]．燕山大学学报，2009，33(2)：109-113.

[91] 窦燕，孔令富，王柳锋．基于视觉熵的视觉注意计算模型[J]．光学学报，2009，29(9)：2511-2515.

[92] 窦燕，于坤，孔令富．基于轮廓图提取背景控制点的立体匹配算法[J]．计算机工程，2009，35(22)：4-6.

[93] 张世辉，孔令富．一种新的汉字笔画抽取方法及其在汉字识别中的应用[J]．计算机工程与应用，2002，38(16)：46-48.

[94] Zhang Shihui, Kong Lingfu. Research on Judgement Method for Structure type of Chinese Characters[C]//Proceedings of the 5th International Conference on Computer-Aided Industrial Design and Conceptual Design, Hangzhou, China, 2003：925-928.

[95] 张世辉，孔令富．汉字识别及现状分析[J]．燕山大学学报，2003，27(4)：367-369.

[96] 张世辉，孔令富．基于结构文法的汉字表达及其应用[J]．燕山大学学报，2004，28(3)：248-251.

[97] 张世辉，孔令富，杨广林，原福永．新型6-HTRT并联机器人影响系数的求解[J]．机械科学与技术，2004，23(5)：559-561.

[98] 张世辉，孔令富．并联机器人汉字球面雕刻刀路规划的研究[J]．计算机仿真，2004，21(3)：27-30.

[99] 张世辉，孔令富，原福永，刘大为．基于自构型快速BP网络的并联机器人位置正解算法研究[J]．机器人，2004，26(4)：314-319.

[100] 张世辉，孔令富，郭希娟，黄真．6-HURU并联机器人运动学和动力学性能指标分析[J]．中国机械工程，2004，15(20)：1800-1803.

[101] 张世辉，孔令富．一种新型6-PUS并联机构雕刻机[J]．机器人，2005，27(4)：313-318.

[102] 刘天洋，孔令富，张世辉. Matlab 环境下雕刻机检测系统的实时数据采集绘图[J]. 工业控制计算机，2006，19(3)：37-38.

[103] 张世辉，孔令富. 基于 Web 的并联雕刻机远程汉字雕刻技术[J]. 计算机工程，2007，33(8)：235-237.

[104] 张世辉，孔令富，刘天洋. 一种面向并联机构的雕刻刀具系统设计[J]. 机器人，2007，29 (3)：244-249.

[105] 陈琦，张世辉，孔令富. 并联机器人曲面汉字雕刻刀路规划算法研究[J]. 计算机工程与设计，2007，28(7)：1607-1609.

[106] Shihui Zhang, Lingfu Kong. Analysis on Kinematics and Dynamics Performance indices for 6-PUS Parallel Robot Mechanism[C]//Proceedings of the IEEE International Conference On Networking, Sensing and Control, London, United Kingdom, 2007: 501-506.

[107] 张世辉，孔令富，冯亮. 改进的 Hestenes SVD 方法及其并行计算和在并联机器人中的应用[J]. 计算机研究与发展，2008，45(4)：716-724.

[108] Shihui ZHANG, Lingfu KONG. Development of Engraving System Based on 6-PUS Parallel Mechanism[J]. Journal of Computational Information Systems, 2009, 5(4): 1323-1329.

[109] 张世辉，郭翠翠，孔令富. 一种新的基于并联机构的摄像机线性标定方法[J]. 中国机械工程，2009，20(14)：1651-1655.

[110] 李海涛，吴培良，孔令富. 基于特征约束和均值漂移的机动目标粒子跟踪[J]. 控制与决策，2010，25(1)：149-152.